测 量 学

主　编　马玉晓

副主编　吴建新　肖东升　魏　亮　武广臣

科学技术文献出版社

SCIENTIFIC AND TECHNICAL DOCUMENTATION PRESS

·北京·

图书在版编目（CIP）数据

测量学 / 马玉晓主编. —北京：科学技术文献出版社，2015.2
ISBN 978-7-5023-9637-4

Ⅰ.①测… Ⅱ.①马… Ⅲ.①测量学—高等学校—教材 Ⅳ.① P2

中国版本图书馆 CIP 数据核字（2014）第 286851 号

测量学

策划编辑：林倪端　　　责任编辑：杨俊妹　　　责任校对：张燕育　　　责任出版：张志平

出　版　者	科学技术文献出版社	
地　　　址	北京市复兴路15号　邮编 100038	
编　务　部	(010) 58882938，58882087（传真）	
发　行　部	(010) 58882868，58882874（传真）	
邮　购　部	(010) 58882873	
官 方 网 址	www.stdp.com.cn	
发　行　者	科学技术文献出版社发行　全国各地新华书店经销	
印　刷　者	虎彩印艺股份有限公司	
版　　　次	2015 年 2 月第 1 版　2015 年 2 月第 1 次印刷	
开　　　本	787×1092　1/16	
字　　　数	441千	
印　　　张	18.5	
书　　　号	ISBN 978-7-5023-9637-4	
定　　　价	39.80元	

前　言

　　本书为非测绘专业测量教科书,主要介绍小区域内的测绘工作及一般工程测绘。是普通高等院校建筑工程、农林、水利、城规、土木工程、房地产、地理信息、水土保持等专业的测量学教材,也可作为电大、函大等各级各类学校测量学教学用书,以及测绘工程技术人员自学参考书。

　　本书编写依据高等院校建筑工程、农林、水利、地信类各专业教学大纲精心编写而成,编写时,在保持本学科系统性的基础上,加强对基本理论、基本概念和基本技能的论述,力求反映不同的专业特色,以满足生产、科研对测量学课程的不同需求。对近年来已实际应用的新仪器、新技术和测绘新成就作了重点介绍,以满足学生将来工作的需要。

　　编写分工为:魏亮(河南城建学院)编写第3章、第4章、第8章,马玉晓(河南城建学院)编写绪论、第1～2章、第5～7章,第9～13章。

　　全书由马玉晓负责统稿、定稿。主审河南工程大学校长刘文楷教授仔细地审阅了全部书稿,并提出了宝贵意见和建议,书中引用了许多参考资料(这里不一一列举),在此一并致谢。

　　由于编者水平所限,书中难免存在缺点和不足,恳请读者批评指正。

编　者
2014 年 9 月

目　录

绪 论

重点提示

要求学生了解测量学的基本任务与作用,了解测绘学科的内涵和分支,理解测量工作的基本要求及学习方法。

第一节 测量学的任务与主要内容

测量学是研究地球的形状和大小以及确定地面(包含空中、地表、地下和海底)物体的空间位置,并将这些空间位置信息进行处理、存储、管理、应用的科学。它是测绘学科重要的组成部分,其核心问题是研究如何测定点的空间位置。测量学研究的内容分为测定和测设两部分。测定是指使用测量仪器和工具,通过测量和计算,得到一系列测量数据,或把地球表面的地形按一定比例尺、规定的符号缩小绘制成地形图,供科学研究和工程建设规划设计使用;测设是指把图纸上规划设计好的建筑物、构筑物的位置在地面上标定出来,作为施工的依据。

目前,在工程规划设计、地震预测预报、电缆埋设、灾情监视与调查、宇宙空间技术、林区开发、道路勘测施工、地籍管理、房地产开发等方面,测量技术应用广泛。

铁路和公路等交通线路工程在建造之前,为了能设计一条经济和合理的路线,需要在地形图上进行规划;在路线的走向基本确定后,通过实地勘测,在路线所经的带状地形图上进行技术设计;然后将设计路线上的主要点位在实地测设,据此进行施工。线路工程在跨越河流时,需要建造桥梁,这就需要河流两岸一定范围内的地形图以及测定河床的断面图和流速流量等水文资料,为桥梁设计提供必要的地形数据;然后将设计的桥墩和桥台的位置在实地测设;所设计的桥梁上部结构(拱、梁、塔柱、拉索等)的正确安装定位,每一步都需要精确的测设。

民用建筑、工业厂房和各种市政工程在设计时都需要有地形图和其他测量数据。例如居民点的住宅小区设计,必须在城市大比例尺地形图上根据城市道路的红线规划,在地块的界址范围内进行楼宇和内部道路的布置。施工时,要将设计的工程结构物的平面位置和高程在实地按设计数据测设。高层建筑,对墙、柱等承重结构构件的垂直度要求很高,需要用高精度的测量仪器进行测设;在工程完成后,还需要测绘竣工图,供管理、维修、改建、扩建之用。对于建筑物和构筑物,在其建成以后还需要进行变形(沉降、倾斜、位移等)观测,以保证建筑物和构筑物的安全使用。

在城市规划,房地产开发、管理和经营中,城市道路红线规划图测绘、房地产图测绘和红线点、界址点的测设起着重要的作用。地籍图、房产图、红线点和界址点坐标提供了土地的行政界线、权属界线、土地和房屋的面积等重要资料。经政府规划部门和土地管理部门确认后,具有法律效力,可以保护土地使用权人和房产所有权人的合法权益,以及国家对房地产的合理税收。上述测绘资料也是城市基础地理信息系统的重要组成部分。

本教材属于普通测量学的范畴,主要讲述如下基础测绘专业知识和技能:

1.测图　在小区域内(小于半径 10km 的范围)进行测量,把地面上的地形描绘到图纸上。即以控制网为依据,将地面上的地物(房屋、道路、河流等)和地貌(山头、洼地、平原等),用各种图式,按一定的比例尺测绘到图纸上,供规划设计使用。

2.用图(使用地形图的简称)　泛指使用地图的知识、方法和技能。即利用地形图解决工程上若干基本问题。

3.放样　根据控制网将图纸上已设计好的建(构)筑物的平面位置和高程按设计要求测设到地面上,作为施工的依据。

第二节　测绘学科内涵和发展概况

一、测绘学科的内涵

测量学是测绘学科中的一门技术基础课程,而测绘学科是地球科学的一个分支学科,为研究测定和描绘地球及其表面的各种形态的理论和方法。为此,测绘学科的研究内容和基本任务主要包括以下几个方面:首先,需要测定地球的形状和大小及与此密切相关的地球重力场,并在此基础上建立一个统一的空间坐标系统,用以表示地表任一点在地球坐标系统中的准确几何位置;其次,测定一系列地面控制点的空间坐标(称为控制测量),并在此基础上进行详细的地表形态的测绘工作(称为地形测量),其中包括地表的各种自然形态,如水系(江河湖海)、地貌(地表的高低起伏)、土壤和植被的分布,以及人类社会活动所产生的各种人工形态,如居民地、交通线和其他各种工程建筑物的位置、土地的行政和权属界线等,绘制成各种全国性的和地区性的数字化地形图,其最终目标是全面建立"数字地球"中的基础地理信息部分;第三,各种经济建设和国防工程建设的规划、设计、施工和建筑物建成后的运营管理中,都需要测绘工作相配合,需要进行控制测量和地形测量,并利用测绘手段来指示建筑工程和设备安装的进行等施工测设工作,监测建筑物的变形等,这些工作总称为工程测量。

二、测绘学科的发展概况

测绘学科是人们在了解自然、利用自然和改造自然的过程中发展起来的。早在远古时代,就有夏禹在黄河两岸治理水患和埃及尼罗河泛滥后整理农田边界的传说,这都需要应用测量学方面的理论和技术。在我国几千年的文明历史中,有着许多关于测量的传说与记载,在世界测绘科学的历史上享有崇高的声誉。

公元前 4 世纪就利用磁石制成了世界上最早的指南工具,称为"司南"。公元前 130 年,西汉初期的《地形图》及《驻军图》已于 1973 年从长沙马王堆三号汉墓中出土,为目前所发现的我国最早的地形图,较国外有历史记载的地形图早一千多年。晋代制图学家裴秀(244年－271年)提出了绘制地图的六条原则,即《制图六体》,正确地解决了地图比例尺、方位、距离及其改化问题,是世界上最早的制图理论,在我国和世界制图学史上有重要地位。唐代高僧一行(俗名张遂)于公元 727 年主持进行了世界最早的子午线测量,直接丈量了长达 300km 的子午线弧长,这是我国第一次应用弧度测量的方法测定了地球的形状和大小,也是世界上最早的一次子午线弧长的测量,比公元 814 年阿拉伯国家进行的子午线弧长的测量早 90 年。北宋沈括(1031 年－1095 年)发明和发展了许多精密易行的测量技术,如用分级堰方法,测量了汴渠 400 多千米沿河段的高差,用水平尺、罗盘测量地形,并在世界上最早发现了磁偏角。元代郭守敬(1231 年－1316 年)在长期修渠治水实践中,总结了一套水准测量的经验,首先提出了海拔高程的概念。18 世纪初,进行了大地测量,在此基础上开展了全国测图工作,在 1708 年－1718 年间完成了《皇舆全图》。在《皇舆全图》上第一次测绘了世界最高峰,注记为珠穆朗玛山。该图彩色绘制,绘法和装裱极为精细。该图的测绘和出版,在我国测绘史上有划时代意义,在世界测绘史上也有重要地位。在此以后,我国在日益腐朽的清封建王朝、北洋军阀和国民党统治下,测绘科学发展相对滞后。

中华人民共和国成立后,在中国共产党的领导下,我国测绘技术有了新的发展。全国各经济建设部门纷纷建立了专业测绘队伍。1956 年成立国家测绘局,不但组织和领导全国的测绘事业,还统一和制定了全国各种测量规范。与此同时,该年又建成了测绘学院,培养了大批测绘科技人才。现已建成了全国的大地控制网和 GPS 的 A 级组网,完成了大量不同比例尺地形图的测绘,各种工程建设的测量工作也取得了显著成绩。测量仪器制造方面从无到有,所有测绘仪器目前已全部能自主研发,批量生产,在智能化、信息化、数字化方面大步迈进。特别是我国北斗导航系统的开发和应用,使我国的测绘技术得到质的飞跃。

世界各国测绘科学主要是从 17 世纪初开始逐步发展起来的。17 世纪初,望远镜应用于天象观测并普遍应用于各种测量仪器。1617 年三角测量方法开始应用。1683 年法国进行了弧长测量。高斯(德国,1777 年－1855 年)于 1794 年提出最小二乘法理论,以后又提出了横圆柱投影学说,这些理论经后人改进,至今仍在应用,1903 年飞机的发明,促进了航空摄影测量学的发展,从而使测图工作部分地由野外转移到室内。

20 世纪 50 年代开始,新的科学技术迅速发展,如电子学、电子计算机和空间技术等。1947 年研究利用光波进行测距,这是量距工作的一大变革。

20 世纪 40 年代自动安平水准仪问世。电子经纬仪已替代了光学经纬仪;外业数据采集实现了自动化,内业数据处理实现了程序化,大大降低了测绘工作者的劳动强度,显著提高了测绘工作的效率。卫星定位技术不仅用于国家控制网,而且在市县一级控制测量、地籍测量等方面也被广泛应用。随着设备及数据处理方法的改进,测绘科学的研究范围及服务对象已远远超出地球表面这一目标。20 世纪 60 年代初发射的宇宙飞船,开始了人类对太阳系的行星及卫星(金星、火星、月球等)的形状、大小、表面形态的观测和制图工作的研究。

进入21世纪后,测绘技术及手段发展更加迅速,传统的测绘技术已基本被现代测绘技术(全球定位系统GPS,遥感技术RS,地理信息系统GIS,简称"3S"技术)所代替;测绘产品应用范围不断拓宽,并可向用户提供"4D"数字产品(数字高程模型DEM,数字正射影像DOM,数字栅格地图DLG,数字线画地图DRG);目前,数字化测绘技术正在向3S技术集成和信息化测绘技术发展。

三、测绘学科分支

测绘学科是一级学科,以下分为大地测量学、摄影测量与遥感学、工程测量学、海洋测绘学和地图制图学等分支学科。

(一)大地测量学

大地测量学是一门研究和测定地球的形状、大小、重力场和地面点几何位置及其变化的理论和技术的学科。地球的形状以大地水准面为代表,是一个以南北极的连线为旋转轴、两极略为扁平、赤道略为突出的旋转椭球体,通过极轴的剖面是一个椭圆;地球的大小以椭圆的长半径 a(赤道半径)和短半径 b(两极半径)来表示。地面点的几何位置有两种表示方法:①将地面点沿椭球法线方向投影到椭球面上,用该点的大地经纬度 (B, L) 表示该点的水平位置;用地面点至椭球面上投影点的法线距离表示该点的大地高程 (H)。②用地面点在以地球质心为原点的空间直角坐标系中的三维坐标 (z, y, z) 表示。地面点的几何位置测定为大规模测绘地形图提供了平面控制网和高程控制网。

大地测量的传统方法有几何法、物理法以及近代产生的卫星法,它们分别成为几何大地测量、物理大地测量和卫星大地测量(或称空间大地测量学)三个主要分支学科。在近代,随着大地测量点位测定精度的日益提高,使研究地球板块的移动和固体潮等天文和地质所引起的地理现象成为可能,由此引出一门新的学科——动态大地测量学。

(二)摄影测量与遥感学

摄影测量与遥感学是一门研究利用摄影或遥感的手段获取地面目标物的影像数据,从中提取几何或物理信息,并用图形、图像和数字形式表达的理论和方法的学科,主要包括航空摄影测量、航天摄影测量、地面摄影测量等。航空摄影测量是根据在航空飞行器上拍摄的照片获取地面信息,测绘地形图。航天摄影是在航天飞行器(卫星、航天飞机、宇宙飞船)中利用摄影机或其他遥感探测器(传感器)获取地球的图像资料和有关数据的技术,是航空摄影的扩充和发展。地面摄影测量是利用安置在地面上基线两端点处的专用摄影机拍摄的立体像对所摄目标物进行测绘的技术。

(三)工程测量学

工程测量学是一门研究工程建设和自然资源开发中各个阶段进行控制测量、地形测绘、施工放样和变形监测的理论和技术的学科,是测绘学科在国民经济和国防建设中的直接应用。它包括规划设计阶段的测量、施工兴建阶段的测量和竣工后运营管理阶段的测量。规划设计阶段的测量主要是提供地形信息;施工兴建阶段的测量主要是按照设计要求在实地准确地标定出建筑物各部位的平面和高程位置,作为施工和安装的依据;运营管理阶段的测量是工程竣工后的测绘,以及为监视工程的状况,进行周期性的重复测量,即变形观测。高精度工程测量(或称精密工程测量)是采用精密的测量仪器和方法以使其测量的绝对精度达到毫米级以上要求的测量工作,用于大型精密工程和设备的精确定位和变形观测等。

(四)海洋测绘学

海洋测绘学是一门研究以海洋水体和海底为对象所进行的测量理论和方法的学科,主要包括海洋大地测量、海底地形测量、海道测量、海洋专题测量等,其主要成果为航海图、海底地形图、各种海洋专题图和海洋重力、磁力数据等。与陆地测量相比,海洋测绘的基本理论、技术方法和测量仪器设备等有许多特点,主要是测区条件复杂,海水受潮汐、气象等影响而变化不定,透明度差,大多数为动态作业,综合性强,需多种仪器配合,并同时完成多种观测项目。一般需采用无线电卫星组合导航系统、惯性组合导航系统、天文测量、电磁波测距、水声定位系统等方法进行控制点的测定;采用水声仪器、激光仪器以及水下摄影测量方法等进行水深和海底地形测量;采用卫星技术、航空测量、海洋重力测量和磁力测量等进行海洋地球物理测量。

(五)地图制图学

地图制图学是一门研究地图制图的基础理论、设计、编绘、复制的技术方法的学科。主要包括以下方面:

地图投影——依据数学原理将地球椭球面上的经纬度线网投影在平面上的理论和方法;

地图编制——研究制作地图的理论和技术;

地图整饰——研究地图的表现形式,包括地图符号和色彩设计、地貌立体表示、出版原图绘制以及地图集装帧设计等;

地图制印——研究地图复制的理论和技术,包括地图复照、翻版、分涂、制版、打样、印刷、装帧等工艺技术。

随着计算机技术引入地图制图中,出现了计算机地图制图技术。此时,地图是以数字的形式存储在计算机中,称之为数字地图;将数字地图在屏幕上按需要的各种方式显示,称为电子地图。计算机地图制图的实现,改变了地图的传统生产方式,节约了人力,缩短了成图周期,提高了生产效率和地图制作质量,并方便了对地图的使用。

测量学课程中的主要内容是测绘学科中基础理论和基础技术的一部分。其中涉及大地测量学中的地球基本形态的知识部分,工程测量学中的基本测量仪器、测量误差知识、控制测量、地形测量、施工测量的基本部分,以及摄影测量学和地图制图学的基础知识部分。测量学也称之为"基础测绘学"。

第三节　测量工作基本要求及本课程学习方法

测量是一项细致的工作,常常容易发生错误,如读错、记错、算错、绘错,一处发生错误即影响下步工作,甚至影响整个测量成果,造成返工浪费现象。所以错误在测量观测和记录中是绝对不允许的。为此,在测量工作中,一定要有极端负责的精神,做到测、算、绘工作处处有校核,对不符合规范的成果,要查明原因返工重测,以保证达到所要求的精度。

测量工作多在野外进行,风吹日晒,工作条件较为艰苦,为争取进度就要充分利用白天的时间进行外业,利用晚间进行内业计算和绘图,劳动强度较大,这就要求测绘工作者具有不怕劳累和连续作业的艰苦奋斗的精神。

测量仪器是测量人员的武器,而且价格又比较昂贵,如对仪器有损坏或遗失,不但造成国家财产的损失,还将影响工作的进度。因此,首先应从思想上像爱护眼睛一样爱护仪器,在行动上才能养成正确使用仪器的良好习惯。

在非测绘专业,测量学既是一门技术课,又是一门专业基础课。它的特点是实践性较强,除了听课及参考有关书籍外,主要是通过完成课后作业、课间实验和教学实习等教学环节来掌握测量知识和技术。所以学习方法必然是理论紧密联系实际。那种只重视理论轻视实践或者只要求实践的感性知识而对理论不求甚解的学习方法,都是错误的。普通测量学的内容多是具体的技术,很多篇幅都是讲述各种仪器的构造和使用方法,这些都属于技术性的知识,如果学习时对其不重视,则对仪器操作不熟悉,观测的精度达不到要求,成果、成图都是废品,造成浪费。只有懂得理论,并能熟练地掌握操作技术,观测成果达到要求精度,才能胜利完成本课程的学习任务。

第1章　测量学基本知识

重点提示

本章涉及水准面、大地水准面、参考椭球面、地理坐标、平面直角坐标、高斯投影、地面点高程、比例尺、比例尺精度等基本概念,要求同学熟练掌握,同时还应理解测量工作的基本原则,了解地球曲率对测量成果的影响。

第一节　地球的形状和大小

测量学的主要任务是量度、描述地球表面信息。目前,主要的测量工作是在地球表面上进行的,因此有必要了解地球的形状和大小。

人们早已知道地球为一球形,但几百年来,关于它的确切形状,一直是学者们研究兴趣很浓的课题。地球的自然表面是一个起伏不平的不规则的曲面,其中海洋约占71%,陆地约占29%,若以平均海水面为准,陆地的最高处为我国与尼伯尔交界处的珠穆朗玛峰,我国测绘工作者于2005年测得其精确的高程为8844.43m。海底最深处为太平洋西部的马里亚纳海沟,深达11022m。然而,这样的山峰和海沟在庞大的地球表面上却又是微不足道的,如果将它们和地球的半径6371km相比,它们分别仅占地球半径的1/720和1/578,因此,在宏观上完全可以忽略这样的起伏。静止的水面称为水准面,随着水面高度的不同,水准面可以有无数多个,而静止的平均海水面的水准面,则称为大地水准面。它是一个向大陆、岛屿内部延伸而形成的封闭曲面,测量学中通常用大地水准面表征地球表面的形状,以大地水准面所包围的形体——大地体来表示地球的形状和大小。

水准面的特性就是它的表面处处与铅垂线垂直,即与重力方向垂直。由于地球的自转,地球上的每个质点都受到离心力 P 和引力 F 的作用(图1-1),使地面上的物体不致自由离开,这两种力的合力 G 称为重力。当悬挂的垂球静止时,垂球线就是垂球的重力作用线,也称为铅垂线。

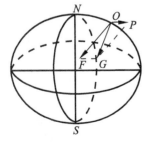

图1-1　引力、离心力与重力

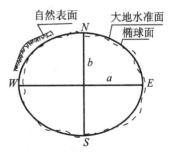

图1-2　地球的三种表面

由于地球内部的质量分布不均匀,因此,各点的铅垂线方向也会产生不规则的变化,致使表面处处与铅垂线垂直的大地水准面成为一个不易用数学公式表达的不规则的曲面。如果把地表面的形状按铅垂线投影到这个不规则的曲面上,将无法进行测量的计算工作。经过长期的测量实践,发现大地体与一个以椭圆的短半轴为旋转轴的旋转椭球的形状十分近似,而旋转椭球是可以用数学公式严格表示的,所以测量工作就取大小与大地体接近的旋转椭球作为地球的参考形状和大小。

椭球体的基本元素是长半轴 a、短半轴 b、扁率 e(图 1-2)。几个世纪以来,许多学者分别测算出椭球体的基本元素值。特别在 20 世纪 60 年代末以后,国际上利用卫星大地测量技术得到了当时最佳拟合于全球大地水准面的椭球体。我国在 1972 年－1982 年期间进行国家天文大地网整体平差时,采用的是国际大地测量学协会 1975 年推荐的以下新椭球参数基本元素:

$$a = 6378140\text{m}$$

$$e = \frac{a-b}{a} = \frac{1}{298.257}$$

由于椭球体的扁率很小,在普通测量学中,可以把地球当作圆球看待,其半径为:

$$R = \frac{1}{3}(a + a + b) \approx 6371\text{km}$$

第二节　地面点位的确定

地面点都是位于三维空间的点,其位置是用三维坐标来表示的,测量中某点的三维坐标通常用坐标和高程来表示。

一、地面点的坐标

(一)地理坐标

1. 天文坐标　见图 1-3,视地球为一球体,N 和 S 分别是地球北极和南极,通过地极和地球质心的地球自转轴,称为地轴。过地轴的平面称为子午面,它与球面的交线称为子午线。过地心 O 且垂直于地轴的平面称为赤道面,它与球面的交线称为赤道。通过英国格林尼治天文台原址的子午线称为起始子午线(首子午线)。而包括该子午线的子午面称为首子午面。地面上任一点 M 的地理坐标是以该点的经度和纬度来表示的,经度和纬度的起算面分别是首子午面和赤道面。例如,地面点 M 的经度,就是过 M 点子午面与首子午面的夹角,以 λ 表示。从首子午

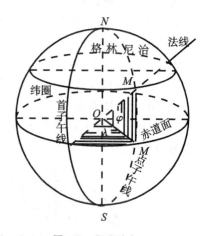

图 1-3　天文坐标

线起向东 0°～180°称东经;向西 0°～180°称西经。M 点的纬度,就是过该点的铅垂线与赤道平面的交角,以 φ 表示。纬度自赤道起向北 0°～90°称北纬;向南 0°～90°称南纬。例如南昌某地的地理坐标为东经 116°00′,北纬 28°40′,据此可在球面上确定该地的位置为(116°00′,28°40′)。以上经纬度称天文坐标或天文经纬度,是用天文测量方法测定的,点和点之间的天

文坐标没有数学关联,使用不便。

2.大地坐标　　如果以旋转椭球的旋转轴和椭球中心为基础得到子午面和赤道面,按照相同的方式定义的经纬称为大地坐标,分别是大地经度,用 L 表示,大地纬度,用 B 表示,其中大地纬度是过某点的椭球面法线与赤道面的夹角。某点的大地经纬度可由已知数据推算得到,相对天文坐标,大地坐标使用较为方便,因此测量中常用的统一地理坐标是大地坐标。

(二)平面直角坐标

由于地球的半径很大,赤道面上 $1''$ 的经度差就达到31m左右,在国民经济建设中为保证精度和计算的方便,采用平面直角坐标系统。

1.假定平面直角坐标　　当测量区域较小,可将该部分的椭球面用过测区中心的切平面(即水平面)来代替(其限度见第三节),把局部地球表面上的点,依正射投影投影在该水平面上。在水平面上假定一平面直角坐标系,以直角坐标 x、y 来表示点的平面位置。即在测区的西南选一坐标原点,以过该点的子午线方向为 x 轴(纵轴),向北为正;过该点且垂直于子午线的方向为 y 轴(横轴);坐标轴将平面分成四个象限,其顺序依顺时针方

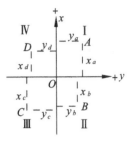

图1-4　测量平面直角坐标系

向排列(图1-4)。测量上使用的平面坐标的 x、y 标注方向与数学上常用的不同,这是因为测量工作中,规定所有直线的方向都是以纵坐标轴北端按顺时针方向量度的。经这样变换后,既不改变数学公式,同时又便于测量中方向和坐标的计算。

为了避免在测区内出现负数坐标,起算点 A 的坐标要定为一个足够大的数值,并选在测区的西南角(图1-5)。

2.高斯平面直角坐标　　当测区面积较小时,可不考虑地球曲率的影响,而直接将地面点依正射投影投影到水平面上,且用直角坐标系表示投影点的位置,不要进行复杂的计算。但当测区较大时,就不能将球面当作水平面看待,因而也不能依正射投影的方法在平面上表示地面点的位置,而须将椭球上的点位或图形投影到平面上,然后在平面上进行计算。此外,前述地理坐标虽然能表示在球面上的位置,但它对于一般的测量工作在应用上仍不很方便。如何将球面上的点位描绘到平面图纸上,须采用特定的地图投影方法来解决。我国国家基本比例尺地形图采用高斯投影。

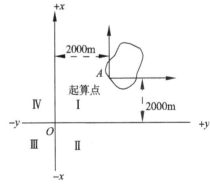

图1-5　假定平面直角坐标

我们知道,把球面上的图形画到平面上是要产生变形的,变形有长度变形、角度变形和面积变形等数种。在测量上一般要求投影后的角度不变,即图上的图形与实地的图形相似,至于其他变形只要不超过一定的限度即可。满足这一要求的投影方法,就是高斯-克吕格投影,简称高斯投影。在这里仅介绍高斯投影与平面直角坐标的联系。

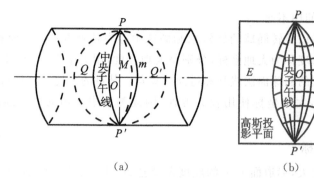

（a）   （b）

图 1-6　高斯投影

见图 1-6，为简单起见，把地球当作圆球，设想将一个平面卷成一个横圆筒，把它套在圆球外面，使横圆筒的轴通过圆球中心，圆球面上的一条子午线与横圆筒相切（即这一条子午线与横圆筒重合），这条子午线称为中央子午线。在保持角度不变的条件下，按照一定的投影方法，将中央子午线东西各一定经度范围内的地区，投影在横圆筒面上，然后将横圆筒沿通过南北极的母线切开，展成一个平面，这个平面称为高斯投影平面。见图 1-6（b），高斯投影平面上的中央子午线的投影为直线且长度不变，其余的子午线均为凹向中央子午线的曲线，其长度大于投影前的长度。由于离中央子午线愈远其长度变形也愈大，因此，为了将长度变形限制在测图精度允许的范围内，就必须将地球分成若干范围不大的带进行投影。投影的宽度一般有经差 6° 和 3° 两种，简称 6° 和 3° 带。6° 带是从 0° 子午线算起，经度每隔 6° 为一带，第一带的中央子午线是东经 3°，第二带为 9°，依此类推。投影带的带号 N 与该带中央子午线经度 L_0 的关系为 $L_0 = 6N - 3$。3° 带是从东经 1°30′ 算起，以经度每隔 3° 为一带，第一带的中央子午线是东经 3°，第二带是 6°，依次类推。3° 带中央子午线的经度与其带号 n 的关系为 $L'_0 = 3n$。图 1-7 所示是两种投影带的分带情况，由图可知，3° 的中央子午线一部分同 6° 带的中央子午线重合，一部分同 6° 带的边缘子午线重合。

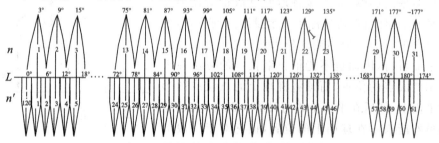

图 1-7　高斯-克吕格投影分带示意图

我国位于东半球，经度范围从东经 72° 至 136° 之间，共包括 11 个 6° 带，即 13～23 带，或包括 22 个 3° 带，即 24～45 带。

有了高斯投影平面后，怎样建立平面直角坐标系呢？见图 1-8，测量上以每投影带的中央子午线的投影为坐标系的纵轴 x，向上（北）为正，向下（南）为负；以赤道面与横圆筒的交线（中央子午线相垂直）为坐标系的横轴 y，向东为正，向西为负，两轴的交点 O 为坐标原点，这就是高斯平面直角坐标系。由于我国领土全部位于赤道以北，因此 x 值均为正值，而 y 值则有正有

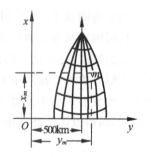

图 1-8　高斯平面直角坐标系

负,为了使计算中 y 值不出现负值,故规定每带的中央子午线各自向西平移 $500km$,同时为了指示投影带是哪一带,还规定在横坐标值前面要加上带号,如:

$$x_m = 347210.97(\text{m})$$
$$y_m = 19667300.55(\text{m})$$

上述 y_m 等号右边的 19 表示第 19 带,而 m 点距中央子午线的距离 D 为:

$$D = 667300.55 - 500000 = 167300.55(\text{m})$$

由于 D 为正值,所以该点位于中央子午线东面。

由上述分析可知,高斯坐标是平面直角坐标,同时又与地理坐标建立起了联系。但采用高斯平面直角坐标来表示地面点的位置时,需要通过比较复杂的数学(投影)计算才能由地理坐标求得平面直角坐标。所以高斯平面直角坐标系一般都用于较大面积的测量区域。

若已知我国某地的经度 L(以度为单位),则可按下列公式计算所在的 $6°$ 带号 N 和 $3°$ 带号 n;

$$N = L/6 + 1$$
$$n = (L - 1.5)/3 + 1$$

符号"/"为整除,即取除商的整数部分。

【例 1-1】 南昌某地的经度为东经 $116°$,求 N 和 n 以及 L_0 和 L'_0。

解:$N = 166/6 + 1 = 19 + 1 = 20$

$\quad n = (116 - 1.5)/3 + 1 = 38 + 1 = 39$

$\quad L_0 = 20 \times 6 - 3 = 117°$

$\quad L'_0 = 39 \times 3 = 117°$

二、地面点的高程

高程是指由高程基准面起算至地面点的铅垂线长度,亦称高度。从大地水准面起算的高程称为绝对高程,又称海拔。从假定(任意)水准面起算的高度称为相对高程。高程以 H 表示,见图 1-9 中的 H_A、H_B。地面上两点高程之差,称为高差,用 h 表示。高差有正负之分。

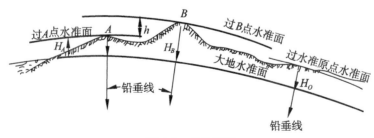

图 1-9　点的高程

见图 1-9,A 点至 B 点的高差,记作 h_{AB},B 点至 A 点的高差,记作 h_{BA}。

因为 $\qquad\qquad\qquad\qquad h_{AB} = H_B - H_A \qquad\qquad\qquad\qquad\qquad (1\text{-}1)$

$\qquad\qquad\qquad\qquad\qquad h_{BA} = H_A - H_B$

所以 $\qquad\qquad\qquad\qquad h_{AB} = -h_{BA} \qquad\qquad\qquad\qquad\qquad\quad (1\text{-}2)$

我国过去以青岛验潮站 1950 年—1956 年测定的黄海平均海水面作为全国统一的高程

基准面,称为"1956 年黄海高程系统"。高程系的水准原点设在青岛市,它对黄海高程系的高程为 72.289m。根据目前的复查,发现该系统验潮资料的时间过短,黄海平均海水面发生了微小变化,因此,国家决定采用新的高程基准,即"1985 国家高程基准",该系统采用了青岛验潮站 1952 年—1979 年潮汐观测资料计算平均海水面。按"1985 国家高程基准"测定的水准原点的高程为 72.260m。由于高程基准的不同,使高程控制点的高程产生了微小的变化,但对已成地图上的等高线高程的影响则可以忽略不计。

国家各等级的高程控制点的高程数值,都是由水准原点起,通过水准测量等方法推算得到,构成全国的高程控制网,从而为测绘工作提供了便利。

第三节　水平面代替水准面的限度

在普通测量范围内,可以将大地水准面作为球面看待。但是,在实际工作中,当测区面积不大时,往往直接以水平面代替水准面,即把很小一部分地球表面上的点投影到水平面上确定其位置。这必然要产生误差,但只要这种误差在测量与制图误差的容许范围内,其影响就可以忽略不计,现在从三方面来讨论它的影响。

一、对距离的影响

见图 1-10,A、B 为地面点,它们在大地水准面的投影分别为 a、b,过 a 点作大地水准面的切平面 P',即得到 a 点的水平面。A、B 两点在水平面上的投影分别为 a、b'。A、B 两点在大地水准面和水平面上的投影距离分别为 D 和 D',设它们的差值为 Δd,则

$$\Delta d = ab' - ab = R\tan\theta - R\theta = R(\tan\theta - \theta)$$

用级数将 $\tan\theta$ 展开为:

$$\tan\theta = \theta + \frac{1}{3}\theta^3 + \frac{2}{15}\theta^5 + \frac{17}{315}\theta^7 + \cdots$$

由于 θ 角很小,故仅取前两项代入,则

$$\Delta d = R\left(\theta + \frac{1}{3}\theta^3 - \theta\right) = \frac{1}{3}R\theta^3$$

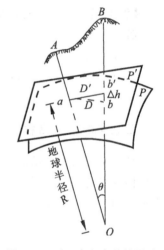

图 1-10　对距离和高差的影响

而
$$\theta = \frac{D}{R}$$

故
$$\Delta d = \frac{D^3}{3R^2} \tag{1-3}$$

$$\frac{\Delta d}{D} = \frac{1}{3}\left(\frac{D}{R}\right)^2 \tag{1-4}$$

取 $R = 6371\text{km}$,Δd 值见表 1-1。

由表 1-1 可知,当距离为 10km 时,$\Delta d(\text{cm})/D = 1:121$ 万,小于目前精密距离测量的误差,也就是说,这样的误差即使是最精密的测量工作也是容许的。因此,在地面上半径为 10km 的范围内,用水平面代替水准面所产生的距离误差,对测量结果没有实际影响。在一般

的测量工作中,即使半径在 25km 范围内,用水平面代替水准面的距离误差也可忽略不计。

表 1-1　地球曲率对高差和水平距离的影响表

D(km)	0.1	0.2	0.4	1	5	10	50	100
Δh(cm)	0.08	0.31	1.3	8	196	785		
Δd(cm)				0.001	0.1	0.82	103	820

二、对高程的影响

由图 1-10 可知,B 点的高程应为 B 点至大地水准面的高度 Bb,若用水平面代替水准面,则 B 的高程变为 Bb',二者之差 Δh 即为水平面代替水准面的高程误差。由图可知:

$$\Delta h = Bb - Bb' = Ob' - Ob$$
$$= R\sec\theta - R = R(\sec\theta - 1)$$

因为

$$\sec\theta = 1 + \frac{\theta^2}{2} + \frac{5}{24}\theta^4 + \cdots$$

由于 θ 角很小,故可取前两项代入,顾及 $\theta = \dfrac{D}{R}$,得

$$\Delta h = R(1 + \frac{\theta^2}{2} - 1) = \frac{1}{2}R\theta^2 = \frac{D^2}{2R} \tag{1-5}$$

不同 D 值的 Δh 列于表 1-1 中,当 $D = 0.2\text{km}$ 时,$\Delta h = 0.31\text{cm}$,这样的误差即使在一般的高程测量中,也是不能忽视的。因此,在高程测量时,即使距离 D 不大,也应顾及地球曲率对高程测量的误差。

三、对水平角度的影响

由球面三角学可知,一个空间多边形在球面上投影的各内角之和,较其在平面上投影的各内角之和大一个球面角超 ε 的数值,其计算公式为:

$$\varepsilon'' = \frac{P}{R^2} \cdot \rho'' \tag{1-6}$$

式中:ε'' 为球面角超,以秒为单位;R 为地球平均半径;P 为球面三角形的面积;ρ'' 为以秒计的弧度,即 $\rho'' = 206265''$。

计算表明,对于面积在 100km^2 以内的多边形,对水平角度的影响 $\varepsilon'' = 0.51''$,只有在最精密的测量中才需要考虑,一般的测量工作是不必考虑的。在精度要求较低时,这个范围还可以相应扩大。

第四节　测量工作概述

一、测量的基本问题

普通测量学的主要任务之一,就是测定地球表面某一局部地区的形状和大小,并绘制成图。地球表面的形状,可分为地物和地貌两大类。地物是指地面上天然或人工形成的固定物体,如房屋、道路、河流、沟渠和林木等;地貌是指地表高低起伏的形态,如山岭、洼地、河

谷、平原等。地物和地貌总称为地形。地物和地貌的形状变化是非常复杂的,如何将它们测绘到图纸上呢?这就需要在地物和地貌上选择一些具有特征意义的点,只要将这些点测绘到图纸上,就可以参照实地情况比较准确地将地物、地貌描绘出来而获得地形图。下面通过两个例子来分析这个问题。

图 1-11 是一幢房屋的平面图形,它是由表示房屋轮廓的一些折线组成的。如果能够定出 A、B、C、D 各转折点的平面位置和高程,这幢房屋在图上的位置也就确定了。类似的地物,只要确定了其轮廓转折点的位置,该地物的平面位置也就完全确定了。

图 1-12 为一山坡地形,其地势高低起伏的变化情况,可用地面坡度变化点 1、2、3、4 各点所组成的线段来表示,因为各坡段内的坡度是一致的,所以只要先把 1、2、3、4 各点的高程和平面位置确定后,再依据各点高程勾绘出等高线,那么,这一山坡高低起伏的形态也就反映出来了。

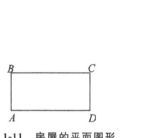 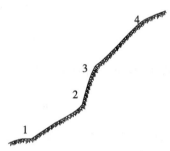

图 1-11　房屋的平面图形　　　图 1-12　山坡图形

上述两例中的 A、B、C、D 和 1、2、3、4 点,分别称为地物特征点和地貌特征点。

两例说明了一个共同的实质,即无论地物和地貌的形状多么复杂,它们总是由一些特征点构成的,只要在图上测绘出这些特征点的位置,地面上的地物和地貌就可以得到正确的反映。因此,测量的基本问题就是测定地面点的位置。

二、测量的基本工作

为了确定地面点的位置,需要进行哪些测量工作呢?

小区域测量由于不考虑地球曲率,地面点的平面位置就是该点依正射投影投影在水平面上的位置。图 1-13 中,地面点 A、B、C、D 在水平面上的正射投影 a、b、c、d 就是它们的平面位置。如果丈量出各点间的水平距离 s_1、s_2、s_3、s_4,测出水平角 β_1、β_2、β_3、β_4 以及起始边 ab 与标准方向间的夹角 α,则 a、b、c、d 各点在图上的平面位置即可完全确定。因此,为了确定地面点的平面位置,必须测量水平距离和水平角。此外,要完全确定地面点的空间位置,还必须测定它们的高程。

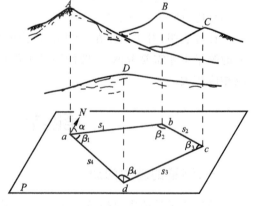

图 1-13　测量的基本工作

综上所述,为了确定地面点的空间位置,必须进行距离测量、水平角测量和高程测量,这就是测量的基本工作。

三、测量的基本原则

为了将地物地貌正确地测绘在图纸上,有效地防止测量误差的积累,确保测量精度,提高工作效率,测量工作必须按照以下程序进行。

(一)控制测量

在整个测区内,按一定的密度,选定一些具有控制意义的地面点,作为全测区测量的依据,这些点称为控制点。如图 1-14 中 A、B、C……点,控制点的位置必须采用比较精密的仪器和方法测定出来,使它们具有较高等级的精确程度,以保证下一步工作的顺利进行,这部分测量工作,称为控制测量。

(二)碎部测量

通过控制测量就获得了各控制点的平面位置和高程,并可在图上将各控制点的位置确定下来,然后依次在各控制点上安置仪器,并依据控制点以较控制测量低的精度测绘其周围地形特征点,称为碎部点,直至测完整个测区。这部分测量工作,称为碎部测量。

由此可见,测量工作的基本原则是:在工作范围上"由整体到局部";在工作性质上"由控制到碎部";在精度要求上"由高级到低级"。

测量工作还有外业与内业之分。在测区内进行的实地勘察、选定控制点以及测定距离、角度和高程等工作,称为外业。根据野外测量的成果,在室内进行整理、计算、绘图、整饰、清绘、复制等工作称为内业。

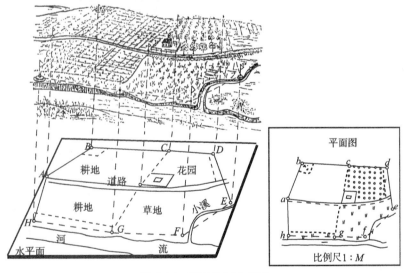

图 1-14　测量的基本原则

第五节　图的种类及图的比例尺

一、图的种类

在地球表面进行测量,可得到一系列的数据,但仅靠这些数据不便直观地反映测区的地形,必须用这些数据先进行计算,再用投影方法绘制成图。常见图的种类主要有以下几种。

(一)地图

按一定法则,有选择地在平面上表示地球(或其他星球)上的若干信息的图,通称地图。

当绘制大范围的地面图形时,必须考虑地球曲率的影响,这时可根据一定的要求,根据某种数学条件将地面上的形体投影到旋转椭球面上[如图1-15(a)的 G 面],再将 G 面上的图形描绘成平面图形[如图1-15(b)的 P 面],再缩制成地图[如图1-15(c)],这个过程叫做地图投影,如中华人民共和国全图、世界地图等都属于这种图。地图上的图形都有一定的变形,这种变形可以通过选用不同的投影方法加以限制,以满足各种用图要求。

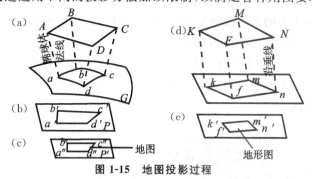

图 1-15　地图投影过程

(二)地形图

凡是图上既能表示出道路、河流、居民地等一系列固定物体的平面位置,又表示出地面各种高低起伏形态,并经过制图综合取舍,按比例尺缩小后用规定的符号和一定的表示方法描绘在图纸上的正射投影图,都可称为地形图。所谓正射投影,也叫等角投影,就是将地面点沿铅垂线投影到投影面上,并使投影前后图形的角度保持不变。在普通测量中可以把地球看作圆球,故上述投影面应该是球面。当所表示的测区面积较大(例如超过 100km^2)时,要把地面上的地物地貌描绘到平面图纸上就必须考虑地球的曲率。若测区范围较小,投影面可视为平面,即不考虑地球曲率,直接按绘制地形图的原则绘制成图。地形图上地貌一般用等高线表示,能反映地面的实际高度、起伏等特征,具有一定的立体感。地形图是经过实地测绘或根据实测,配合有关调查资料编制而成,见图1-16。

(三)平面图

把小块地区的地球表面的投影面当作平面所绘制的正射投影图。在图上一般仅表示地物的平面位置,不表示地面高低起伏形态。

(四)影像图

以航空摄影或卫星遥感影像直接反映制图物体的地图。影像是经纠正的正射像片。符号和注记按一定原则选用。影像容易识别的地物(如居民点、河流等)不另加符号而直接由影像显示;影像不能显示或识别有困难的内容(如等高线、高程点等)以符号加注记表示。影像图有成图快,信息丰富,能反映微小景观,并具有立体感,便于读图和分析的特点,是近代发展起来的新型地形图。

(五)专题地图

亦称"专门地图""主题地图",是着重表示自然现象或社会现象中的某一种或几种要素的地图。如地籍图、土地利用现状图、森林分布图和土壤图等。

(六)断面图

断面就是竖直平面(曲面)与地面相截的截面,而竖直平面(曲面)与地面相截的

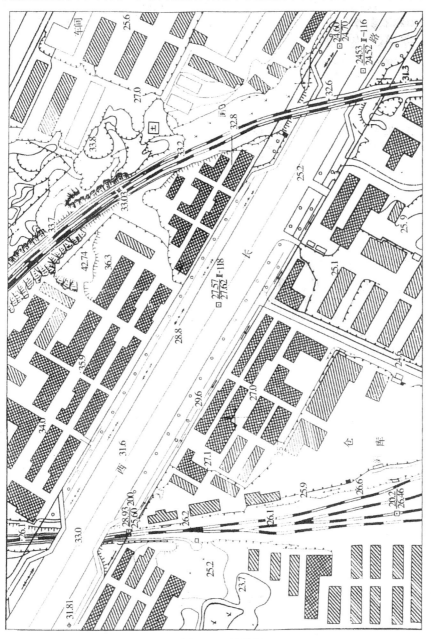

图 1-16　地形图

交线,称为断面线。为了了解地面某一方向的起伏状况,需在平面上绘出该方向的断面线,表示断面线高低起伏的图称为断面图,见图 8-19。

二、图的比例尺及比例尺精度

(一)比例尺

在地面上进行测量时,不可能按实际长度绘在图纸上,而必须按一定比例的倍数缩小后表示出来。图上某一线段的长度与地面上相应线段的水平长度之比,称为图的比例尺,亦称"缩尺"。

设图上某线段的长度为 d,地面上相应线段的水平长度为 D,则比例尺的基本公式为:

$$\frac{d}{D} = \frac{1}{M} \tag{1-7}$$

式中 $M=D/d$ 为缩小的倍数。比例尺规定用分子为 1 的分数表示。常用的比例尺有 1:500、1:1000、1:2000、1:5000、1:10000 等。这种用分数形式表示的比例尺称为数字比例尺。分数值越大比例尺也越大,图上表示的地物、地貌也就越详细。

根据数字比例尺,可以将图上线段长度与其相应的实地水平距离相互换算,其换算关系如下:

$$D = d \cdot M \tag{1-8}$$

$$d = \frac{D}{M} \tag{1-9}$$

在实际工作中,为了避免上述运算和图纸的伸缩误差,常在测图的同时就在图上绘一直线比例尺,用以直接量度该图内直线的实际水平距离或实际水平距离在图上直线的长度。其形式见图 1-17。

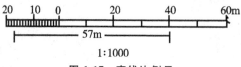

图 1-17 直线比例尺

直线比例尺的绘制法,一般是先在图纸上绘条一 10cm 长的直线,截取为 5 小段,每小段长为 2cm,这线段称为基本单位。然后将左边第一基本单位分为 10 等分(或 20 等分),每等分长 2mm(或 1mm),在基本单位一端写个 0,同时考虑比例尺的 M 值,即缩小倍数,在 0 点左右两侧的基本单位分别注明相应于地面上的水平距离。如 1:1000 比例尺,直线上每 2cm 及 2mm 分别表示实地水平距离 20m 和 2m。在直线比例尺上可直接读出十分之一基本单位的实地水平距离。

使用直线比例尺时,先用分规在图上量取线段长度,再将分规的右针尖对准 0 右边一整分划线上,并使左针尖处于 0 左边的毫米分划中(图 1-17),取右针尖读数与左针尖读数(可估读至 1/10 小格)之和,即为所量线段的实地水平距离。例如,图 1-17 中,右针尖的读数为 40m,左针尖的读数为 17m,故所量线段的实地水平距离为 57m。

(二)比例尺的精度

通常,人的肉眼所能分辨的两点间的最短距离为 20.1mm,间距小于 0.1mm 的两点只能看成一点。对于 $1:M$ 比例尺的图来说,图上 0.1mm 的实地水平距离为 $0.1×M$mm,地面上小于此数的线段在图上就无法表示,只能绘成一点,也就是说,$0.1×M$mm 是 $1:M$ 比例尺图上所能精确表达的程度,称为比例尺精度。

根据比例尺的精度,能为以下两个问题的解决提供参考依据:

1.确定量距的精度 设测图比例尺为 1:5000,则实地的量距精度只需达到该图比例尺的精度即可,也就是达到 0.1×5000mm=0.5m 的精度就可以了。

2.按要求选用测图比例尺 设在图上根据要求须表示出 0.2m 的实地水平距离,则应选取 $0.1\text{mm}÷200\text{mm}=\dfrac{1}{2000}$,亦即测图比例尺不应小于 1:2000。

 复习思考题

1.水准面有何特征?大地水准面是如何定义的?

2.何谓绝对高程和相对高程?

3.测量工作中规定的平面直角坐标系有何特点?

4.测量工作应遵循什么基本原则?为什么要遵循这些原则?

5.何谓平面图、地形图、地图及断面图?

6.测量有哪些基本工作?

7.比例尺的大小与测图的详略程度有何关系?

8.何谓比例尺的精度?它的实用意义何在?

第2章　水准测量

重点提示

本章重点介绍水准测量原理、DS3 型水准仪及工具的构造和使用、普通水准测量外业施测与校核方法以及内业计算步骤。简要分析了水准测量误差的来源、DS3 型水准仪的检验和校正、自动安平水准仪与精密水准仪的结构和使用。

高程测量是指测定地面点高程的工作。

高程测量按所使用的仪器和施测方法的不同,主要有水准测量和三角高程测量。最常用的最精密方法是水准测量。

第一节　水准测量原理

水准测量是利用能提供一条水平视线的仪器,如何测定未知点高程的一种测量方法。

由高差定义可知

$$h_{AB} = H_B - H_A \qquad (2\text{-}1)$$

故

$$H_B = H_A + h_{AB} \qquad (2\text{-}2)$$

显然,若能测出 A 点至 B 点的高差 h_{AB},则 B 点高程 H_B 即可求得。

见图 2-1 所示,在 A、B 两点竖立两根标尺,并在 A、B 两点之间安置一架可以得到水平视线的仪器。这种尺子称为水准尺,所用的仪器称为水准仪。水准仪的水平视线截取 A 点标尺的读数为 a,B 点标尺上的读数为 b,由图可知 A、B 两点间高差为

$$h_{AB} = a - b \qquad (2\text{-}3)$$

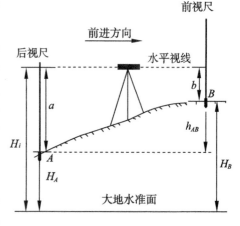

图 2-1　水准测量原理

在实际测量工作中,一般由已知点向未知点施测,设已知点 A 为后视点,其上立的标尺为后视尺,相应的读数 a 为后视读数,未知点 B 即为前视尺,相应的读数 b 为前视读数,则(2-3)式可改写为

$$h_{AB} = 后视读数 - 前视读数$$

h_{AB} 为未知点 B 对于已知点 A 的高差,或称由 A 点到 B 点的高差,它本身可正可负。

当 $a > b$ 时,h_{AB} 为正,说明前视点 B 较后视点 A 高;当 $a < b$ 时,h_{AB} 为负,说明前视点 B 较后视点 A 低;当 $a = b$ 时,h_{AB} 为零,说明 A、B 两点等高。

未知点高程的计算方法有两种:

(1)高差法:将(2-3)式代入(2-2)式得

$$H_B = H_A + a - b \tag{2-4}$$

(2)视线高法:由图 2-1 可知,A 点高程加后视读数就是仪器的视线高程,用 H_i 表示,即

$$H_i = H_A + a$$

则

$$H_B = H_i - b \tag{2-5}$$

当安置一次仪器,由一个已知高程的后视点,要连续测量很多个点的高程时,利用视线高法比高差法计算未知点高程更简便快捷。

第二节　普通水准仪及工具

我国对大地测量仪器的总代号为"D",水准仪的代号为"S",连接起来就是"DS",通常省略"D"而只写"S"。国产水准仪系列标准有 S0.5、S1、S3、S10 和 S20 等型号。0.5、1、3、10、20 为该类仪器以毫米为单位每千米水准测量高差中数的偶然中误差。无测微设备、仅能在水准尺上估读到 1mm 的水准仪,称为普通水准仪,例如 S3、S10 和 S20 型水准仪。本节仅对 DS3 型水准仪的构造、使用方法与要求加以介绍。

一、微倾式 DS3 型水准仪的构造

DS3 型水准仪主要由望远镜、水准器及基座三部分组成,各部构造及名称见图 2-2。望远镜和水准管连成一整体,望远镜在靠物镜一端与基座连接,另一端借助微倾螺旋可使望远镜与水准管一起在竖面内作微小升降,用基座上的脚螺旋和圆水准器,可使视线粗略水平。而视线达到精密水平状态,要靠转动微倾螺旋,使水准管的气泡居中来实现。

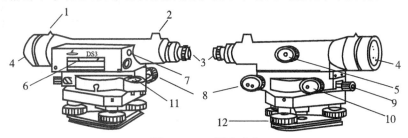

图 2-2　DS3 型水准仪

1.准星　2.缺口　3.目镜　4.物镜　5.调焦螺旋　6.水准管　7.符合气泡观察窗
8.微倾螺旋　9.水平制动螺旋　10.水平微动螺旋　11.圆水准器　12.脚螺旋

(一)望远镜

望远镜是提供视线、瞄准目标的设备。它由物镜、目镜、调焦透镜和十字丝四部分组成。图 2-3 所示是内调焦望远镜的剖面图,其特点是物镜到十字丝平面之间的距离保持不变,而在其间加上一同轴的发散透镜(调焦凹透镜)。物镜和调焦透镜的作用相当于一个凸透镜,能将观测目标成像在十字丝平面附近。目镜的作用在于将目标的像放大,国产 DS3 型水准仪望远镜的放大率一般为 30 倍。旋转目镜可以使十字丝看得清晰,这项操作称为目镜调焦。十字丝分划板用于精确照准目标或在水准尺上读数。转动物镜调焦螺旋,可以使不同

远近的目标影像清晰,这项操作称为物镜调焦。

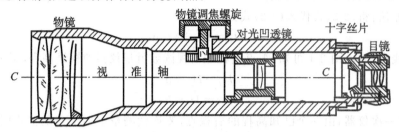

图 2-3 望远镜剖面图

十字丝是刻在光学玻璃板上互成正交的细线条,如图 2-4 所示。竖直的丝称为纵丝,中间的一根长横丝称为中丝,上、下短丝用于测定距离,分别称作上丝和下丝,总称为视距丝。通过物镜光心与十字丝交点的连线称为望远镜的视准轴 CC。观测的视线就是视准轴的延长线。视准轴是瞄准目标的基准。

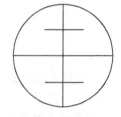

图 2-4 十字丝分划板

(二)水准器

水准器有两种形式,一种是管状形的称管水准器;另一种是圆盒形的称圆水准器。

1. 管水准器

管水准器又称水准管,是用一个内表面磨成圆弧的玻璃管制成,内装有酒精和乙醚的混合液,仅留一个气泡。如图 2-5 所示。过管内圆弧的中点所作的内表面圆弧的水平切线,称水准管轴,用 LL 表示。当水准管气泡的两端距中点等距时,则水准管气泡居中,此时水准管轴处于水平位置,由于水准管轴与视准轴互相平行是水准仪构造中的主要要求,所以当水准管气泡居中、水准管轴水平时,望远镜的视准轴也同时处于水平位置,视线也就水平了。

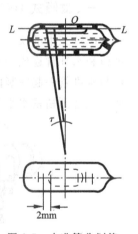

图 2-5 水准管分划值

水准管上每 2mm 弧长所对的圆心角称为水准管分划值,用 τ 表示。DS3 水准仪上水准管分划值为 20″/2mm,这意味着水准轴倾斜 20″,水准管气泡就会移动一格。水准管分划值愈小,水准管的灵敏度就愈高。

水准管分划值用下列公式计算:

$$\tau = \frac{2\text{mm}}{R}\rho''(R \text{ 为圆弧半径}, \rho'' = 206265'')$$

在水准仪上观察水准管气泡是否居中,要从望远镜旁的符合水准气泡观察镜中察看,此类仪器的水准管均装有符合棱镜系统,见图 2-6(a)所示。该系统将气泡两端的像经棱镜折射,分为两个半圆弧状,再成像于望远镜内或目镜旁的观察镜内。

当仪器粗略整平后,再转动微倾螺旋,则在气泡观察镜中可以看到两个半边气泡的像,一个向上,一个向下作相对移动。若两半边气泡的像不符合(即上下错开),如图 2-6(b)(d)所示,则表示气泡不居中;若两半边气泡的像符合(即上下对齐),如图 2-6(c)所示,则表示气泡居中。这种具有棱镜装置的水准器称为符合水准器。它能提高气泡居中的精度。

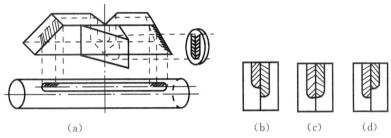

(a)　　　　　　　　　　　　(b)　　(c)　　(d)

图 2-6　符合水准器

2.圆水准器

图 2-7 所示为圆水准器,它是用一个玻璃圆盒制成,装在金属外壳内,内表面为磨光的球面,球面中心有一圆圈,通过圆圈中心的球半径称为圆水准器轴,用 $L'L'$ 表示,如图 2-7 中所示。当气泡中心与圆圈中央重合时,表示气泡居中,此时圆水准器轴处于铅垂位置。制造仪器时,水准仪的旋转轴与圆水准器轴平行,则当圆水准器气泡居中,圆水准轴处于铅垂位置时,水准仪的旋转轴同时也就处于铅垂位置了。

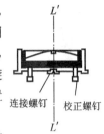

图 2-7　圆水准器

普通水准仪圆水准器的分划值约为 $8'/2\text{mm} \sim 30'/2\text{mm}$,因水准仪的概略整平要求不是很高,所以借助圆水准器整平即可。

(三)基座

基座主要由轴座、脚螺旋和三角形底板组成,起支承仪器和连接三脚架的作用。三个脚螺旋专为整平仪器之用,调节脚螺旋可使圆水准器气泡居中,达到粗平水准仪的目的。而三角形底板是与三脚架头的中心螺旋相连接,以固定仪器。

二、其他工具

(一)三脚架

简称脚架,供安置仪器之用。使用时用中心连接螺旋将水准仪与三脚架固连牢靠。

(二)水准尺

水准尺用干燥木材或玻璃钢制成,长度为 3～5m,尺上每隔 1cm 涂有黑白或红白相间的分格,每分米注一数字,如图 2-8 所示。水准尺按尺形分为板尺、折尺、塔尺等几种,又有单面尺与双面尺之分。双面尺的分划,一面是黑白相间的,称为黑色面,简称黑面;另一面是红白相间的,称为红色面,简称红面。双面尺应配对使用。配对使用的两把双面尺,其黑面的起始数字都是从零开始。而红面的起始数字,一把为 4687mm,另一把为 4787mm。使用双面尺的优点,是可以避免观测值因印象而产生的读数错误,并可检查计算中的误差。

(三)尺垫和尺桩

如图 2-9 所示,在设置转点(转点的概念见本章第三节)时,为了便于固定立尺点位置,可在立尺处放置一尺垫。尺垫一般用生铁铸成,外形为三角形,中央有一突起的圆顶,水准尺即立于圆顶之上。尺垫下有三尖脚可以插入土中。

在土质松软地区或精度要求较高而尺垫不易放稳时,可用尺桩。使用时将尺桩打入土中。尺桩较尺垫稳固,但每次需用力打入,使用不太方便。

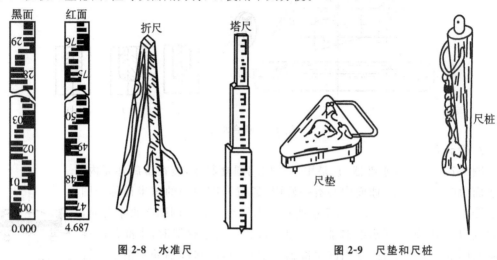

图 2-8　水准尺　　　　　　　　　　图 2-9　尺垫和尺桩

第三节　普通水准测量的实施

一、水准测量的基本操作

(一)水准仪的安置与粗平

选好测站,打开三脚架,将三脚架插入土中,或放在坚固的地面上,用中心连接螺旋将水准仪与三脚架连接,调节脚架使架头大致水平,然后旋转脚螺旋使圆水准器泡居中。方法如图 2-10 所示,气泡不在圆水准气泡中心而在图 2-10(a)所示的位置,这表明脚螺旋①一侧偏低,此时可用双手按箭头所指的方向对向旋转脚螺旋①和②,气泡运动方向与左手拇指旋转方向一致,移动到虚圆位置时为止。再旋转脚螺旋③,如图 2-10(b)所示,使气泡移动圆水准器的中心,这样水准仪就粗平好了,即视线大致水平。

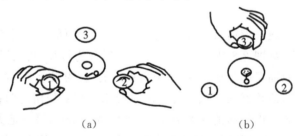

(a)　　　　　　　　　　(b)

图 2-10　水准仪的粗平

(二)瞄准

当仪器粗平后,松开望远镜的制动螺旋,旋转望远镜瞄向目标,并使望远镜筒上的缺口、准星与目标处于一直线上,拧紧制动螺旋,然后转动目镜调焦螺旋,使十字丝成像清晰,再调节物镜调焦螺旋,使目标成像清晰,调焦工作完成。如果发现十字丝纵丝偏离水准尺,则可利用水平微动螺旋使十字丝纵丝处于水准尺的分划面上。

（三）消除视差

读数前，眼睛在目镜上下作微量移动，发现十字丝交点在水准尺上的读数也随之变动，这种现象称为视差。如图 2-11 所示。视差产生的原因是目标通过物镜之后的成像没有与十字丝分划板重合。消除视差的方法是，交替调节目镜和转到调焦螺旋，直至十字丝和水准尺成像均清晰，眼睛上下移动时，十字丝中丝所截取的读数不变为止。

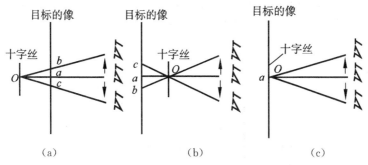

（a）　　　　　　　　　（b）　　　　　　　　　（c）

图 2-11　视差的产生及其消除

（四）精平和读数

根据水准测量原理，由水准仪提供的视线必须处于水平位置，为此，在读数之前应调节微倾螺旋，使水准管气泡居中，也就是使符合水准器的两端气泡的半边影像对齐。按图 2-12 所示的方向调节微倾螺旋，其左半像的上下移动与右手拇指转动螺旋的方向一致。

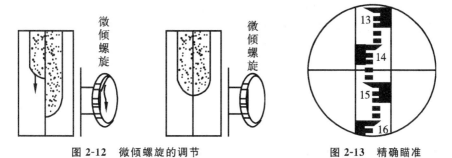

图 2-12　微倾螺旋的调节　　　　　　　**图 2-13　精确瞄准**

精确整平后，应立即根据中丝读取水准尺上的读数。读数应估读至毫米。图 2-13 的中丝读数为 1.465m 或 1465mm，读作 1.465 或 1465。某些读数应特别注意读出首末位的"0"，如 0465 或 1460 等。若读作 465、146 就错了。读数时需注意水准尺刻划的注记方向，如果水准仪的望远镜成倒像，则读数由上向下读；反之，则读数应由下向上读。总之，读数应该由小到大的方向读取。

二、普通水准测量的实施

进行水准测量时，若两点相距较近且高差较小，那么安置一次仪器就可测出两点间的高差。如图 2-1 所示情况。若两点相距甚远或高差较大，不可能安置一次仪器就能测出它们之间的高差，那么就要连续施测若干站，把各站测得的差 h_1、h_2、……、h_n 累加取其代数和，最后得出两点间的高差。

如图 2-14 所示，设已知水准点（用水准测量方法测量了高程的点）A 的高程 $H_A=$

50.000m，欲求 B 点高程 H_B，其外业施测步骤如下：

首先在 A 点竖立水准尺作为后视（在 A 点不放置尺垫），安置仪器于 I 处，沿路线的前进方向，目估前后视距离相等处选一立尺点 TP_1，放置尺垫并踩实，在尺垫上竖立水准尺作为前视。观测员将仪器粗平，瞄准后视尺，按前述基本操作的要求，读取后视读数，记为 a_1，记入表 2-1 的后视读数栏内。再瞄准前视标尺，按同样操作程序读前视读数，设为 b_1，记入前视读数栏内。后视读数减前视读数，即得高差 h_1，记入高差栏内。以上便是一个测站的全部工作。立尺点 TP_1 称为转点。转点是水准线上传递高程的过渡点。立在转点上水准尺上既有前视读数又有后视读数。

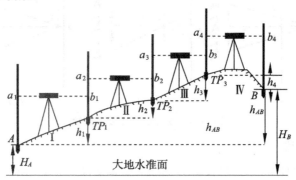

图 2-14　水准测量示意图

第 I 测站观测完毕后，转点 TP_1 的尺垫绝对不要移动。A 点上的立尺员转移到 TP_2，先踩实尺垫，再立上水准尺，仪器搬到 TP_1 至 TP_2 之间，目估前后视距离大致相等处设置测站 II，此时，转点 TP_1 上的水准尺为后视尺，转点 TP_2 上的水准尺为前视尺，按与测站 I 相同的工作程序进行第 II 个测站的观测、记录与计算。这样，各测站测得的高差分别为：

$$h_1 = a_1 - b_1$$
$$h_2 = a_2 - b_2$$
$$\cdots\cdots$$
$$h_n = a_n - b_n$$

将上列各式两边分别相加，即求得 A、B 两点间的高差，即

$$h_{AB} = \sum h = \sum a - \sum b \tag{2-6}$$

则 B 点高程 H_B 为

$$H_B = H_A + h_{AB} = H_A + (\sum a - \sum b) \tag{2-7}$$

由(2-6)式可知，A、B 两点间的高差即等于各测站高差的代数和，也等于后视读数之和减去前视读数之和。利用这个关系可校核计算有无错误，但不能说明测量结果的准确程度。

表 2-1　普通水准测量手簿

路线名称:BM$_A$—BM$_B$		日期:1997.6.18			观测者:李光明	
仪器型号:DS3—781037		天气:晴			记录者:王胜利	
测站	点号	后视读数(m)	前视读数(m)	高差(m) +	高差(m) −	高程(m)	备注
Ⅰ	A	1.726		1.081		50.000	
	TP$_1$		0.645				
Ⅱ	TP$_1$	1.504		0.786		51.081	
	TP$_2$		0.718				相
Ⅲ	TP$_2$	2.215		1.302		50.867	对
	TP$_3$		0.913				高
Ⅳ	TP$_3$	2.102			0.734	53.169	程
	B		2.836			52.435	
计算校核		$\sum a=7.547$ $\sum a-\sum b=2.435$	$\sum b=5.112$	$\sum=3.169$ $\sum h=2.435$	$\sum=0.734$		

三、水准测量的校核方法及精度要求

水准测量外业测得的高差包含着各种误差,利用(2-6)式只能发现计算有无错误,为了使测量成果中不存在错误及检校误差是否符合精度要求,必须采取相应的措施进行检校。

水准测量中的校核可分为测站校核和路线校核两项来进行。

(一)测站校核

1.双仪器高法　在一个测站上用两次不同的仪器高度,分别测出高差。即第一次测得高差后,改变仪器高度 10cm 以上,再测一次高差。当两次所测高差之差不大于±6mm 时,认为观测符合要求。

2.双面尺法　在一个测站上,采用双面水准尺分别读取后视尺的黑、红面读数和前视尺的黑、红面读数,然后进行下列两项校核计算:

(1)同一水准尺黑、红面的读数差应为一常数 K(K 为 4687mm 或 4787mm),在普通水准测量中,其误差不得超过±4mm。

(2)黑、红面算得的高差理论上应相差 100mm,即红面高差加或减 100mm 应该等于黑面高差,如若不符,其差值,在普通水准测量中不得超过±6mm。

测站校核必须在各测站的观测现场进行,只有当校核符合要求后方可搬站,否则,应查明原因或重测。

测站校核只能校核一个测站上所测高差是否正确,对于一条路线来说,还不能证明它的精度是否符合要求,如同一个转点,在前后视时水准尺没有放在同一点上,利用该转点计算的相邻两站的高差都符合要求,而对一条水准路线来说,却含有错误在内。又如风力、温度、大气不规则的折射等自然条件引起的误差、人差、仪器误差等,在一个测站反映不明显,但累计的结果,可能会使误差超限,因此,必须进行路线校核。

(二)路线校核

路线校核按水准路线形式的不同,分以下三种情况:

1. 闭合水准路线 如图 2-15 所示,从一已知水准点 BM_1 开始,沿着环形依次测定相邻点间的高差 h_1、h_2、h_3、h_4,最后又闭合到水准点 BM_1,称为闭合水准路线。如果观测过程中没有误差,高差总和在理论上应等于零,即

$$\sum h_{理} = 0 \qquad (2-8)$$

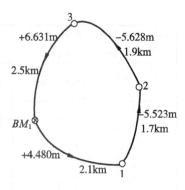

图 2-15 闭合水准路线

但实际上,测得的高差总和 $\sum h_{测}$ 往往不为零,$\sum h_{测}$ 与理论高差总和 $\sum h_{理}$ 的差即为高差闭合差,即

$$f_h = \sum h_{测} - \sum h_{理} = \sum h_{测} \qquad (2-9)$$

高差闭合差 f_h 的大小反映了测量成果的质量,为了保证精度,必须规定闭合差的允许值 $f_{h_允}$,其视水准测量的等级不同而异。普通水准测量高差闭合差的允许值为

$$平原地区:f_{h_允} = \pm 40\sqrt{L}\ \text{mm} \qquad (2-10)$$

$$山\qquad 地:f_{h_允} = \pm 12\sqrt{n}\ \text{mm} \qquad (2-11)$$

式中:L 为水准路线的长度,以千米为单位;n 为测站数。

如果与附合水准路线相同。

$f_h > f_{h_允}$,说明测量成果不符合要求,必须检查原因,或者返工重测。

2. 附合水准路线 如图 2-16 所示,从一个已知水准点 BM_1 开始,沿线依次测定相邻点间的高差 h_1、h_2、h_3、h_4,最后附合到另一个已知水准点 BM_2,称为附合水准路线。

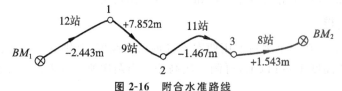

图 2-16 附合水准路线

整个路线高差总和的理论值 $\sum h_{理} = H_{终} - H_{起}$(这里 $H_{起}$ 和 $H_{终}$ 分别表示已知水准点 BM_1 和 BM_2 的高程)应该等于观测的高差总和 $\sum h_{测}$,由于测量存在误差,两者往往不相等,其差值即为高差闭合差实测的高差,不等于理论值,其差值称为高差闭合差 f_h,即

$$f_h = \sum h_{测} - \sum h_{理}$$
$$= \sum h_{测} - (H_{终} - H_{起}) \qquad (2-12)$$

高差闭合差的允许值按公式(2-10)和(2-11)计算。

3. 支水准路线 如图 2-17 所示,由已知水准点 BM_1 开始,沿线路依次测定相邻点间的高差 h_1、h_2,最后既没有闭合到原水准点也没有附合到另一已知水准点,这种路线称为支水准路线。为了对测量成果进行校核,支水准路线必须进行往返测量。理论上往测高差总和 $\sum h_{往}$ 与返测高差总和 $\sum h_{返}$ 应该是绝对值相等而符号相反,即

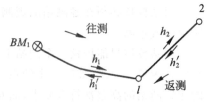

图 2-17 支水准路线

$$|\sum h_{往}| = |\sum h_{返}| \qquad (2-13)$$

由于观测误差的存在,上式不会相等,二者之差即为高差闭合差,即

$$f_h = |\sum h_{往}| - |\sum h_{返}| \qquad (2-14)$$

高差闭合差的允许值与闭合水准路线相同,但(2-10)式中 L 为支水准路线单程长度(km),式(2-11)中 n 为单程测站数。

第四节　水准测量成果的内业计算

水准测量外业完成后,在内业计算前,必须重新复查外业各项记录和计算,检查无误后,经路线校核计算,高差闭合差若符合精度要求,再进行高差闭合差的调整,使调整后的高差闭合差为零,并据此推算各未知点的高程。下面分别对三种水准路线形式进行详细讲述。

一、闭合水准路线内业计算

如图 2-15 所示闭合水准路线,各测段高差及距离均注于图内,已知 BM_1 高程为 20.467m,求 1、2、3 点高程。计算步骤如下:

(一)高差闭合差的计算

根据(2-9)式和(2-10)式,有:

$$f_h = \sum h_测 = -0.040\text{m} = -40\text{mm}$$

$$f_{h_允} = \pm 40\sqrt{8.2}\,\text{mm} = \pm 114.5\text{mm}$$

$$f_h < f_{h_允}$$

精度符合要求,可进行改正。

(二)高差闭合差的改正

在同一水准路线的观测中,可以认为各测站的观测条件是相同的(即等精度观测),故各测站或每千米产生的误差也可以认为是相等的。因此,高差闭合差的调整原则是:将高差闭合差反号,按距离或测站数成正比进行分配。各测段高差改正数 V_{h_i} 按下式计算:

$$V_{h_i} = -\frac{f_h}{\sum L} \cdot L_i \tag{2-15}$$

或
$$V_{h_i} = -\frac{f_h}{\sum n} \cdot n_i \tag{2-16}$$

式中: $\sum L$、$\sum n$ 分别为路线总长和测站数总和; L_i、n_i 分别为某测段的距离和测站数; V_{h_i} 为某高差观测值的改正数。

高差改正数计算结果保留至整毫米,对于计算值应按下式进行检核:

$$\sum V_{h_i} = -f_h \tag{2-17}$$

(三)计算各测段改正后的高差

各测段高差观测值加改正数等于各测段改正后的高差。

$$h'_i = h_i + V_{h_i} \tag{2-18}$$

计算数据按下式检核:

$$\sum h'_i = \sum h_理 = 0 \tag{2-19}$$

(四)计算各点高程

根据(2-7)式,将起始点高程与沿线各测段改正后的高差逐一累加,即得到各点高程。

计算列于表 2-2 中。

表 2-2　闭合水准路线成果整理计算表

点号	距离 (km)	测站数	测得高差(m)	改正数 (mm)	改正后高差(m)	高程 (m)	备注
BM_1	2.1		+4.480	+10	+4.490	80.549	
1	1.7		−5.523	+8	−5.515	85.039	已
2	1.9		−5.628	+9	−5.619	79.524	知 相
3	2.5		+6.631	+13	+6.644	73.905	对 高
BM_1						80.549	程
$\sum$	8.2		−0.040	+40	0		
辅助计算	$f_h = \sum h_测 = -40\text{mm}$ $f_{h允} = \pm 40\sqrt{L}\text{mm} = \pm 40\sqrt{8.2}\text{mm} = \pm 114.5\text{mm}$ $f_h < f_{h允}$ 符合精度要求						

二、符合水准路线内业计算

如图 2-16 所示附合水准路线,各测段高差及测站数均注于图内,已知 BM_1 和 BM_2 的高程分别为 53.876m 和 59.290m,求 1、2、3 点高程。计算如下:

(一)高差闭合差的计算

根据(2-11)和(2-12)式,有:

$$f_h = \sum h_测 - (H_终 - H_起) = 5.384 - (59.290 - 53.876)\text{mm} = +44\text{mm}$$

$$f_{h允} = \pm 12\sqrt{40}\text{mm} = \pm 75.9\text{mm}$$

精度符合要求,可进行改正。

(二)高差闭合差的改正

根据(2-16)式计算高差闭合差的改正数。

高差改正数计算结果按(2-17)式进行检核。

(三)计算各测段改正后的高差

改正后的高差计算按(2-18)式进行。

改正后的高差值按下式检核:

$$\sum h'_i = \sum h_理 = (H_终 - H_起) \tag{2-20}$$

(四)计算各点高程

根据(2-7)式,将起始点高程与沿线各测段改正后的高差逐一累加,即得到各点高程。计算结果例于表 2-3 中。

表 2-3 符合水准路线成果整理计算表

点号	距离 (km)	测站数	测得高差(m)	改正数 (mm)	改正后高差(m)	高程 (m)	备注
BM_1		12	-2.443	-13	-2.456	53.876	已知绝对高程
1		9	$+7.825$	-10	$+7.815$	51.420	
2		11	-1.467	-12	-1.479	59.235	
3		8	$+1.543$	-9	$+1.5340$	57.756	
BM_2						59.290	
Σ		40	$+5.458$	-44	$+5.384$		
辅助计算	$f_h = \sum h_测 - (H_终 - H_起) = +44\text{mm}$ $f_{h允} = \pm 12 \sqrt{40}\,\text{mm} = \pm 75.9\text{mm}$ $f_h < f_{h允}$ 符合精度要求						

三、支水准路线内业计算

对于支水准路线,当 $f_h \leqslant f_{h允}$ 时,可取往返高差的平均数作为两点间的高差值,即

$$h = \frac{1}{2}(h_往 - h_返) \tag{2-21}$$

其符合与往测相同;然后根据起点高程以各测段平均高差值推算各点的高程。

第五节 水准仪的检验与校正

水准测量前,应先对水准仪进行检视,即通过检查者的感觉器官,检查仪器的外表有无损伤,转动是否灵活,水准器有无气味(有气味者水准器破裂),螺旋有无失灵,脚架是否牢固可靠等。对仪器检验,就是检查和验证仪器的轴系是否满足应有的几何条件,如果不满足而又超过了规定的限值,则必须进行校正。

根据水准测量原理及要求,水准仪各轴系必须满足下列几何条件(见图 2-18 所示):

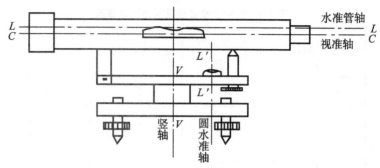

图 2-18 水准仪的轴系

(1)圆水准器轴 $L'L'$ 平行于竖轴 VV。即圆水准器旋转到任何位置,圆水准器气泡都应居中。

(2)十字丝中丝垂直于竖轴。即按中丝的左右两端在水准尺上的读数应相等。

(3)水准管轴 LL 平行于视准轴 CC。即当水准管气泡居中时,视准轴应处于水平状态。

一、圆水准器轴平行于竖轴的检验与校正($L'L'$//VV)

1. 检验 如图 2-19(a)所示,转动脚螺旋使圆水准器气泡居中,再将望远镜旋转 180°,见图 2-19(b)所示,若气泡仍居中,则说明该条件满足,否则须予校正。

2. 校正 如图 2-19(c)所示,先用脚螺旋使气泡移回偏离的一半,停在 b 位置,此时仪器的竖轴就已处于竖直位置了。然后用校正针调节圆水准器上的校正螺钉使气泡居中,如图 2-19(d)所示。

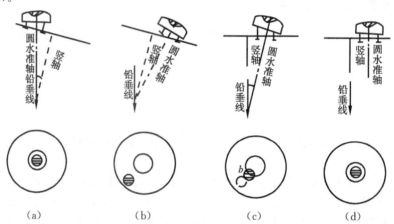

| (a) | (b) | (c) | (d) |

图 2-19 圆水准轴平行于竖轴的检验与校正

校正后再将望远镜绕竖轴旋转到任一位置时,气泡都应居中,这说明校正完善,否则还须重复校正。

在野外作业如无条件校正,只要整平仪器时始终使气泡处于图 2-19(c)所示的位置即可。因为此时仪器的竖轴已处于竖直位置了,故达到了粗平仪器的目的。

二、十字丝中丝垂直于竖轴的检验与校正

1. 检验 粗平仪器,用望远镜中丝的一端瞄准墙上一小点 A,旋紧制动螺旋转动微动螺旋,使望远镜向左(右)移动,如图 2-20 所示,观察墙上小点是否总沿着中丝移动。如发现偏

离,如图 2-20(b)所示,则须校正。

2.校正　具体校正方法因十字丝装置形式的不同而有所不同。如图 2-20(c)所示,如十字丝歪斜较大,可用起子松开四个十字丝固定螺钉,拨正十字丝环。如十字丝歪斜不大,也可用校正针松开相邻两个十字丝校正螺钉[如图 2-20(c)所示中的 1 和 2],拨正十字丝环。校正完后,要拧紧固定螺钉或校正螺钉。

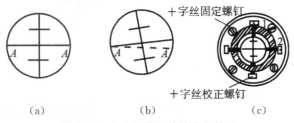

图 2-20　十字丝横丝的检验与校正

三、水准管轴平行于视准轴的检验与校正($LL//CC$)

该项条件检验与校正的方法较多,较为常用的有以下两种:

1.检验　如图 2-21 所示,在较平坦地段选相距约 41.2m 的 A、B 两点,打上木桩或放上尺垫并踩实,再分别竖立水准尺。水准仪安置于 AB 之中点 C。水准管气泡居中,分别读取后视读数 a_1 和前视读数 b_1,则

$$h_1 = a_1 - b_1 \qquad (2\text{-}22)$$

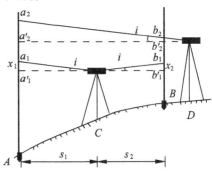

图 2-21　视准轴平行于水准管轴的检验

这时,即使视准轴不平行水准管轴,两轴有一夹角 i,视线是倾斜的,由于仪器至前、后视水准尺的距离相等($s_1 = s_2$),则视线在两尺上引起的读数误差也相等($x_1 = x_2$)。根据水准测量原理,此时计算高差的公式应为

$$h_{AB} = (a_1 - x_1) - (b_1 - x_2) = a_1 - b_1 \qquad (2\text{-}23)$$

其结果与(2-22)式完全相同。由此可见,水准仪安置于距前后视距离相等处测定高差,可消除视准轴不平行于水准管轴的误差,因此求得的高差 h_1 是正确的。

然后搬仪器至 D 点,距离前视点约 2m,粗平仪器,水准管气泡居中,先后读取 b_2 和 a_2。若视准轴水平($i = 0°$),第二次正确高差应为 $h_2 = a_2 - b_2$,则在读取 b_2 后,由于仪器距 B 尺很近,通常情况下 i 角又很小,故可认为 $b_2 \approx b'_2$,则求得视准轴水平时应该读取的后视读数为 $a'_2 = h_1 + b'_2$,那么:

若 $a_2 = a'_2$,说明水准管轴平行于视准轴;若 $a_2 \neq a'_2$,但 $a_2 - a'_2 \leqslant \pm 5$mm,说明仍符合要求,否则,须进行校正。

2.校正(仍在 D 点进行)　校正方法:转动微倾螺旋,使中丝对准正确的后视读数,此时视准轴已处于水平位置,但水准管气泡却不居中,为了使水准管轴也水平,用校正针拨水准管一端的上下两个校正螺钉,使气泡居中即可,如图 2-22 所示。此项校正也应反复进行,直到符合要求为止。

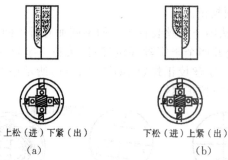

上松（进）下紧（出）　　　　下松（进）上紧（出）
(a)　　　　　　　　　　　(b)

图 2-22　水准管的校正

第六节　水准测量的误差及观测注意事项

水准测量的误差主要来源于仪器误差、观测误差以及外界条件引起的误差。现对它们进行分析并从中找出消除或减少误差的方法。

一、仪器误差

水准仪虽经检校，但不可能做到完美无缺，总还有残余误差存在，如视准轴不严格平行水准管轴，十字丝中丝不严格垂直竖轴等，但仪器误差的影响可采用一定的操作方法予以消减。对于水准尺的分划误差，观测中只要两根尺交替放置，便可使这种误差适当减弱。至于水准尺零点误差，只要在两点间施测的测站数为偶数，则可消除其影响。

二、观测误差

观测误差是水准测量的主要误差，包括：

1.气泡居中误差　由于人的生理视觉辨别能力有限，当使用符合水准器气泡时，调节气泡居中的误差为 $0.075\tau''$，由它引起的读数误差 $x_{居}$ 与水准管分划值 τ 及距离 D 有关，即

$$x_{居}=0.075\tau D/\rho \tag{2-24}$$

例如：S_3 水准仪的水准管分划值 $\tau=20''/2mm$，若距离 D 为 100m，则

$x_{居}=0.075\times20\times100\times1000/206265=0.7(\text{mm})$

2.照准误差　人眼的分辨力约为 $1'$，设望远镜的放大率为 V，则望远镜的照准误差 $x_{照}$ 为

$$x_{照}=\frac{60''}{V}\cdot\frac{D}{\rho''} \tag{2-25}$$

设望远镜的放大率 $V=24$ 倍，$D=100m$，则

$$x_{照}=\frac{60''}{V}\cdot\frac{D}{\rho''} \tag{2-26}$$

3.读数误差　读数误差与望远镜的放大率、视线长度、标尺的分划值和十字丝的粗细有关。为保证读数精度，除观测中应仔细调焦消除视差外，还应对仪器的放大率和最大视距长度加以规定。普通水准测量仪器望远镜的放大率不应小于 20 倍，视线长度不应超过 100m。

三、外界条件的影响

1.标尺倾斜的误差　从图 2-23 可知，标尺前后倾斜都会使尺上的读数增大，而且视线越高，误差 $x_{倾}$ 越大。

$$x_倾 = b' - b = b' - b'\cos\alpha = b'(1 - \cos\alpha) \tag{2-27}$$

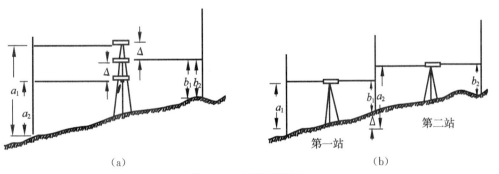

图 2-23 标尺倾斜误差

当 $b' = 2m, \alpha = 2°$ 时,就会产生约 1mm 的标尺倾斜的误差。在水准尺上一般装有圆水准器,以便将标尺扶正竖直。

2. 仪器和尺子升沉的误差 对同一条水准路线来讲,还会出现尺子与仪器的上升和下沉的问题。由于仪器、尺子的自重会使仪器、尺子下沉;而由于土壤的弹性又会使仪器、尺子上升。

假设仪器下沉(上升)的变动量是和时间成正比例的。如图 2-24(a)所示,第一次后视读数为 a_1,当仪器转向前视时仪器下沉了一个 Δ,前视读数为 b_1,那么高差 $h = a_1 - b_1$ 中必然包含误差 Δ。为了减小这种影响,读取红面读数时采用先读前视的办法。当最后读取后视读数时,仪器视线又变动了一个 Δ,由图 2-24(a)所示可以看出,黑面读数的高差为:

$$h_黑 = a_1 - (b_1 + \Delta) = a_1 - b_1 - \Delta \tag{2-28}$$

红面读数的高差为:

$$h_红 = (a_2 + \Delta) - b_2 = a_2 + \Delta - b_2 \tag{2-29}$$

取两次高差的平均得:

$$h = \frac{(a_1 - b_1) + (a_2 - b_2)}{2} \tag{2-30}$$

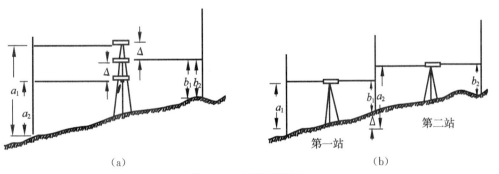

(a)   (b)

图 2-24 仪器下沉误差

这样正好将 Δ 消除。由于实际上仪器的变动量和时间并不完全成比例,因此这种措施只能减弱而不能完全消除影响。同时操作熟练以减少观测时间,也可使这项误差影响减少。

关于尺子下沉(上升)的影响,当仪器在第一站观测完毕后转向第二站时,前视尺变动了一个 Δ 值[如图 2-24(b)所示],于是第二站的后视读数和第一站的前视读数的尺子零点不在同一位置。对于同类土壤的水准路线,它们造成的影响是系统性的,如果属于尺子下沉,则使高差增大,反之则使高差减小。如果作业时对同一条水准路线采用往返方向进行观测,那么在往返的平均值中这种误差的影响将会得到减弱。

3. 地球曲率及大气折射的影响 在第一章中已介绍地球曲率对高程的影响,现分析消除该影响的方法。

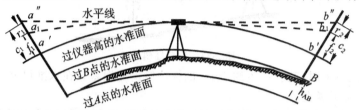

大地水准面为一曲面,因此,只有当水准仪的视线与之平行时,才能测出两点间的真正高差 h_{AB},如图 2-25 所示,通过水准仪的水平视线在两尺上的读数分别为 a'' 和 b'',过仪器的水准面与两尺的截点(即读数)分别为 a' 和 b'。

因为 $$h_{AB} = a' - b' = (a'' - c_1) - (b'' - c_2) \tag{2-31}$$

式中 c_1 和 c_2 分别为地球曲率对后视和前视读数的影响,称为地球曲率的影响,简称球差。

图 2-25　地球曲率及大气折射的影响

此外,由于空气的密度随着距地面高度的增大而变化,因而水平光线在地面上空传播时,将因折射而发生不规则的弯曲,此时,尺上的实际读数不是 a'' 和 b'',而是 a_1 和 b_1,二者之差即为大气折射差,简称气差,以 r 表示。由图 2-25 可知

$$a'' = a_1 + r_1, \qquad b'' = b_1 + r_2$$

代入(2-31)式得:

$$h_{AB} = (a_1 + r_1 - c_1) - (b_1 + r_2 - c_2) \tag{2-32}$$

其中:$c_1 = \dfrac{D_1^2}{2R}, \qquad c_2 = \dfrac{D_2^2}{2R}$

式中:R 为地球半径;D_1、D_2 分别为仪器至后视和前视点的距离。

由于大气折射的曲率半径经实验证明,为地球半径 R 的 6~7 倍,现取 7 倍,故

$$r_1 = \frac{1}{7} \times \frac{D_1^2}{2R}, \qquad r_2 = \frac{1}{7} \times \frac{D_2^2}{2R}$$

令地球曲率和大气折射的综合影响为 f,简称两差影响,则:

$$f_1 = c_1 - r_1, \qquad f_2 = c_2 - r_2$$

代入(2-32)式得: $\qquad h_{AB} = (a_1 - f_1) - (b_1 - f_2) \tag{2-33}$

若 $D_1 = D_2$,则

$$c_1 = c_2, \qquad r_1 = r_2$$

故 $\qquad f_1 = f_2$

代入(2-33)式得 $\qquad h_{AB} = a_1 - b_1 \tag{2-34}$

由此可见,若前后视距相等,则可消除地球曲率和大气折射对高差的影响。

4.温度影响　温度的变化不仅引起大气折射的变化,而且当烈日照射水准管时,由于受热不匀,气泡会向温度高的方向移动。因此在进行水准测量时要撑伞遮住仪器,以免阳光直接照射。

第七节　自动安平水准仪及精密水准仪

一、自动安平水准仪

使用普通水准仪进行水准测量,仪器粗平后,每次读数前都要调水准管气泡居中,以将视线调至水平位置,这样既费时又影响成果质量。现代生产的自动安平水准仪(又称补偿器水准仪),是利用自动安平补偿器代替水准管,自动迅速地将视线调至水平位置,即仪器粗平后,按中丝在标尺上读得的数,就是视线水平时的读数,而无须调水准管气泡居中。因此,自动安平水准仪的最大特点是仪器安平迅速,工作效率高。此外,由于观测时间的缩短,所以在一定程度上减少了仪器和标尺下沉及外界条件变化对测量成果的影响,有利于提高测量成果的精度。

(一)自动安平原理

自动安平水准仪是借助于光路中的补偿器在微小倾斜范围内自动整平望远镜视准轴的。其原理如图 2-26 所示。

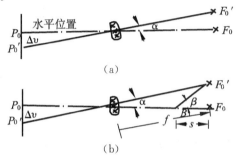

(a)

(b)

图 2-26　自动安平原理

当望远镜视准轴处于水平位置时,由标尺上某点进入望远镜的光束通过十字丝交点 F_0,当望远镜视准轴旋转一个微小角度 α 后,在十字丝分划板上的点像 F_0' 高于或低于 F_0 一个数值,从而在标尺上产生一个读数差 Δv。

$$\Delta v = f \tan\alpha \approx f\alpha \qquad (2\text{-}35)$$

式中:f 为物镜的焦距。

这时若在光路上距十字丝分划板为 S 的 B 处安置一组称为补偿器的控制元件,使通过物镜光心的水平视线读数 P_0 的光线经过补偿器偏转一个 β 角,仍成像在十字交点 F_0' 上,这样就可以达到整平视准轴的目的。

显然,要使光线偏转一个 β 角后正好通过 F_0' 点,必须满足下列关系:

$$v = \frac{f}{s} = \frac{\beta}{\alpha} (v \text{ 称补偿系数}) \qquad (2\text{-}36)$$

或 $\qquad\qquad f \cdot \alpha = s \cdot \beta \qquad (2\text{-}37)$

即能满足补偿条件。

(二)补偿器原理

图 2-27 所示为国产 DSZ₃ 型自动安平水准仪补偿情况示意图。①为倾斜后的视准轴;②为水平视线。虚线为未补偿的水平视线光路。若仪器的倾角为 α,补偿器的悬挂棱镜组按设计要求也反向旋转 α 角。

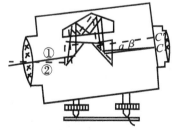

图 2-27　补偿器原理

根据全反射原理,水平视线沿实线方向经第一个棱镜反射后,将由原来行进方向偏转 2α 角,再经第二个棱镜反射后,必然偏转 4α 角。由(2-36)式可知,此类仪器的补偿系数为4,即补偿设计要满足下述条件:$\beta=4\alpha$。该仪器的补偿范围为 $8'\sim10'$。

(三)使用方法

自动安平水准仪的使用与前述普通水准仪的操作大致相同。首先用脚螺旋使圆水准气泡居中,然后将望远镜瞄准水准尺,即可按中丝读数。

(四)检验与校正

自动安平水准仪应满足的条件共有四项,其中的三项与普通水准仪相同,检验方法也一样。另外一项就是补偿器性能的检验。

补偿器性能的检验方法如图 2-28 所示,将自动安平水准仪按图 2-28 所示位置安置(使两个脚螺旋的连线与 A 线垂直)。整平仪器后,读取 A 尺上的读数,设为 a,然后转动位于 AB 方向的第三个脚螺旋,使仪器竖轴倾斜 $\pm\alpha$ 角($8'$左右),如 A 尺读数与整平读数 a 相同,则补偿器工作正常。若读数不同,对于普通水准测量,该差值不超过 3mm 即可。

补偿器性能及视准轴水平的调整方法,可按说明书调整有关机构,但一般来说,自动安平水准仪的检校应送仪器专门修理部门检校。

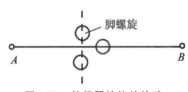

图 2-28　补偿器性能的检验

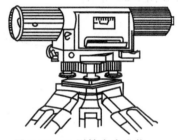

图 2-29　S1 型精密水准仪

二、精密水准仪与精密水准尺

(一)精密水准仪

精密水准仪是比普通水准仪更能精密确定水平视线和精确照准、读数的水准仪。精密水准仪的构造与 S3 型基本相同,其精度高主要在于精密水准仪具备以下一些条件:

(1)望远镜性能好,其放大率大于 40 倍;

(2)水准管的灵敏度高,水准管分划值不大于 $(8''\sim10'')$/2mm;

(3)读数精确,可直接读出 0.1mm,估读出 0.05mm;

(4)有专用的精密水准尺与之相配合。

精密水准仪的类型很多,图 2-29 所示是有北京测绘仪器厂生产的 S1 型精密水准仪。

常见三种精密水准仪的有关技术参数归纳于表 2-4。

表 2-4　精密水准仪主要技术参数

技术参数	仪器类型		
	S1	Ni004	N3
望远镜放大倍数	40	44	42
物镜有效孔径	50mm	56mm	50mm
管状水准器分划值	10″/2mm	10″/2mm	10″/2mm
测微器有效移动范围	5mm	5mm	10mm
测微器分划尺最小格值	0.05mm	0.05mm	0.1mm

（二）精密水准尺

精密水准尺用膨胀系数极小的因瓦合金制成,所以又称因瓦水准标尺。因瓦合金带以一定的拉力引张在木质尺身的沟槽内,这样合金带的长度就不受木质尺身长度伸缩的影响。水准标尺的分划数字是注记在合金带两旁的木质尺面上的。

精密水准尺的分划值有 10mm 和 5mm 两种。与 S1 型和蔡司 Ni004 精密水准仪配套的精密水准尺,分格值为 5mm,见图 2-30（a）所示,它有两排分划,每排分划之间的间隔为 10mm,但两排分划彼此错开 5mm。所以,实际上左边是单数分划,右边是双数分划,也就是单数分划和双数分划各占一排。尺面右边注记的是米数,左边注记的是分米数,整个注记从 0.1 至 5.9m。分格值为 5mm,分划注记比实际数值大了一倍,所以用这种水准尺所测得的高差值必须除以 2 才得到实际的高差值。

与威特 N3 精密水准仪配套的精密水准尺,如图 2-30（b）所示每排的分划值都是 10mm。右一排从 0 至 300cm,称为基本分划,左边一排从 300 至 600cm,称为辅助分划。同一高度的基本分划与辅助发划读数相差一个常数 301.55cm,称为基辅差,通常又称尺常数,其作用与普通双面尺相同,都是用以检查读数中是否存在粗差。

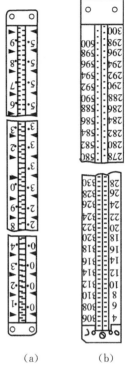

（a）　　　（b）

图 2-30　因瓦水准尺

（三）精密水准仪的操作

精密水准仪的操作与常规水准仪的操作基本相同,但有三项操作有所不同。

其一,精密水准仪的整平是借助于长水准器,而不是圆水准器,因此,粗平方法与经纬仪的整平方法相同。

其二,精密水准仪的读数精密,为此必须借助测微装置,即精平后转动测微轮,使望远镜目镜中的楔形丝夹准水准标尺上的分划线,见图 2-31（a）所示中的直接读数为 304（即 3.04m）,再在测微器目镜中读出测微鼓上的读数得 1.50mm（图中右下角）,故水准标尺上的全部读数应为 3.04150m。

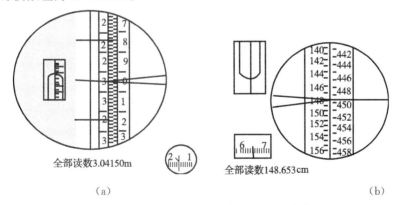

全部读数3.04150m　　　全部读数148.653cm

（a）　　　（b）

图 2-31　精密水准仪的读数

采用图 2-31(b)所示的标尺,楔形丝夹在 148cm 分划线上,再在测微目镜中读出测微器读数 653(即 6.53mm),故全部读数应为 148.653cm。

其三,为使精密水准尺竖直并扶稳,所以扶尺应借助圆水准器并用支撑杆作辅助。

复习思考题

1. 简述用望远镜瞄准水准尺的步骤。

2. 水准仪是根据什么原理来测定两点之间的高差的?

3. 水准仪有哪些轴线?它们之间应满足哪些条件?哪个是主要条件?为什么?

4. 何为视准轴及视差?并说明视差产生的原因及消除办法。

5. 转点在水准测量中起什么作用?它的特点是什么?

6. 水准测量中怎样进行计算校核和施测校核?

7. 何谓水准管分划值?其与水准管的灵敏度有何关系?

8. 将水准仪安置在离 A、B 两点等距处测得高差 $h=-0.423$m。仪器搬至前视点 B 时,后视读数为 $a=1.024$m,前视读数为 $b=1.421$m。试向水准管轴是否平行于视准轴?如果不平行,当水准管气泡居中时,视线是向上倾斜,还是向下倾斜?

9. 计算和调整图 2-32 中所示闭合水准路线的观测成果,已知 $H_{BM_1}=45.515$m,并求出各点的高程。

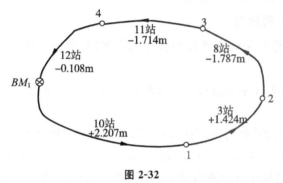

图 2-32

10. 计算和调整图 2-33 中所示附合水准路线的观测成果,$H_A=46.215$m,$H_B=45.330$m,计算出各点高程。

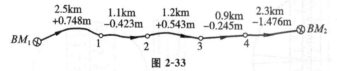

图 2-33

11. 结合水准测量的主要误差来源,说明在观测过程中要注意哪些事项?

12. 试比较用自动安平水准仪和用普通水准仪进行水准测量的优缺点。

第3章　角度测量

重点提示

本章重点掌握 DJ6 经纬仪的操作使用及水平角与竖直角的测角原理、野外施测、手簿记录和成果计算。除此之外,本章还介绍了经纬仪的检验与校正、角度测量误差来源及减弱措施、电子经纬仪测角原理等。

第一节　角度测量原理

在传统的测量中,为了确定地面点的位置,通常需测量角度。角度测量包括水平角测量和竖直角测量。

一、水平角测量原理

所谓水平角,就是两条相交直线之间的夹角在水平面上的投影。如图 3-1 所示,A、O、B 是地面上三个任意点,其高程不等。通过倾斜直线 OA、OB 分别作竖直面与水平面相交,其交线 O_1A_1 与 O_1B_1 所构成的夹角 β 就是该两直线的水平角。因此,水平角是含两相交直线的两竖直面的二面角,而不是空间倾斜角 $\angle AOB$。

为了测定水平角的大小,在二面角的交线上任意一高度水平地安置一个顺时针刻度的圆盘,使圆盘中心在二面角交线上,通过 OA 和 OB 所作竖直面在度盘上截得的读数为 a 和 b,则水平角度为:

$$\beta = b - a \tag{3-1}$$

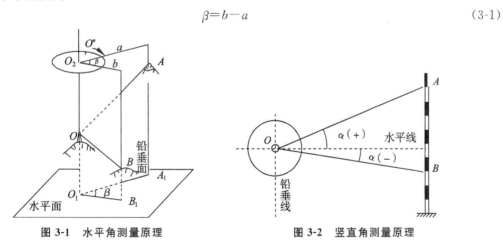

图 3-1　水平角测量原理　　　　图 3-2　竖直角测量原理

二、竖直角测量原理

在同一竖直面内,目标方向线与水平线之间的夹角称为竖直角,通常用 α 表示。目标方向线在水平线上方的为仰角,取正号;目标方向线在水平线下方的为俯角,取负号。其角值范围为 0°～90°。

根据竖直角的定义,为了测定竖直角,只需在目标方向线与水平方向线所确定的平面平行方向处安置一竖直度盘,并使目标方向线与水平方向线的交点在竖直度盘中心的法线上,则两方向线在竖直度盘上的投影所指向的读数之差就是需要测定的竖直角,如图 3-2 所示。

经纬仪就是根据上述水平角和竖直角的测角原理设计的一种测角仪器。

第二节　光学经纬仪构造及使用

经纬仪按精度从高到低分为 DJ07、DJ1、DJ2、DJ6 和 DJ15 几个等级。其中"D"表示大地测量,"J"代表经纬仪,后面的数字代表测角精度。一般以 DJ2 和 DJ6 两种型号的仪器较为常用。现以南京测绘仪器厂生产的 DJ6 级光学经纬仪为例进行介绍。

一、DJ6 级光学经纬仪构造

不同类型的 DJ6 级光学经纬仪,其外形、结构虽稍有差异,但其主要部件基本相仿,一般由基座、照准部、水平度盘三部分组成。南京测绘仪器厂生产的 DJ6 级光学经纬仪外形结构如图 3-3 所示。现将各部件功能介绍如下:

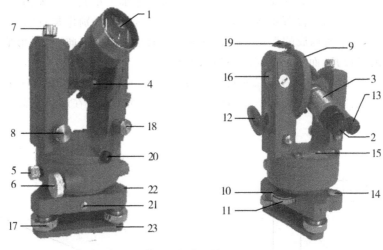

图 3-3　DJ6 级光学经纬仪外形图

1.望远镜物镜　2.望远镜目镜　3.调焦螺旋　4.粗瞄准器　5.水平制动螺旋
6.水平微动螺旋　7.望远镜制动螺旋　8.望远镜微动螺旋　9.竖直度盘
10.保险盖　11.水平度盘变换手轮　12.读数照明反光镜　13.读数显微镜
14.圆水准器　15.照准部水准管　16.竖盘指标水准管　17.脚螺旋
18.竖盘指标水准管微动螺旋　19.竖盘指标水准管观察镜　20.光学对点器
21.底座制紧螺钉　22.基座　23.压板

(一)瞄准目标系统

瞄准目标系统包括望远镜、水平制动和微动螺旋、望远镜制动和微动螺旋三部分。见上图中部件 1～8。

(1)望远镜:用于照准目标,包括粗瞄准器、物镜、目镜和调焦螺旋。照准目标时需先通过粗瞄准器照准,照准后再对望远镜进行目镜和物镜的调焦,使目镜中的十字丝分划板和被照准的目标成像清晰。

(2)水平制动和微动螺旋:望远镜可绕竖轴旋转照准不同方向的目标,当照准目标后可用水平制动螺旋来锁定望远镜,并通过水平微动螺旋来调节望远镜精确瞄准目标。

(3)望远镜制动和微动螺旋:望远镜可绕横轴旋转照准高低不同的目标,当照准目标后可用望远镜制动螺旋来锁定望远镜,并通过望远镜微动螺旋来调节望远镜精确瞄准目标。

(二)度盘读数系统

度盘读数系统包括水平度盘、竖直度盘、读数显微镜、水平度盘变换手轮及保险盖、读数照明反光镜。见上图中部件 9～13。

(1)水平度盘和竖直度盘:是一个带有 0°～360°刻线的玻璃圆环,每一刻画为 1°,并用数字顺序刻注,分别用来测量水平角和竖直角。

(2)读数显微镜:通过读数显微镜可以看到经过放大后的测微分划尺及度盘分划尺,从而读取水平度盘或竖直度盘的读数。

(3)读数照明反光镜:由于水平度盘、竖直度盘及光路系统均封装在仪器内部,故必须通过采光窗口和反光镜采集光源,帮助读数。

(4)水平度盘变换手轮及保险盖:打开保险盖,转动水平度盘变换手轮时,水平度盘会跟随转动,从而可改变水平度盘的读数。有的经纬仪装有复测机构,若需要照准部与水平度盘同时转动时,扳下复测钮,不需要同时转动时扳上复测钮。

(三)整平系统

整平系统包括圆水准器、照准部水准管、竖盘指标水准管、脚螺旋、竖盘指标水准管微动螺旋及竖盘指标水准管观察镜。见上图中部件 14～19。

(1)圆水准器:用于衡量仪器粗平。当仪器大致水平时,气泡居中。

(2)照准部水准管:用于衡量仪器精平。当照准部水准管绕竖轴转到任意位置时气泡均居中,说明仪器已经精平。

(3)竖盘指标水准管:调节竖盘指标水准管微动螺旋可使竖盘指标水准管居中,从而使竖盘指标线处于正确位置。读取竖盘读数时必须使该水准管气泡居中。

(4)竖盘指标水准管观察镜:竖盘指标水准器是符合水准器,气泡的居中需通过竖盘指标水准管观察镜里的气泡成像是否吻合来判断。

(5)脚螺旋:用于调节照准部水准管气泡居中及光学对中时使用;当仪器采用垂球对中时,脚螺旋也可用于圆水准器气泡居中的调节。

(四)对中系统

仪器对中可用垂球对中,也可用光学对点器对中。光学对中就是使地面上的点位于光学对中器目镜圆圈中心。

(五)其他部件

其他部件包括基座、底座制紧螺钉和压板。见上图中部件 21～23。底座制紧螺钉是连接基座和照准部的螺钉,仪器通过压板的螺孔与三脚架相连。

二、DJ6级光学经纬仪读数

DJ6级光学经纬仪度盘最小分划为1°,显然,完全依靠度盘来度量角度其精度是极低的。为了提高测角精度,必须在经纬仪上设置测微装置。由于测微方式不同,读数方法也不尽相同,大多数DJ6级光学经纬仪都采用分微尺测微器装置。下面介绍分微尺测微器及其读数方法。

分微尺测微器装置是在光学经纬仪的光路中设置一分微尺,经光路放大后的度盘一个分划的长度与分微尺刻划长相等。把分微尺60等分,即一等分为1′,并在分微尺上每10′进行标注。从读数显微镜里可以同时看到度盘的刻划和分微尺的刻划,如图3-4所示。上面注有"H"的窗口为水平度盘读数窗;下面注有"V"的窗口为竖直度盘读数窗。其中长线和大号数字是度盘上的分划线及其"度"的注记;短线和小号数字为分微尺的分划线及其注记。读数时,先读取位于测微尺中间的度盘分划线的数值(表示度),不足1°的读数在分微尺上的读取,从0′开始由小到大读至该度盘的刻划线,并估读到0.1′。如图3-4中,水平度盘的读数为216°54′18″;竖直度盘的读数为81°47′30″。

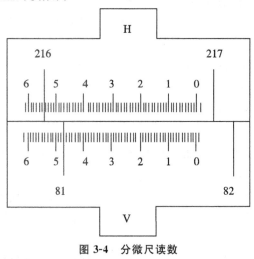

图3-4 分微尺读数

三、DJ6级光学经纬仪使用

用经纬仪测量角度时,必须先在测站上安置经纬仪,安置经纬仪包括对中和整平两项工作。安置仪器时需先将三脚架安置在测站上,使高度适中,目估架头大致水平并使架头中心大致对准地面点,然后取出仪器安放在架头上,用中心螺旋将其与三脚架连接并拧紧。然后进行对中、整平、瞄准目标和读数。

1.对中 对中的目的是使测站点中心与仪器中心(水平度盘中心)在同一铅垂线上。光学经纬仪对中方法有垂球对中、光学对点器对中两种。

(1)垂球对中:在中心连接螺旋上悬挂垂球,若垂球尖偏离测站点中心较远,则需移动三脚架使垂球尖对准地面上的测站点中心;若偏离较小,稍旋松中心连接螺旋,在架头上平移经纬仪使垂球尖对准地面上的测站点中心,再将中心连接螺旋旋紧,即完成对中。对中误差应小于 3mm。

（2）光学对中器对中：光学对中器就是一个微型望远镜，架设好仪器后需先调节光学对中器的物镜调焦和目镜调焦，使测站点影像和目镜分划板的刻划圆圈清晰，然后在光学对中器的目镜中观察，同时用两手握住三脚架的两条架腿移动，使测站点进入视场，并尽量使对中器中的目镜圆圈对准地面标志点，再调节脚螺旋使仪器精确对中。

2.整平　整平是使经纬仪的竖轴在铅垂位置，使水平度盘处于水平位置。整平包括粗平和精平。

（1）粗平：粗平就是调节圆水准器气泡居中，调节方法根据采用的对中方式不同而不同。采用垂球对中时，圆气泡的调节需通过脚螺旋来实现；采用光学对中器对中时，圆气泡的调节需通过伸缩脚架来实现。

（2）精平：精平需通过调节脚螺旋来实现，其步骤如下：

①松开照准部制动螺旋，旋转照准部，使照准部水准管与任意两个脚螺旋中心的连线平行。如图 3-5（a）所示。

②两手同时向内或向外旋转脚螺旋，使照准部水准管气泡居中。气泡的运动方向与左手大拇指转动方向一致。

③旋转照准部 90°，使照准部水准管与前一位置相垂直，旋转另一个脚螺旋使气泡居中。如图 3-5（b）所示。

④转动照准部到任意位置，看气泡是否居中，若不居中，需重复步骤①～③，直至照准部转到任意位置气泡都居中为止。

值得注意的是，采用光学对中器进行对中时，对中和整平是相互影响的，不能顾此失彼。整平后还需检查对中情况，若对中偏差超过要求，可稍松开中心连接螺旋，在架头上平移仪器，使其精确对中，然后再进行精平。对中和整平要反复进行，直到满足条件为止。

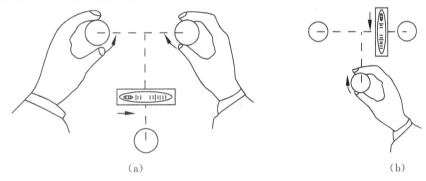

（a）　　　　　　　　　　　　　　　　　　　　（b）

图 3-5　经纬仪整平

3.瞄准目标　瞄准目标步骤如下：

（1）松开照准部和望远镜的制动螺旋，调节望远镜目镜使十字丝清晰。

（2）转动照准部，用望远镜粗瞄器对准目标，拧紧照准部制动螺旋和望远镜制动螺旋。

（3）调节望远镜物镜调焦螺旋，使目标清晰，并消除视差。

（4）利用望远镜微动螺旋和照准部微动螺旋准确照准目标。

4.读数　在精确照准目标后，翻开读数照明反光镜，调节读数显微镜调焦螺旋，使度盘和分微尺成像清晰，然后读取度盘读数。

第三节　水平角测量

根据测量要求的精度,测角所采用的仪器及观测目标的多少不同,测量水平角采用的方法不同。常用的测量水平角的方法有测回法和方向观测法。

一、测回法

测回法用于观测两个方向的单角测量。如图 3-6 所示,要测量水平角∠AOB,为了减小某些误差,并对测角进行检核,需进行盘左和盘右的观测。所谓盘左是指观测者对着望远镜的目镜时,竖直度盘在观测者左边,盘左又称正镜。盘右观测是指观测者对着望远镜目镜时竖直度盘在观测者右边,盘右又称倒镜。用测回法观测水平角的步骤如下:

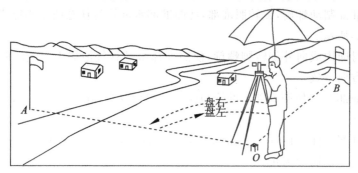

图 3-6　测回法观测水平角

1.安置仪器　在顶点 O 安置仪器,对中和整平。

2.盘左观测

(1)旋转照准部,使望远镜照准左侧起始目标 A。瞄准目标时尽量瞄准目标基部,并用竖丝的单丝平分目标或用双丝夹住目标。

(2)打开保险盖,拨动水平度盘变换手轮,使水平度盘的读数稍大于 0°(如 0°02′06″),然后盖上保险盖,再观察瞄准的目标 A 有无偏离十字丝,如有少许偏离,应调节微动螺旋重新瞄准目标。

(3)读取水平度盘读数 $a_左=0°02′06″$,记入观测手簿相应栏内,如表 3-1 所示。

(4)松开制动螺旋,顺时针旋转照准部照准右方目标 B。读取水平度盘读数 $b_左=60°38′42″$,记入手簿相应栏内。

以上盘左观测称为上半测回,其测量的水平角角值为:$\beta_左=b_左-a_左$。

3.盘右观测

(1)绕横轴倒转望远镜,照准部绕竖轴旋转 180°变成盘右位置。使望远镜先照准右侧目标 B,读取水平度盘读数 $b_右=240°38′36″$,记入观测手簿相应栏内。

(2)松开制动螺旋,逆时针旋转照准部照准左方目标 A。读取水平度盘读数 $a_右=180°02′12″$,记入手簿相应栏内。

以上盘右观测称为下半测回,其测量的水平角角值为:$\beta_右=b_右-a_右$。若观测数据 $b<a$,则说明照准部已跨越 0°分划线,计算水平角时,瞄准 B 目标的读数 b 应加上 360°再与瞄准 A

目标的读数 a 相减。

4.角度计算 上半测回和下半测回合起来称为一个测回。两个半测回角值之差称为半测回差,对于 DJ6 级经纬仪,半测回差的绝对值要求小于 36″。当半测回差满足限差要求时,一测回角值等于两个半测回角值的平均值。

当测角精度要求较高时,可增加测回数。为了减小度盘刻划不均匀的的误差,在每一测回观测完毕之后应根据测回数 n,将度盘读数改变 $180°/n$,再开始下一测回的观测。变换度盘利用度盘变换手轮或复测钮。例如要观测两个测回,各测回盘左起始方向读数应为 $0°$ 和 $90°$左右。各测回测得的角值互差称为测回差。DJ6 级经纬仪测回差的绝对值应小于 24″。表 3-1 是用 DJ6 级经纬仪作测回法观测水平角记录手簿。

表 3-1 水平角观测手簿（测回法）

测站	竖盘位置	目标	水平度盘读数 (° ′ ″)	半测回角值 (° ′ ″)	一测回角值 (° ′ ″)	各测回平均角值 (° ′ ″)
O (1)	左	A	0 02 06	60 36 36		
		B	60 38 42		60 36 30	
	右	A	180 02 12	60 36 24		
		B	240 38 36			60 36 33
O (2)	左	A	90 01 48	60 36 30		
		B	150 38 18		60 36 36	
	右	A	270 01 42	60 36 42		
		B	330 38 24			

二、方向观测法

当观测方向多于两个时,常采用方向观测法,也叫全圆观测法。如图 3-7 所示,在测站 O 上,用方向观测法观测 O 到 A、B、C 各方向之间的水平角步骤如下:

1.安置仪器 在测站点 O 安置仪器,对中和整平。

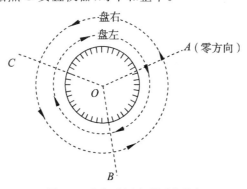

图 3-7 方向观测法观测水平角

2.盘左观测 在盘左位置瞄准起始方向 A,配置度盘在稍大于 $0°$ 的位置,读取度盘读数 $a_左$,再顺时针方向依次照准 B、C 目标,读取度盘读数 $b_左$、$c_左$,最后归零到起始方向 A,再读

取读数 $a'_{\text{左}}$。A 方向的两次读数差称为半测回归零差,其绝对值应小于 $18''$。上述全部工作称为上半测回。

3. **盘右观测** 倒转望远镜,用盘右位置按逆时针方向依次照准 A、C、B、A 目标,读取度盘读数并记录。此过程为下半测回。

4. **记录计算** 上半测回和下半测回合起来称为一个测回。为了提高测角精度,也需要增加测回数。进行多测回观测时,为了削弱水平度盘刻划不均匀误差的影响,仍需要按 $180°/n$ 变换度盘(n 为测回数)。表3-2为进行两个测回观测的方向观测法手簿的记录与计算。计算步骤如下:

(1)计算半测回归零差:在方向观测法中,半测回起始方向的两次读数之差的绝对值不得大于 $18''$。

(2)计算 2 倍的照准误差($2C$):$2C$ 等于照准同一目标的盘左读数与盘右读数 $\pm180°$ 之差。$2C$ 的大小不影响观测成果质量,因为盘左、盘右取中数后可以抵消其影响,但其互差(变动范围)是衡量观测精度的指标之一。DJ6 经纬仪可不考虑其变化,DJ2 以上的经纬仪之 $2C$ 互差必须考虑,DJ2 经纬仪不得超过 $13''$,DJ1 经纬仪不得超过 $9''$(《城市测量规范》)。

(3)计算盘左盘右读数的平均值:盘右读数应加一常数"$\pm180°$"后再与盘左读数取平均值。

(4)因起始方向需要归零,归零后的读数与起始读数不一致时,需取其平均值,并将计算结果注记在表中平均数栏的最上面,用小括号括起。

(5)计算归零方向值:即以 $0°00'00''$ 为起始方向,计算其余各个目标的方向值。

(6)计算各测回归零方向平均值:计算前要先比较同一方向值各测回互差是否超限,各测回同一方向差值不得超过 $24''$。

(7)计算水平角值。若一个测站上观测的方向不多于三个,在精度要求一般时,可不作归零校核。

表3-2 水平角观测手簿(方向观测法)

测站	目标	水平度盘读数 盘左(L) (° ′ ″)	水平度盘读数 盘右(R) (° ′ ″)	$2C= L-(R \pm180°)$ (″)	平均值($L+ R\pm180°)/2$ (° ′ ″)	归零 方向值 (° ′ ″)	各测回归零 方向平均值 (° ′ ″)	水平 角值 (° ′ ″)
O (1)					(0 01 16)			
	A	0 01 12	180 01 18	−6	0 01 15	0 00 00	0 00 00	96 37 06
	B	96 38 24	276 38 18	6	96 38 21	96 37 05	96 37 06	
	C	252 46 06	72 46 24	−18	252 46 15	252 44 59	252 45 01	156 07 55
	A	0 01 24	180 01 12	12	0 01 18			107 14 59
O (2)					(90 02 06)			
	A	90 02 00	270 02 06	−6	90 02 03	0 00 00		
	B	186 39 06	06 39 18	−12	186 39 12	96 37 06		
	C	342 47 12	162 47 06	6	342 47 09	252 45 03		
	A	90 02 06	270 02 12	−6	90 02 09	0 00 00		

第四节　竖直角测量

一、竖盘的构造

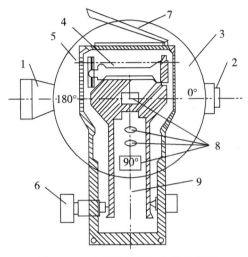

图 3-8　DJ6 级光学经纬仪竖盘构造

1.望远镜物镜　2.望远镜目镜　3.竖盘　4.竖盘指标水准管　5.竖盘指标水准管轴

6.竖盘指标水准管微动螺旋　7.竖盘指标水准管观察镜　8.光具组透镜棱镜　9.光具组光轴

如图 3-8 所示,竖盘固定在横轴一端,绕横轴随望远镜一起在竖直面内转动。竖盘的分划线通过一系列的棱镜和透镜所组成的光具组,与分微尺一起成像于读数显微镜的读数窗内。光具组和竖盘指标水准管固定在竖盘水准管微动架上,必须使竖盘指标水准管轴垂直于光具组的光轴。竖盘指标水准管气泡居中时,竖盘指标水准管轴水平,光具组光轴处于铅垂位置,作为固定的指标线,用于指示竖盘读数。当望远镜视线水平,竖盘指标水准管气泡居中时,指标线所指向的竖盘读数为 90° 的整数倍,此读数称为起始读数,盘左时为 $L_{始}$,盘右时为 $R_{始}$。

装有竖盘指标水准管的经纬仪,每次读取竖盘读数时必须使竖盘指标水准管气泡居中,影响观测速度,所以现在有些经纬仪采用了竖盘自动归零补偿装置来替代竖盘指标水准管。当仪器有微量倾斜时,它自动调整光路,使读数相当于水准管气泡居中时的读数。故测量竖直角时,照准目标后可以直接读数。

二、竖直角的计算

竖直角是视线水平时和视线倾斜时竖直度盘读数之互差。通常用 α 表示。因竖直角分为仰角和俯角,为了保证计算出来的竖直角仰角为正值,俯角为负值。在观测竖直角之前,必须先确定竖直角计算公式。以仰角为例,只需把经纬仪望远镜翻动到水平位置观察一下,确定始读数,然后将望远镜物镜逐渐上倾,并观察竖盘读数是变大还是变小,就可以确定计算公式。

(1)抬高物镜时,如果竖盘读数逐渐增大,则竖直角 α＝照准目标时读数－始读数。

(2)抬高物镜时，如果竖盘读数逐渐减小，则竖直角 $\alpha =$ 始读数－照准目标时读数。

如图 3-9 所示，以顺时针注记的竖直度盘为例，图中上半部分为盘左时的三种情况，如果指标的位置正确，当视准轴水平，竖盘指标水准管气泡居中时，指标所指的始读数 $L_始=90°$；当视准轴向上倾斜测得仰角时，照准目标的读数比起始读数小；当视准轴向下倾斜测得俯角时，照准目标的读数比起始读数大。则盘左时的竖直角计算公式为：

$$\alpha_左 = L_始 - L_读 \tag{3-2}$$

如图 3-9 下半部分为盘右时的三种情况，起始读数 $R_始=270°$，与盘左情况相反，测量仰角时照准目标的读数比起始读数大，测量俯角时照准目标的读数比起始读数小。则盘右时的竖直角计算公式为：

$$\alpha_右 = R_读 - R_始 \tag{3-3}$$

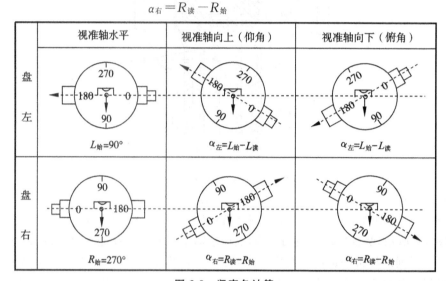

图 3-9 竖直角计算

三、竖直角观测

如图 3-10 所示，用经纬仪观测竖直角步骤如下：

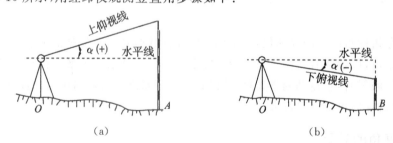

图 3-10 竖直角观测

1．安置仪器　在测站点 O 安置经纬仪，对中和整平，并量取仪器高 i。使望远镜大致水平，确定竖盘的始读数；然后慢慢将望远镜物镜上仰，观测竖盘读数的变化，确定该仪器的竖直角计算公式。

2．盘左观测　用盘左位置瞄准目标 A，使望远镜十字丝中丝切目标的某一位置，调节竖盘指标水准管微动螺旋，使竖盘指标水准管气泡居中（气泡成像吻合），读取竖盘读数 L，记入竖直角观测手簿,如表 3-3 中。

3.盘右观测　倒转望远镜,用望远镜十字丝中丝再次瞄准目标的同一位置处,调节竖盘指标水准管微动螺旋使气泡居中,读取竖盘读数 R,记入竖直角观测手簿。

4.竖直角计算　根据步骤 1 确定的竖直角计算公式,按表 3-3 要求,先计算半测回竖直角。一测回竖直角等于两个半测回(盘左和盘右)竖直角的平均值。若需提高测角精度,可对竖直角进行多测回观测,取各测回的平均值为最后结果。

按上述同样步骤可观测 B 目标,记录计算见表 3-3。

表 3-3　竖直角观测手簿

测站	目标	竖盘位置	竖盘读数 (° ′ ″)	半测回竖直角 (° ′ ″)	一测回竖直角 (° ′ ″)	竖盘指标差 (″)
O	A	盘左	83　17　36	6　42　24	6　42　21	−3
		盘右	276　42　18	6　42　18		
	B	盘左	95　21　24	−5　21　24	−5　21　18	6
		盘右	264　38　48	−5　21　12		

四、竖盘指标差计算

当望远镜视准轴水平且竖盘指标水准管气泡居中时,竖盘读数应为 90°的整数倍,但由于仪器竖盘设置误差的存在,这时的读数往往会比理论始读数大或小一个角值,这个角值就是竖盘指标差,通常用 x 表示。也就是说当视线水平且竖盘指标水准管气泡居中时,竖盘盘左的读数为 $90°+x$,盘右的读数为 $270°+x$。以顺时针注记度盘为例,竖直角的计算公式为:

盘左时的竖直角 α 为:

$$\alpha = 水平视线读数 - 瞄准目标时读数 = (90°+x)-L = \alpha_左 + x \qquad (3\text{-}4)$$

盘右时的竖直角 α 为:

$$\alpha = 瞄准目标时读数 - 水平视线读数 = R-(270°+x) = \alpha_右 - x \qquad (3\text{-}5)$$

由式(3-4)和式(3-5)相减可求得竖盘指标差 x:

$$x = \frac{1}{2}(L+R-360°) \qquad (3\text{-}6)$$

由式(3-4)和式(3-5)相加可求得平均竖直角 α:

$$\alpha = \frac{1}{2}(\alpha_左 + \alpha_右) = \frac{1}{2}(R-L-180°) \qquad (3\text{-}7)$$

综上所述,用盘左盘右观测竖直角,然后取它们的平均值,可以消除竖盘指标差对竖直角的影响。然而,竖盘指标差的变化状况却是检定竖直角观测精度高低的指标之一,因此,在原始观测记录中必须将指标差计算出来,并规定 DJ6 经纬仪不得超过 25″。

第五节　经纬仪的检验和校正

如图 3-11 所示,经纬仪的轴系主要有:仪器竖轴 VV(照准部旋转轴,又称纵轴)、横轴 HH(望远镜的旋转轴)、照准部水准管轴 LL 和望远镜视准轴 CC。根据角度测量原理,各轴系之间必须满足下列条件:

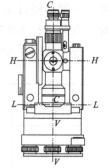

(1)照准部水准管轴垂直于竖轴,即 $VV \perp LL$。

(2)横轴垂直于竖轴,即 $HH \perp VV$。

(3)视准轴垂直于横轴,即 $CC \perp HH$。

(4)十字丝竖丝应与横轴垂直。

(5)竖盘指标差应接近零。

一、照准部水准管轴 LL 垂直于竖轴 VV 的检校

安置好经纬仪后转动照准部使水准管平行于任意一对脚螺旋,调节脚螺旋视水准管气泡居中,然后再旋转照准部180°,若气泡仍居中,则条件满足,否则需要校正。

图 3-11　经纬仪几何轴线关系

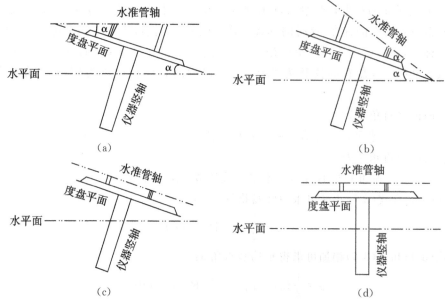

(a)　　　　　　　　　　　　(b)

(c)　　　　　　　　　　　　(d)

图 3-12　水准管轴垂直于竖轴

若水准管轴不垂直于竖轴而偏离了一个 α 角,当调节水准管轴水平(气泡居中)时,竖轴也就不在铅垂位置而偏斜了一个 α 角[图 3-12(a)]。

当照准部绕竖轴旋转180°后,竖轴方向不变[图 3-12(b)],而水准管支架上的高低端却左右变换了位置,此时水准管轴共倾斜了 2α 角,气泡不再居中了。

校正时,用校正针拨动水准管一端的校正螺钉,使气泡退回偏离格数的一半,这样水准管轴即与竖轴垂直[图 3-12(c)],然后再用脚螺旋调水准管气泡居中,于是竖轴便处在铅垂

位置了[图 3-12(d)]。

二、望远镜＋字丝纵丝垂直于横轴的检校

整平仪器后,用＋字丝纵丝瞄准一清晰小点,固定照准部制动螺旋和望远镜制动螺旋,调节望远镜微动螺旋使望远镜上下微动,如果小点始终在纵丝上移动,表示条件满足,否则需要校正。

校正时卸下目镜处分划板护盖,拧松分划板固定螺丝,转动＋字丝分划板座使纵丝处于竖直位置,然后再拧紧固定螺丝。

三、望远镜视准轴 *CC* 垂直于横轴 *HH* 的检校

由于＋字丝交点偏离了它的正确位置,使 CC 不垂直 HH,而产生视准差 C。如图 3-13(a)所示,＋字丝交点在正确位置 K 时,瞄准与仪器同高的目标 P 点,水平度盘读数为 M。由于＋字丝交点偏离到 K'(图上是偏右),视准轴偏斜了一个角度 C,用它来瞄准 P 点时,望远镜必须向右转一个角度 C,此时度盘指标所指读数 M_1 比正确读数 M 多了一个角度 C,即

$$M = M_1 - C \qquad (3\text{-}8)$$

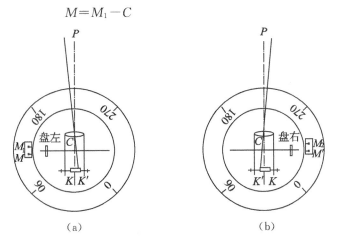

图 3-13　视准轴垂直于横轴

从盘左位置改为盘右位置时,指标从左边的位置转到右边位置,如图 3-13(b)所示。此时,K' 在 K 的左边,用它瞄准目标 P 点,望远镜必须向左转一个 C 角,指标所指读数 M_2 比＋字丝交点在正确位置时的读数 M' 减少了一个 C 角,即

$$M' = M_2 + C \qquad (3\text{-}9)$$

又因

$$M' = M \pm 180° \qquad (3\text{-}10)$$

故

$$M = M_2 \pm 180° + C \qquad (3\text{-}11)$$

由式(3-8)和式(3-11)相加得

$$M = \frac{1}{2}(M_1 + M_2 \pm 180°) \qquad (3\text{-}12)$$

由式(3-8)和式(3-11)相减得

$$C=\frac{1}{2}(M_1-M_2\pm180°)\qquad(3\text{-}13)$$

校正时,按公式(3-12)求得正确读数 M 后,在盘右位置,使用水平微动螺旋,使指标指在正确读数 $M\pm180°$ 上,这时,+字丝交点偏离 P 点,再拨动+字丝环的左右两个校正螺丝,松开一个,拧紧另一个,推动+字丝环,至+字丝交点对准目标 P 点为止。此时,K' 点已移至正确位置 K 点,$CC\perp HH$ 的条件得到满足。检校时可找多个目标,反复进行,直到满足要求。

四、横轴 HH 垂直于竖轴 VV 的检校

在离墙面大概 20～30m 处安置仪器,先用盘左位置照准墙上高处的一点 P,如图 3-14 所示,将望远镜向下转到视线大致水平位置,在墙上标出+字丝交点对着的 P_1 点,倒转望远镜,用盘右位置再次瞄准墙上 P 点,将望远镜向下转到大致水平位置,在墙上标出 P_2 点。如果 P_1 和 P_2 重合,则条件满足,否则需要校正。

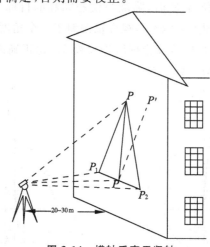

图 3-14　横轴垂直于竖轴

校正时,在盘右位置瞄准 P_1 和 P_2 的中点 P,然后向上转动望远镜,+字丝交点必然对准 P' 点而非 P 点。打开横轴支架护盖,松开支承横轴的偏心瓦螺钉,转动偏心瓦使横轴一端略为升降,使+字丝交点对准 M 点为止。光学经纬仪的横轴为密封型,此项校正须送仪器检修部门校正。

五、竖盘指标水准管的检校

用盘左、盘右照准同一目标,分别读取竖盘读数 L 和 R,根据公式(3-6)和公式(3-7)计算正确的竖直角 α 及指标差 x,同时算出无指标差时盘左(或盘右)的正确竖盘读数 $L_{正确}$(或 $R_{正确}$)。在盘左(右)位置瞄准目标后,转动竖盘指标水准管调节螺旋,使竖盘读数为 $L_{正确}$(或 $R_{正确}$),此时竖盘指标水准管气泡必不居中,拨动其校正螺钉让气泡居中。

第六节 角度测量误差来源及减弱措施

角度测量中引起误差的原因很多,为了使测量的成果符合精度要求,必须对引起角度观测误差的原因及减弱措施进行分析,并在观测中加以注意。

一、仪器本身误差

仪器本身误差包括仪器制造不完善误差和仪器校正不完善误差。

1. 仪器制造不完善　仪器制造不完善引起的误差包括度盘刻划不均匀误差和度盘偏心误差等。度盘偏心误差可采用盘左盘右观测取平均值进行消除;而要减弱度盘刻划不均匀误差,通常需对水平角进行多测回观测,每测回观测时变换度盘位置来减弱度盘刻划不均匀误差的影响。

2. 仪器校正不完善　仪器校正不完善误差包括竖轴不垂直照准部水准管轴、视准轴不垂直横轴及横轴不垂直竖轴误差等。后面两种误差一般可通过盘左盘右观测取平均值加以消除;而竖轴不垂直照准部水准管轴的误差很难消除,要减小这种误差可以用较精密的水准管置于横轴上。

二、观测误差

1. 对中误差　对中误差主要影响水平角观测。观测时若仪器对中不准确,使水平度盘中心与测站点位中心不在同一铅垂线上而产生误差。因误差的大小与对中点偏离测站点的距离(偏心距)成正比,与测站点到观测目标的距离成反比,故当边长较短时,应尽量精确对中。

2. 整平误差　观测时仪器未严格整平,竖轴将处于倾斜位置,这种误差不能采用适当的观测方法加以消除,当观测目标的竖直角越大,其误差影响也越大,故观测目标的高差较大时,应特别注意仪器的整平。当每测回观测完毕,进行下一测回观测前应重新整平仪器。

3. 目标偏心误差　水平角观测时,如果被瞄准的目标不竖直而偏离地面点中心位置,观测水平角时又没有照准目标的底部而引起的误差称为目标偏心误差。减小目标偏心误差的方法是尽量使目标竖直,并尽可能地照准目标底部。特别是当测站点离目标点距离较近时,目标偏心误差对角度的影响更大。当对测角精度要求较高时,还可采用"三联脚架法"观测,减小目标偏心误差的影响。

4. 照准误差　影响照准精度的主要因素有:望远镜的放大率,照准目标的形状、大小、颜色和背景,人眼的分辨能力等。若只考虑望远镜放大率与人眼的分辨能力影响,则照准误差为 $m_v = P/V$;其中 P 为人眼的分辨能力,一般取 $60''$,V 为望远镜放大率。如望远镜放大率 $V = 30$ 倍,则照准误差等于 $2''$。

5. 读数误差　读数误差主要取决于仪器的读数设备。一般带有测微尺读数显微镜的 DJ6 经纬仪,只要认真操作,仔细观测,估读的极限误差可以不超过分划值的十分之一,即不会超过 $6''$。

三、外界条件影响

外界条件的影响因素较多,主要包括大风影响、大气折光影响、温度变化及地面坚实程度等。大风会影响仪器的稳定,大气折光影响目标的照准,温度变化影响仪器的状态,地面坚实程度影响仪器的稳定等。在外业观测时,要完全避免外界条件影响是不可能的,但如果选择有利的观测时间和避开不利的观测条件,可以使这些影响降到较小的程度。

第七节　电子经纬仪

随着电子技术的发展,测量数据的采集向自动化迈进,近些年生产的电子经纬仪、电子全站仪等,使测量的技术手段日趋完善,它采用电子测角方法,可以将角值记录和存贮,再配以适当的接口把采集的数据传输到计算机进行计算和绘图。

电子经纬仪与光学经纬仪具有类似的结构特征,因而在使用方法和操作步骤上与光学经纬仪类似。电子经纬仪与光学经纬仪最大的不同在于读数系统,光学经纬仪采用光学度盘和人工读数;电子经纬仪采用电子度盘和自动读数系统。电子经纬仪采用的光电测角方法有三类:编码度盘测角、光栅度盘测角及动态测角系统。现只介绍光栅度盘测角原理。

在光学玻璃上均匀地刻划出许多线条就构成了光栅。而在玻璃圆盘的径向均匀的刻划辐射状条纹,条纹与间隙的宽度相等,这就形成了光栅度盘,如图 3-15 所示。

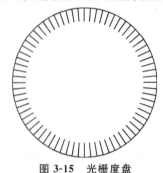

图 3-15　光栅度盘

将两块密度相同的光栅重叠,并使它们的刻线相互倾斜一个很小的角度 θ,就会出现明暗相间的条纹,称为莫尔条纹,如图 3-16 所示。莫尔条纹亮度按正弦周期性变化,并且当两光栅在水平方向(即垂直于刻线方向)相对移动时,莫尔条纹作上下移动(即顺着刻线方向移动)。光栅水平方向相对移动一条刻线,莫尔条纹正好上下移动一周期。其关系式为:

$$y = x \cot\theta \tag{3-14}$$

式中:y 为条纹上下移动的距离;x 为条纹水平相对移动的距离;θ 为两光栅之间的夹角。显然,只要 θ 角较小,很小的光栅移动量就会产生很大的条纹移动量。依据这个原理就可制成测角精度较高的光栅度盘。

图 3-16　莫尔条纹

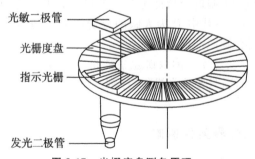

图 3-17　光栅度盘测角原理

如图 3-17 所示,为了在转动度盘时形成莫尔条纹,在光栅度盘上安装有固定的指示光栅。指示光栅与度盘下面的发光管和上面的光敏二极管固连在一起,不随照准部转动。光栅度盘与经纬仪的照准部固连在一起,当光栅度盘随经纬仪照准部一起转动时,即形成莫尔条纹。由发光管发出的光信号通过莫尔条纹落到光敏二极管上,度盘每转动一条光栅,莫尔条纹就移动一个周期。随着莫尔条纹的移动,光敏二极管将产生按正弦规律变化的电信号。测角时,在望远镜瞄准起始方向后,可使仪器中心的计数器为0(度盘置零),在度盘随望远镜瞄准第二个目标的过程中,流过光敏二极管的光信号的周期数就是两方向之间的光栅数,可根据输出电流由电子计数器自动记录并显示。由于光栅之间夹角是已知的,所以经过处理就能得到两方向之间的夹角。

 复习思考题

1.什么叫水平角,什么叫竖直角?

2.经纬仪上的度盘变换手轮有什么作用?

3.测水平角时,对中、整平的目的是什么?

4.简述测回法观测水平角步骤?

5.在竖直角测量中,为什么每次读数之前要调整竖盘指标水准器使气泡居中?

6.经纬仪测量水平角时采用盘左、盘右位置观测能消除哪些误差影响?

7.用竖直度盘顺时针注记的 DJ6 经纬仪观测某目标,盘左的竖盘读数为 $76°20'36''$,盘右的竖盘读数为 $283°38'54''$,试计算竖直角 α 及指标差 x,用这台经纬仪在盘左位置测得另一目标,竖盘读数为 $92°28'18''$,试问正确的竖直角应是多少?

8.整理以下用测回法观测水平角的手簿。

表 3-4 　水平角观测手簿

测站	竖盘位置	目标	水平度盘读数 (° ′ ″)	半测回角值 (° ′ ″)	一测回角值 (° ′ ″)	各测回平均角值 (° ′ ″)	备注
O (1)	左	A	0 01 18				
		B	216 13 24				
	右	A	180 01 12				
		B	36 13 12				
O (2)	左	A	90 02 00				
		B	306 14 18				
	右	A	270 02 06				
		B	126 14 06				

9.为了提高水平角观测精度,测角时要注意哪些事项?

第4章　距离测量与直线定向

重点提示

　　距离测量是测量的基本工作之一。本章重点介绍了距离丈量的工具、普通距离与精密距离丈量的方法、视距测量原理与观测步骤及计算、光电测距原理和 TKS-202R 全站型电子速测仪的使用；直线方向表示的方法等内容，并简要介绍了罗盘仪测定直线方向的原理及使用。

第一节　距离丈量

　　距离丈量是指用钢尺、皮尺和测绳等丈量工具直接或间接地获取地面上两点间水平距离的测量工作。

一、量距的准备及工具

　　量距的准备工作主要包括定线和量距。精确的方法还应拟定设计方案、清理场地、开辟测道等。

（一）丈量工具

　　量距的工具有钢尺、皮尺和含金属丝的测绳等。根据精度的要求不同应采用不同的工具进行丈量，精度要求较低时，可采用皮尺或测绳丈量。钢尺又称钢卷尺，它可以卷放在圆形的金属外壳中，也可卷放在金属架上，见图 4-1（a）所示。钢尺的整尺段长度有 30m、50m 等数种。

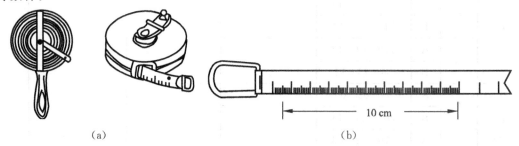

（a）　　　　　　　　　　　　　　　　　　　　（b）

图 4-1　钢卷尺

　　钢尺的分划也有几种，有以厘米为基本分划的，但尺端 100mm 内有毫米分划，还有的整尺以毫米为基本分划，见图 4-1（b）所示。钢尺性脆易折，受潮后易生锈，使用时应避免重压和扭转打圈，用完需擦净涂油。现在生产的玻璃纤维卷尺，其精度介于钢尺和皮尺之间，而且易于保管。丈量的辅助工具有标杆、测钎、锤球等，用于定线和标定尺段。较精密的丈量还需弹簧秤和温度计等。

(二)直线定线

当地面上两点间的距离大于一整尺段长度,不能用钢尺一次量完时,就需要在两点间的连线方向上标定若干的点,以便量距,这项工作称为直线定线。直线定线分为标杆目测定线和经纬仪定线两种方法。

1. 目测定线　精度要求较低时,常采用目测定线。见图 4-2 所示,欲测量 A、B 两点间的距离,分别在 A、B 两点上插上标杆,然后测量员甲站在 A 点标杆后面的一米处,测量员乙手持标杆,在距 A 点略小于一整尺段处,此时甲以手势指挥乙左右移动标杆,使 A、1、B 三根标杆在一条直线上,另用测钎标定于实地或做一标志,表示该点的位置。同法可以定出直线上的其他点。

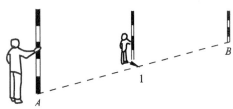

图 4-2　直线定线

2. 经纬仪定线　在 A 点架设经纬仪,对中整平后,瞄准 B 点,制动照准部以保持视线与直线 AB 在同一竖直面内。使望远镜上下转动,指挥立尺员在两点间某一处左右移动标杆,直到标杆像被纵丝平分。此时 A、标杆、B 三点成一线。精确定线时,可以用测杆、锤球线或打木桩用铅笔划线代替标杆。

二、距离丈量的方法

距离丈量的目的就是测量地面点间的水平距离。因此,根据精度要求和地面实际情况,应该采用不同的丈量方法。

(一)钢尺量距的一般方法

1. 平坦地面的丈量方法　在直线定线后,一般由两人进行丈量。后尺手持钢尺零端走后面,前尺手持钢尺末端走前面,沿丈量方向前进。两者互相配合,依次丈量各整尺段。用测钎插入地面作标记,最后丈量不足一尺段的余长,见图 4-3 所示。则 A、B 两点的水平距离为:

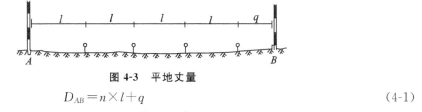

图 4-3　平地丈量

$$D_{AB} = n \times l + q \tag{4-1}$$

式中:l 为钢尺整尺段长度;n 为整尺段数;q 为余长。

为了校核和提高精度,要求往、返各量一次,取其平均值作为最后结果。量距的精度常用相对误差 K 来衡量。

$$K = \frac{|D_往 - D_返|}{\frac{1}{2}(D_往 + D_返)} = \frac{1}{\frac{\frac{1}{2}(D_往 + D_返)}{|D_往 - D_返|}}$$

式中:$D_往$为往测时的距离;$D_返$为返测距离。在平坦地区,钢尺丈量的相对误差要求不大于 1/2000,在困难地区不大于 1/1000。

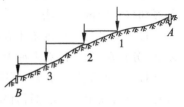

图 4-4 倾斜地面平量

2.倾斜地面的丈量方法

(1)在地面起伏不大时,可将尺拉平丈量。见图 4-4 所示,将钢尺零点对准地面 A 点,另一端抬高拉平钢尺,用锤球将钢尺的末端刻划至地面 1 点,依此丈量,可求得 AB 的水平距离。

(2)在地面坡度较大时,可将一尺段分为几段按上述方法平量,若坡度均匀也可以直接量出 AB 的斜距,测出高差或倾斜角 α,即可求得 AB 的水平距离 $D_平$,见图 4-5 所示。即 $D_平 = \sqrt{D_斜^2 - h^2}$ 或 $D_平 = D_斜 \cos\alpha$。

(二)钢尺丈量的精密方法

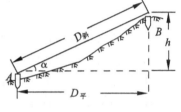

图 4-5 倾斜地面斜量

当量距精度要求较高时,应采用精密方法丈量,其精度可达 1/40000～1/1000。

精密丈量应用经纬仪定线,木桩标定每一尺段的起讫点。量距由五人进行,即两人拉尺,两人读数,一人记录、测温兼指挥。丈量时的标准拉力为 10kN(30m 钢尺),每尺段应移动钢尺位置三次(每次移动约 10cm),读数至 0.5mm,气温读记一次,三次结果互差不超过 2mm,取其平均值作为该段的丈量结果,依此丈量,直至终点。为了把桩顶间的斜距改正为平距,需用水准测量的方法测出相邻桩顶之间的高差。为了校核,量距和高差都应往返测,并须进行尺长改正、温度改正和倾斜改正,才能得到准确的水平距离。

1.尺长改正 由于钢尺的实际长度与尺面注记的长度(名义长度 l_0)不相等,故在精密量距前,应对所使用的钢尺检定,求出在检定温度下的钢尺实际长度(l')。设所量出的距离为 l,则尺长改正 Δl_d 为:

$$\Delta l_d = \frac{l' - l_0}{l_0} \cdot l \qquad (4\text{-}2)$$

2.温度改正 钢尺的长度受温度的影响而变化。设钢尺检定时温度为 t_0,丈量时温度为 t,钢尺的线膨胀系数为 $a(a \approx 1.25 \times 10^{-5}/℃)$,则一尺段的温度改正数 Δl_t 为

$$\Delta l_t = a(t - t_0) \cdot l \qquad (4\text{-}3)$$

3.倾斜改正 见图 4-6 所示,设 l 为量出的斜距,h 为两桩顶间的高差,则倾斜改正 $\Delta l_h = d - l$。

因为 $\qquad\qquad d = \sqrt{l^2 - h^2}$

所以 $\qquad\qquad \Delta l_h = \sqrt{l^2 - h^2} - l \qquad (4\text{-}4)$

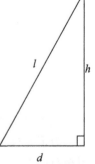

图 4-6 倾斜改正

由于上述各段改正数可知,若其实测尺段长度为 l,则其改正后的水平距离 d 为:

$$d = l + \Delta l_d + \Delta l_t + \Delta l_h \tag{4-5}$$

将改正后的各尺段长度加起来,就得到所测的水平距离的全长。

第二节　视距测量

视距测量是根据三角学和几何光学原理,利用仪器望远镜内视距装置及视距尺同时测定两点间的水平距离和高差的一种方法,因其操作简便、速度快在碎部测量中应用广泛。但其精度较低,一般只能达到 $1/300 \sim 1/200$。

视距测量所用的仪器工具主要是经纬仪、视距尺。视距尺一般用水准标尺代替。

一、视距测量原理

视距测量是以解算等腰三角形为基础的。

(一)视线水平时的视距测量原理

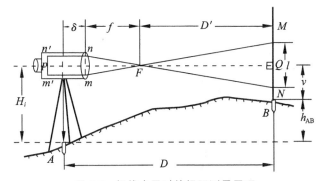

图 4-7　视线水平时的视距测量原理

见图 4-7 所示,仪器安置于测站点 A 上,使视线水平,照准立于 B 点的标尺(视距尺),此时,视线与视距尺相垂直。若十字丝的上丝为 n,下丝为 m,尺上 M、N 两点的像在十字丝平面的 m'、n' 上,δ 为物镜中心至仪器旋转中心的距离,f 为物镜焦距,p 为上、下两视距丝的间隔,D' 为物镜前焦点 F 至视距尺间的水平距离,l 为视距丝在视距尺上所截取的尺间隔值,它可由上、下视距丝读数之差求得。显然

$$\Delta mnF \backsim \Delta MNF$$

因而

$$\frac{D'}{f} = \frac{l}{p}$$

故

$$D' = \frac{f}{p}l$$

仪器中心 A 至视距尺 B 的水平距离 D 为:

$$D = D' + f + \delta = \frac{f}{p}l + (f + \delta) \qquad 令 K = \frac{f}{p}; \qquad C = f + \delta$$

则

$$D = Kl + C \tag{4-6}$$

式中：K 为仪器乘常数，C 为仪器加常数，由于 p 和 f 是在仪器生产过程中就已经确定，为了计算方便，生产时就选择合适的 p 和 f，使 $K=100$。而 C 值，对于外调焦望远镜，一般为 0.3m 左右；对于内焦调望远镜，选择望远镜物镜和调焦透镜的焦距和其他有关参数后，可使 $C\approx0$。

则
$$D=Kl=100l \tag{4-7}$$

由图 4-7 可知，AB 两点间高差计算式为
$$h=i-v \tag{4-8}$$

式中：i——仪器高（地面桩点至经纬仪横轴的距离）；

V——目标高（中丝中丝在视距尺上的读数）。

(二)视线倾斜时的视距测量原理

在地形起伏较大的地区进行视距测量时，视准轴处于倾斜位置与视距尺不垂直（视距尺仍铅直立于地面 B 点），见图 4-8 所示。对于这种情况，为便于公式的推导，设想视距尺绕 Q 点旋转了一个 α 角（α 为视准轴的倾角），使视距尺与视准轴垂直，若以 l' 表示上、下丝在旋转后的视距尺上截得的尺间隔，$l'=M'N'$，由(4-7)式得仪器中心 O 至 Q 点的距离：
$$D'=Kl' \tag{4-9}$$

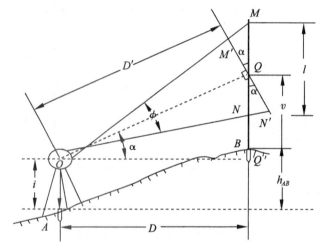

图 4-8 视线倾斜时的视距测量原理

AB 两点间的水平距离
$$D=D'\cos\alpha=Kl'\cos\alpha \tag{4-10}$$

实际上在 B 点上的视距尺是竖直的，读得的尺间隔是 $l(l=MN)$，所以必须找出 l 与 l' 之间的关系来。由于
$$\angle MQM'=\angle NQN'=\alpha$$

又
$$\angle QM'M=90°+\frac{1}{2}\varphi$$

$$\angle QN'N=90°-\frac{1}{2}\varphi$$

而
$$\frac{1}{2}\varphi\approx17'\ll90°$$

故 $\angle QM'M$、$\angle QN'N$ 可视为直角,则

$$M'Q = MQ\cos\alpha; \qquad N'Q = NQ\cos\alpha$$

而 $\qquad\qquad\qquad M'Q + N'Q = l'; \qquad MQ + NQ = l$

所以 $\qquad\qquad\qquad\qquad l' = l\cos\alpha$ \hfill (4-11)

代入(4-10)式中,得

$$D = Kl\cos^2\alpha \hfill (4-12)$$

(4-12)式即是视线倾斜时的测定水平距离的公式。

由图 4-8 可知,AB 两点间高差计算式为

$$h = D\tan\alpha + i - v \hfill (4-13)$$

二、视距测量方法与注意事项

(一)观测方法

(1)如图 4-8 所示,安置仪器于 A 点,视距尺立于 B 点,量取仪器高 i。

(2)用盘左位置照准视距尺,读取上、中、下三丝在视距尺上的读数(读至毫米),算出尺间隔 l。

(3)调竖盘指标水准管气泡居中,读取竖盘读数 L,算出竖直角 α。

以上为上半测回,用盘右位置同法观测下半测回(盘左、盘右中丝截取同一点)。

(4)计算水平距离 D 和高差 h。

(二)视距测量注意事项

影响视距测量精度的因素很多,在作业过程中必须注意以下几点:

1. 读数要准确　在视距测量时,距离不宜太长。视距丝本身有一定的宽度,距离太长,覆盖尺上的线条愈宽,使读数不准确。读数时应注意消除视差。

2. 视距尺立尺要竖直　作业前,视距尺必须安装水准器,立尺时气泡应居中,视距尺前倾后仰对视距读数影响极大。使用塔尺或折尺时接合部结合要准确。

3. 选择合适的天气和时间段观测　尽量避免雨天、雾天、刮风天和炎热的中午进行视距测量,尽可能削弱大气折射、空气对流对观测成果的影响。

读取竖盘读数时,竖盘指标水准管气泡必须居中。

第三节　光电测距

20 世纪 60 年代,出现了一种先进的测距方法——光电测距,它具有很多优点:体积小、测程远、精度高、受地形限制少、自动化程度高等,是以可见光、红外光等为载波体的测距技术,目前广泛应用在生产实践中。测距仪与光学经纬仪配套成为速测仪,与电子经纬仪构成一体并备有数据处理系统的就是全站型速测仪。测距仪分 3km 以内的短程测距仪,3~15km 的中程测距仪和 15~16km 的远程测距仪,此外还有测程大于 60km 的超远程测距仪。用于人造卫星测距的大功率测距仪,其测程一般在几千千米以上。

一、光电测距原理

见图 4-9 所示,光电测距是通过测定光波由测站点至立棱镜点两点间往返传播的时间 t_{2D},根据光学原理可得两点之间的距离 D:

$$D = \frac{1}{2} c t_{2D} \tag{4-14}$$

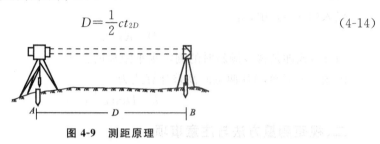

图 4-9 测距原理

光速 c 约为 299297458m/s,能够精确获得,所以,测定距离的精度,主要取决于测定时间 t_{2D},可按脉冲法和相位法两种方法测定。其中精度最高,应用最广的是相位法测定时间,因此在工程测量中最为常用的也是相位式光电测距仪。

一般光波的频率约为 10^{14} Hz,很难用于测距,必须对光进行调制,也就是须采用频率为 f 的交变电压对测距仪的发射光源(GaAs 二极管)进行连续的振幅调制,使其发出的光波强度随交变电压的频率按正弦规律的明暗变化,见图 4-10 所示。相位法测距正是利用这种明暗连续变化的调制光波实现测距的。

图 4-10 调制光波

设调制光波频率为 f,波速为 c,则波长 λ 为:

$$\lambda = \frac{c}{f} \tag{4-15}$$

又因为

$$\varphi = \omega t \tag{4-16}$$

式中:φ 为波的相位移;ω 为角频率,$\omega = 2\pi f$;t 为波的传播时间。

则

$$t = \frac{\varphi}{\omega} = \frac{\varphi}{2\pi f} \tag{4-17}$$

将上式代入(4-14)式得

$$D = \frac{1}{2} c \frac{\varphi}{2\pi f} = \frac{\lambda}{2} \cdot \frac{\varphi}{2\pi} \tag{4-18}$$

上式表明,只要通过测定调制光波经 $2D$ 的相位移 φ,便可间接测定 t_{2D},从而获得所需的距离 D,图 4-11 所示是发射调制光波往返经 $2D$ 所到达接收器的波形展开图。它是由 N 个整周期的波和不足一周期的波组成。故调制光波经 $2D$ 产生的相位移可表示为:

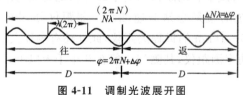

图 4-11 调制光波展开图

$$\varphi = N \cdot 2\pi + \Delta N \cdot 2\pi \tag{4-19}$$

式中：N、ΔN 分别表示整波数和不定整波的尾波数。

代入(4-18)式得：

$$D = \frac{\lambda}{2} \cdot \frac{N \cdot 2\pi + \Delta N \cdot 2\pi}{2\pi} = \frac{\lambda}{2}(N + \Delta N) \tag{4-20}$$

(4-20)式就是相位往返测距的基本公式。与钢尺量距比较,可以把 $\lambda/2$ 比作"光尺"的整尺长度,N、$\Delta N \cdot \lambda/2$ 分别相当于整尺段数和余长。ΔN 中的 $\Delta\varphi$ 可以由相位计测出,但无法测出整周数 N,只有当所测的距离小于"光尺"长度($N=0$)时,才能求得 D。目前测相精度为 $10^{-3} \sim 10^{-4}$,所以"光尺"越长,测距的相对误差就越大。表 4-1 表示调制光的频率与其相应采用两个调制频率,即两把"光尺",测程远的叫"粗光尺",较短的一把叫"精光尺",它可以测出距离尾数的米、分米、毫米。两者互相配合,由仪器内部的逻辑电路自动完成组合,并一次显示结果。以两把"光尺"为例：

粗测显示：0557.4

精测显示：7.483

仪器显示：557.483

表 4-1　调制光频率与测距之关系

调制光频率(MHz)	15	1.5	150	15	1.5
光尺长度(m)	10	100	1000	10000	100000
测距精度(cm)	1	10	100	1000	10000

光电测距仪根据仪器的最大测程,配备不同的棱镜组数。

通常棱镜组数越多,测程就越远,但不能超过最大测程。

二、相位式测距仪的基本结构及工作过程

相位式测距仪是普遍应用于实践的测距仪器,尤其用于精密距离测量。从 1953 年世界上第一批测距仪诞生到今天。相位式测距仪的各种性能发生了巨大变化,内部结构出现多样性及其复杂性。但其基本结构是一样的。

相位式测距仪一般采用半导体砷化镓(GaAs)—光二极管作光源,发射载波光束。经调制器被高频电波所调制,见图 4-12 所示,从而发射出连续的调频光波,同时又给测相装置提供参考信号 e_r;该光波到另一端反射棱镜,反射后被接收装置所接收,并及时转换成具有返回光波特片的电信号——测距信号 e_m,进入测相装置。e_r、e_m 两信号在测相装置中比较其相位差,从而获得光波经 $2D$ 的相位移 φ。由于 e_r、e_m 的频率都是由高频振荡所决定,故 e_r、e_m 是属于同频率信号。根据高、中两种不同频率的同频信号的相位移 φ_1 和 φ_2,经仪器内部逻辑计算,由显示器直接显示出被测距离值。

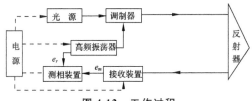

图 4-12　工作过程

第四节　全站型电子速测仪简介

一、概述

如果将光电测距仪和电子经纬仪构成一体,既能测量角度,又能测量距离,同时利用内置处理器,计算未知点的平面位置及高程,这样的仪器称为全站型电子速测仪,简称全站仪(Total Station)。

全站型电子速测仪主要由电子测角、电子测距、电子计算机及数据存储系统构成,其本身是一个带有特殊功能的计算控制系统。目前世界上许多著名的测绘仪器厂家都生产全站仪。虽然仪器结构、测角及测距原理、控制和显示系统不尽相同,但其基本功能和使用方法基本一致。

二、南方 332R 全站仪

南方 NTS-332R 全站仪是南方测绘集团(广州)生产的一种全站仪,它具有以下特点:

1. 功能丰富　南方 NTS-332R 全站仪具备丰富的测量程序,同时具有数据存储功能、参数设置功能,功能强大,适用于各种专业测量和工程测量。

2. 数字键盘操作快速　南方 NTS-332R 全站仪功能丰富,操作却相当简单,操作按键采用了软键和数字键盘结合的方式,按键方便、快速,易学易用。

3. 创新的 SD 卡功能　支持最大 2GSD 存储卡,可以将 SD 卡设为当前内存,使存储容量无限扩展,并极大地方便了采集数据的传输。

4. 自动化数据采集　野外自动化的数据采集程序,可以自动记录测量数据和坐标数据,可直接与计算机传输数据,实现真正的数字化测量。

5. 望远镜镜头更轻巧　新一代全站仪 NTS-332R 在原有的基础上,对外观及内部结构进行了更加科学合理的设计,望远镜镜头更加小巧,测量更为方便,快速。

6. 特殊测量程序　在具备常用的基本测量模式(角度测量、距离测量、坐标测量)之外,还具有悬高测量、偏心测量、对边测量、距离放样、坐标放样、道路测量等特殊的测量程序,功能相当丰富,可满足各种专业测量的要求。

NTS-332R 全站仪采用了汉化的中文界面,对于中国用户更直观,更便于操作,显示屏更大,设计更加人性化,字体更清晰,美观。使仪器操作更加得心应手。

(一)主要技术规程

1. 望远镜

长度:154mm

有效孔径:50mm

放大倍率:30×

成像:正像

视场角:1°30′

分辨率:3.0″

最短视距:1m

2.测角部分

最小显示:$1''$,测角精度:$2''$

3.距离部分

(1)测程

棱镜模式

单棱镜:5000m

反射片:1000m

无棱镜模式:350m

(2)测距精度

棱镜模式:$\pm(2mm+2ppm\times D)$

无棱镜模式:$\pm(3mm+2ppm\times D)$

4.其他

圆水准器:$8'/2mm$

长水准器:$30''/2mm$

图 4-13   TKS-202R 全站型电子速测仪

(二)仪器各部件名称与功能

1.仪器各部件名称   NTS-332R 型全站仪的各部件见图 4-14 所示。

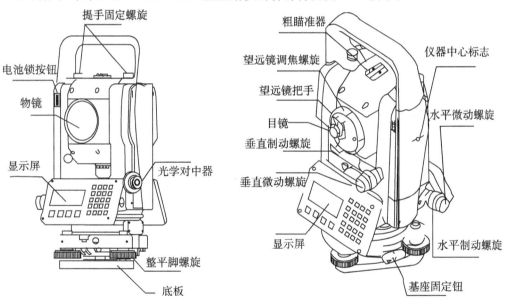

图 4-14   TKS-332R 型全站仪的各部件名称

2.显示   NTS-332R 全站仪的显示屏与操作键盘见图 4-15 所示。

图 4-15   南方 NTS-332R 全站仪显示屏及键盘

各个符号功能介绍见表 4-2。

表 4-2   南方 NTS-332R 全站仪键盘说明

按键	名称	功能
ANG	角度测量键	进入角度测量模式
◿	距离测量键	进入距离测量模式
↗	坐标测量键	进入坐标测量模式（▲上移键）
S.O	坐标放样键	进入坐标放样模式（▼下移键）
K1	快捷键 1	用户自定义快捷键 1（◀左移键）
K2	快捷键 2	用户自定义快捷键 2（▶左移键）
ESC	退出键	返回上一级状态或返回测量模式
ENT	回车键	对所做操作进行确认
M	菜单键	进入菜单模式
T	转换键	测距模式转换
★	星键	进入星键模式或直接开启背景光
⭘	电源开关键	电源开关
F1—F4	软键（功能键）	对应于显示的软键信息
0—9	数字字母键盘	输入数字和字母

显示符号功能介绍见表 4-3。

表 4-3   南方 NTS-332R 全站仪显示说明

显示符号	内容
V	垂直角
V%	垂直角（坡度显示）
HR	水平角（右角）
HL	水平角（左角）
HD	水平距离
VD	高差
SD	斜距

显示符号	内容
N	北向坐标
E	东向坐标
Z	高程
*	EDM(电子测距)正在进行
m/ft	米与英尺之间的转换
m	以米为单位
S/A	气象改正与棱镜常数设置
PSM	棱镜常数(以 mm 为单位)
(A)PPM	大气改正值(A 为开启温度气压自动补偿功能,仅适用于 P 系列)

3.初始设置

(1)设置温度和气压。先测出温度和气压,再依次设置。见表 4-4。

表 4-4　温度及气压设置

操作过程	操作	显示
①进入距离测量模式	按 ⊿ 键	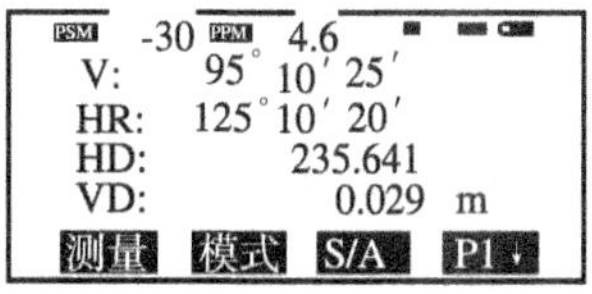 PSM -30　PPM 4.6　■　■ ·□ V:　　95°10′25′ HR:　125°10′20′ HD:　　235.641 VD:　　　0.029　m 测量　模式　S/A　P1↓
②进入气象改正设置。 预先测得测站周围的温度和气压	按 F3 键	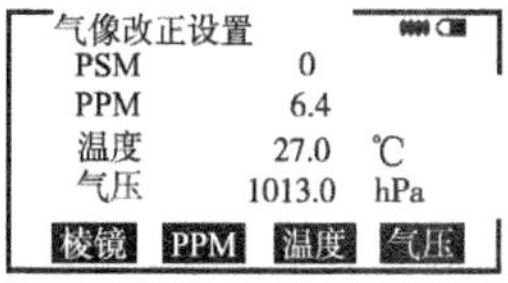 气像改正设置　　　■■■□ PSM　　　0 PPM　　　6.4 温度　　27.0　℃ 气压　1013.0　hPa 棱镜　PPM　温度　气压
③按 F3 (温度)键执行温度设置	按 F3 键	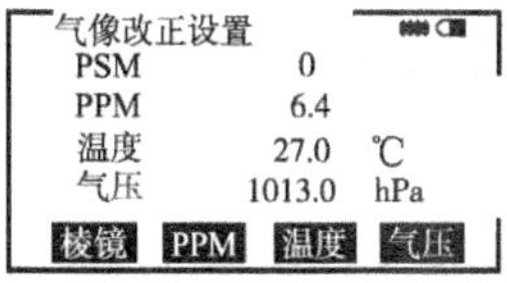 气像改正设置　　　■■■□ PSM　　　0 PPM　　　6.4 温度　　27.0　℃ 气压　1013.0　hPa 棱镜　PPM　温度　气压
④输入温度,按 ENT 键确认。 按照同样方法对气压进行设置。回车后仪器会自动计算大气改正值 PPM	输入温度 * 1)	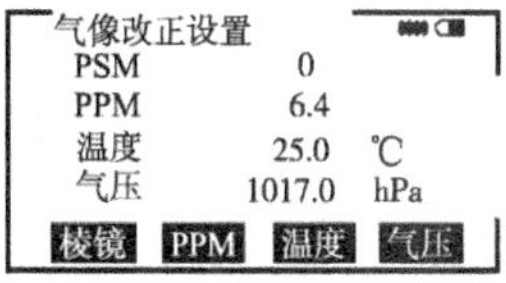 气像改正设置　　　■■■□ PSM　　　0 PPM　　　6.4 温度　　25.0　℃ 气压　1017.0　hPa 棱镜　PPM　温度　气压

(2)设置反射棱镜常数

NTS-332R 全站仪棱镜常数为－30,如使用不是－30 的棱镜,需要重新设置棱镜常数。见表 4-5。

表 4-5　棱镜常数设置

操作过程	操作	显示
①由距离测量或坐标测量模式按 F3 (S/A)键	F3	气像改正设置　　　　　 PSM　　　　　0 PPM　　　　　6.4 温度　　　27.0　℃ 气压　　1013.0　hPa 棱镜 PPM 温度 气压
②按 F1 (棱镜)键	F1	气像改正设置 PSM　　　　　0 PPM　　　　　6.4 温度　　　27.0　℃ 气压　　1013.0　hPa 回退 返回
输入棱镜常数改正值＊1),按回车键确认。	输放数据	气像改正设置 PSM　　　0 PPM　　　　　6.4 温度　　　27.0　℃ 气压　　1013.0　hPa 回退 返回

(3)倾斜补偿设置见表 4-6。

表 4-6　倾斜补偿设置

操作过程	操作	显示
①在测量参数设置界面下,按 F1 进入到倾斜补偿设置界面	F1	倾斜补偿 [关闭] 关闭 单轴
②按 F1 打开倾斜补偿,按 F2 关闭倾斜补偿。	F1 F2	倾斜补偿 [单轴] X:　0°136′29″ 关闭 单轴

(三)基本功能介绍

1.角度测量模式

开机后,确认处于角度测量模式。操作见表 4-7。

注:若关机,当前显示的水平角被保存,下次开机即显示被保存的水平角。左右角切换使用(R/L)键,按 F4(P1↓)键两次转到功能键第 3 页,即可见到(R/L)键切换。

瞄准目标的方法(供参考):

①将望远镜对准明亮的天空,旋转目镜筒,调焦看清＋字丝(逆时针旋转目镜筒再慢慢旋进调焦清楚＋字丝);

②利用粗瞄准器内的三角形标志的顶尖瞄准目标点,照准时眼睛与瞄准器之间应保留有一定距离;

③利用望远镜调焦螺旋使目标成像清晰。

注：当眼睛在目镜端上下或左右移动发现有视差时，说明调焦或目镜屈光度未调好，这将影响观测的精度，应仔细调焦并调节目镜筒消除视差。

表 4-7　角度测量

操作过程	操作	显示
①照准第一个目标 A：	照准 A	□□ -30 □□ 4.6 ▮ □ V： **88° 30′ 55″** HR： **346° 20′ 20″** 置零 锁定 置盘 P1↓
②设置目标 A 的水平角为 0°00′00″ 按 F1（置零）键和 F4（确认）键	F1 F4	□□ -30 □□ 4.6 ▮ □ V： **88° 30′ 55″** HR： **0° 00′00″** 置零 锁定 置盘 P1↓ □□ -30 □□ 4.6 ▮ □ 水平角置零 ＞OK?　　　　[否] [是]
③照准第二个目标 B，显示目标 B 的 V/H。	照准目标 B	□□ -30 □□ 4.6 ▮ □ V： **93° 25′ 15″** HR： **168° 32′24″** 置零 锁定 置盘 P1↓

2.距离测量模式

在进行距离测量前通常需要确认大气改正的设置和棱镜常数的设置，再进行距离测量。

NTS-332R 系列全站仪测距时有三种合作模式可选：①棱镜；②反射板，此模式测距时对准反射板；③无合作，此模式测距时只需对准被测物体。切换见表 4-8。

距离测量操作步骤如下：

（1）安置仪器。将仪器安装在三脚架上，精确对中和整平（操作过程与经纬仪相同）。

（2）开机。打开电源开关（POWER）键。确认显示窗中有足够的电池电量。

（3）照准棱镜中心。见图 4-16，先通过粗瞄准器大致对准棱镜，拧紧水平制动螺旋，调节望远镜高度，达到适合的位置时固定望远镜制动螺旋，再调节目镜调焦螺旋使＋字丝清晰，调节望远镜调焦螺旋使目标清晰（棱镜），然后使用垂直和水平微动螺旋精确照准棱镜中心。

棱镜中心

图 4-16　单棱镜

表 4-8　距离测量模式切换

页数	软键	显示符号	功能
第1页 （P1）	F1	测量	启动测量
	F2	模式	设置测距模式为单次精测/连续精测/连续跟踪
	F3	S/A	温度、气压、棱镜常数等设置
	F4	P1↓	显示第2页软键功能
第2页 （P2）	F1	偏心	进入偏心测量模式
	F2	放样	距离放样模式
	F3	m/f	单位米与英尺转换
	F4	P2↓	显示第1页软键功能

（4）确认仪器处于测角模式（如表4-9所示），再按表4-9所示完成操作。

注：NTS-332R 系列全站仪，合作目标选择棱镜模式时，显示▥图标；合作目标选择反射板模式时，显示▯图标；选择无合作目标模式时，显示➡图标。

表 4-9　测角模式

操作过程	操作	显示
①照准棱镜中心 * 1)	照准	-30 4.6 V　95º 30' 55'' HR: 155º 30' 20'' 置零　锁定　置盘　P1↓
②按 ◹ 键，距离测量开始 * 2)，3)；	◹	-30 4.6 V　95º 30' 55'' HR: 155º 30' 20'' SD: [N]　　　m 测量　模式　S/A　P1↓
③显示测量的距离 * 4)－* 7)再次按 ◹ 键，显示变为水平距离（HD）和高差（VD）	◹	-30 4.6 V　95º 30' 55'' HR: 155º 30' 20'' HD: [N]　　　m VD:　　　　m 测量　模式　S/A　P1↓

3. 坐标测量模式

通过角度和距离测量，获得相应数据，再利用全站仪内置的处理器和应用程序，全站仪可以具备坐标测量、坐标放样、偏心测量、对边测量、面积测量、坐标放样、道路曲线放样等功能。在这里主要介绍常用的坐标测量功能。

（1）坐标测量

在已知坐标的测站点上安置好全站仪，在未知点，即目标点上安置棱镜，量取仪器高度、棱镜高度，并设置好后视方向，在全站仪上输入测站点坐标、仪器高、棱镜高和后视坐标方位角后，瞄准目标点上的棱镜，即可用坐标测量功能测量目标点的三维坐标。

坐标测量原理图见图4-17，测量过程如下：

①输入测站点坐标。过程见表 4-10。

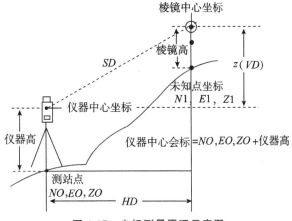

图 4-17 坐标测量原理示意图

表 4-10 设置测站点过程

操作过程	操作	显示
①在坐标测量模式下,按 $\boxed{F4}$(P1↓)键,转到第二项功能	$\boxed{F4}$	ＺＡ −30 ＰＰＭ 4.6 🔋 ＮＥＭ 🔲 N: 2012.236 m E: 2115.309 m Z: 3.156 m 测量 模式 S/A P1↓ 镜高 仪高 测站 P2↓
②按 $\boxed{F3}$(测站)键	$\boxed{F3}$	ＺＡ −30 ＰＰＭ 4.6 🔋 ＮＥＭ 🔲 N: 6396 m E: 0.000 m Z: 0.000 m 回退
③输入 N 坐标 * 1),按 $\boxed{ENT}$ 回车确认	输入数据 $\boxed{ENT}$	ＺＡ −30 ＰＰＭ 4.6 🔋 ＮＥＭ 🔲 N: 6396.321 m E: 12.639 m Z: 0.369 m 回退
④按同样方法输入 E 和 Z 坐标,输入数据后,显示屏返回坐标测量显示	输入数据 $\boxed{ENT}$	ＺＡ −30 ＰＰＭ 4.6 🔋 ＮＥＭ 🔲 N: 6432.693 m E: 117.309 m Z: 0.126 m 镜高 仪高 测站 P2↓

②输入仪器高。在坐标测量模式下,按 F4(P1↓)键,转到第 2 页功能,按 F2(仪高)键,显示当前值,输入仪器高,按回车键确认,返回到坐标测量界面。

③输入棱镜高。在坐标测量模式下,按 F4(P1↓)键,转到第 2 页功能,按 F1(镜高)键,显示当前值,输入棱镜高,按回车键确认,返回到坐标测量界面。

④后视点定向角可按如下三种方法设定:

a.利用内存中的坐标数据来设定;

b.直接键入后视点坐标;

c.直接键入定向角。

⑤瞄准目标点的棱镜中心,按测量功能,即可得到目标点的坐标。

第五节　直线定向

在测绘工作中,要确定某一点与一已知点的相对位置,除了要确定它们之间的距离外,还要确定两点连线(或过两点的直线)的方向。确定一直线与标准方向的角度关系称为直线定向。如果能测定出一条直线与标准方向之间的水平角,那么,该直线的方向就可确定了。

一、标准方向的种类

1.真子午线方向(真北方向)

通过地球表面某点的切线方向,称为该点的真子午线方向。它是用天文观测方法或用陀螺经纬仪来测定的。在国家小比例尺测图中采用它作为定向的基准。

2.磁子午线方向(磁北方向)

地面上某点当磁针静止时所指的方向,称为该点的磁子午线方向。它可用罗盘仪测定。在林业测量中常采用它作为定向的标准。

3.纵坐标轴方向(坐标北方向)

根据高斯平面直角坐标投影的原理,每一投影带内都是以该带中央子午线作为坐标纵轴。那么该带内的直线定向,就用该带的坐标纵轴方向作为标准方向,称为坐标纵轴方向。

上述三种标准方向,总称"三北方向"。

二、三种标准方向之间的关系

因地球磁场的南北极与地球自转轴的南北极不一致,故任一点的磁北方向与真北方向既不重合也不平行(见图 4-18 所示),过某点的真子午线和磁子午线方向间的夹角称磁偏角,用 δ 表示。磁子午线在真子午线以东称为东偏,δ 取正号。磁子午线在真子午线以西称为西偏,δ 取负号。在我国范围内,正常情况下磁偏角都是西偏,只有某些发生磁力异常的区域才会表现为东偏。北京约为西偏5°。

磁偏角的值是会发生变化的。磁偏角可以直接测定,也可以从地图上查取。地形图上标出的磁偏角的数值是测图时的情况,但是由于磁偏角的变化比较小,而且变动有一定的规律,一般用图时仍可使用图上标注的磁偏角值,需要精密量算时,则应根据年变率和标定值推算用图时的磁偏角值。

地球上各点的真子午线也互不平行。过某点的坐标纵轴(即中央子午线)与真子午线的夹角称为子午线收敛角,用 γ 表示。当坐标纵轴偏于真子午线方向以东称东偏,γ 取正号。坐标纵轴偏于真子午线方向以西称西偏,γ 取负号。子午线收敛角随纬度的增高而增大;随着投影带中央子午线的经差增大而加大。在中央子午线和赤道上都没有子午线收敛角。采用 6°分带投影时,子午线收敛角的最大值为±3°。

过某点的磁子午线方向对坐标纵轴的偏角称为磁座偏角,以 Δ 表示。当磁子午线偏于坐标纵轴以东称东偏,Δ 取正号。磁子午线偏于坐标纵轴以西称西偏,Δ 取负号。

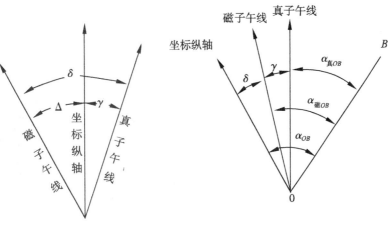

图 4-18　三北方向图　　　　图 4-19　方位角之间的关系

三、直线方向的表示方法

表示直线方向的方法有方位角和象限角两种。

1. 方位角　由标准方向的北端顺时针方向量至某一直线的水平角,称为该直线的方位角。方位角的角值为 $0°\sim360°$。

如果以真子午线方向作为标准方向,所得的方位角为真方位角,以 $\alpha_{真}$ 表示。如果以磁子午线方向作为标准方向,所得的方位角为磁方位角,以 $\alpha_{磁}$ 表示。如果以坐标纵线方向作为标准方向,所得的方位角为坐标方位角,以 α 表示。

见图 4-21 所示,设直线 OB 的真方位角为 $\alpha_{真OB}$,磁方位角为 $\alpha_{磁OB}$,坐标方位角为 α_{OB},则有如下关系:

$$\alpha_{真OB} = \alpha_{磁OB} + \delta \tag{4-21}$$

$$\alpha_{真OB} = \alpha_{OB} + \gamma \tag{4-22}$$

$$\alpha_{OB} = \alpha_{磁OB} + \delta - \gamma = \alpha_{磁OB} + \Delta \tag{4-23}$$

用坐标方位角来确定直线的方向在计算上是比较方便的,因为各点的坐标纵线方向都是平行的。见图 4-20,α_{12} 表示 P_1P_2 方向的坐标方位角,α_{21} 表示 P_2P_1 方向的坐标方位角。α_{12} 和 α_{21} 互称为正、反坐标方位角。如果称 α_{12} 为正坐标方位角,则 α_{21} 称为反坐标方位角;反之,α_{21} 为正坐标方位角,则 α_{12} 为反坐标方位角。由图 4-20 可知所示,一直线正反坐标方位角的关系为:

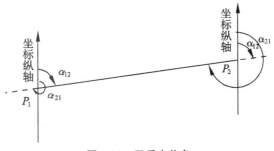

图 4-20　正反方位角

$$\alpha_{12} = \alpha_{21} - 180° \tag{4-24}$$

$$\alpha_{12}=\alpha_{21}-180° \tag{4-25}$$

写成通式,即

$$\alpha_{正}=a_{反}\pm180° \tag{4-26}$$

式中当 $\alpha_{反}<180°$ 时,取正号;$\alpha_{反}>180°$ 时,取负号。

2.象限角　由标准方向的北端或南端量至某一直线的水平夹角称象限角。象限角的角值为 $0°\sim90°$。用符号 R 表示。

在图 4-21 中所示,NS 为经过 O 点的子午线,OP_1、OP_2、OP_3、OP_4 为地面上的四条直线,则 R_1、R_2、R_3、R_4 即为这四条直线的象限角。用象限角定向时,不但要注明角度的大小,同时还要注明它所在的象限。例如,OP_1、OP_2、OP_3、OP_4 各直线的象限角应写成北东 R_1、南东 R_2、南西 R_3、北西 R_4。

方位角与象限角之间有一定的换算关系,表 4-11 所列是两者的关系。

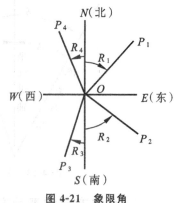

图 4-21　象限角

表 4-11　方位角与象限角换算关系表

直线方向	根据象限角 R 求方位角 α	根据方位角 α 求象限角 R
北东,即第一象限	$\alpha=R$	$R=\alpha$
南东,即第二象限	$\alpha=180°-R$	$R=180°-\alpha$
南西,即第三象限	$\alpha=180°+R$	$R=\alpha-180°$
北西,即第四象限	$\alpha=360°-R$	$R=360°-\alpha$

四、罗盘仪测定磁方位角

罗盘仪是测定直线磁方位角的仪器。罗盘仪的构造简单,使用方便。虽然罗盘仪的测量精度不高,但在农林生产工作中应用较多,如森林调查、造林地规划设计、小面积果园规划、农田规划以及林区简易公路的勘测等,都可以用罗盘仪来完成。

(一)罗盘仪的构造

罗盘仪主要由磁针、刻度盘和望远镜三部分组成,如图 4-22 所示。

1.磁针　用人造磁铁制成的磁针支承在刻度盘中心的顶针尖端上,可灵活转动。经过自由灵活转动静止后,磁针北端所指的方向,即为磁子午线的北方向。磁针北端一般涂成黑色,南端绕有一铜圈,以保持磁针平衡。为了避免顶针尖端的磨损,可旋紧举针螺旋,将磁针举压在玻璃板下。使用时,松开举针螺旋,又可使磁针轻落于顶针之上,以供施测。

2.刻度盘　一般刻有 $1°$ 或 $30'$ 的分划,每隔 $10°$ 有一注记。刻度盘从 $0°$ 按逆时针方向注记到 $360°$。

3.望远镜　由物、目镜和十字丝所组成。用支架装在刻度盘的圆盒上,可随圆盒转动。望远镜的侧面附有竖直度盘,可以直接测出竖直角。

此外,罗盘仪还附有圆形或管水准器以及球窝装置,用以整平仪器。为了控制刻度盘和望远镜的转动,附有度盘的制微动螺旋和望远镜的制微动螺旋。一般罗盘仪还附有支撑仪器的三脚架和锤球,用以整平仪器。

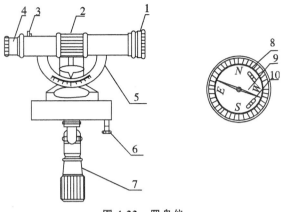

图 4-22　罗盘仪

1.望远镜物镜　2.调焦轮　3.瞄准星　4.望远镜目镜　5.竖直读盘

6.磁针止动螺旋　7.安平连接器　8.水平读盘　9.磁针　10.长水准器

(二)磁方位角的测定

1.安置仪器　将仪器安置于测线的一端,包括对中和整平。

①对中。将仪器装于三脚架上,并挂上锤球后,移动三脚架,使锤球尖对准测站点,此时仪器中心与地面点处于同一条铅垂线上。

②整平。松开仪器球形支柱上的螺旋,上、下俯视度盘位置,使度盘上的两个水准气泡居中,旋紧螺旋,固定度盘,此时罗盘仪度盘处于水平位置。

2.瞄准读数　在测线另一端插上花杆或测钎等,照准目标并读取读数。

①转动目镜调焦螺旋,使十字丝清晰。

②转动罗盘仪,使望远镜对准测线另一端的目标,调节调焦螺旋,使目标成像清晰稳定,再转动望远镜,使十字丝对准立于测点上的花杆或测钎的最底部。

③松开磁针制动螺旋,等磁针静止后,从正上方向下读取磁针指北端(磁针南极)所指的读数,即为测线的磁方位角。

④读数完毕后,旋紧磁针制动螺旋,将磁针顶起以防止磁针磨损。

 复习思考题

1.进行直接定线的目的是什么?

2.钢尺丈量的局限性是什么?

3.用钢尺丈量了 AB、CD 两段距离,AB 的往测值为 108.54m,返测值为 108.64m;CD 的往测值为 402.85m,返测值为 402.92m,问这两段距离丈量的精度是否相同? 为什么?

4.试简述用钢尺进行精密量距的外业工作。

5.光电测距的原理是什么?

6.仪器或棱镜的中心与地面点不在同一铅垂线上,将会怎样影响所测距离值?

7.光电测距时应注意什么?

8.全站型光电速测仪的原理是什么?

9.全站型光电速测仪有何特点?

10.怎样利用全站型光电速测仪实行测量自动化?

11.什么叫三北方向线?它们之间有何关系?

12.解释下列名词:真子午线、磁子午线、方位角、象限角、正反方位角。

13.试绘图说明方位角与象限角的换算。

14.图 4-23 中 OA 的坐标方位角为 $\alpha_{OA} = 30°$,且 $\angle\beta_1 = 80°$,$\angle\beta_2 = 60°$,求直线 BO、CO 的坐标方位角。

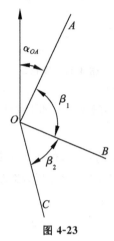

图 4-23

第5章　误差的基本知识

 **重点提示**

主要讲述了测量误差的分类及特性,测量平差的基本原理和方法,精度的概念及衡量精度的标准,误差的传播定律,最小二乘原理、测量平差中权的概念及定权方法和直接平差方法。

第一节　测量误差及精度概念

一、测量误差的定义及来源

在各项测量工作中,例如直线丈量,对某段距离进行多次重复丈量时,发现每次的丈量结果通常是不一致的;又如对若干个量进行观测,若知道这几个量所构成的某个函数应等于某一理论值,则可以发现,用这些量的观测值代入上述函数时其结果与理论值通常不一致。这类现象在测量工作中是普遍存在的,这种差异之所以产生,是因为观测结果中存在着测量误差。

任何一个被观测量,客观上总是存在着一个真正大小的数值,这一数值就称为该观测量的真值,并以 X 表示。任一量的观测值与其准确值(真值)之差称为测量误差。设对某个量进行了 n 次观测,其观测值分别为 l_1、l_2、$\cdots$、l_n,则真误差 Δi 为

$$\Delta i = l_i - X(i=1,2\cdots,n) \tag{5-1}$$

测量误差的来源很多,可以归纳为三个方面:

(1)测量仪器的构造不可能十分完善,并且精度要受到一定的限制。仪器虽可以进行检验校正,但使其完全满足理论上的要求是不可能的,总有误差存在,加之仪器在使用过程中,振动、温度变化等均会使仪器状况发生改变,误差又会起变化。

(2)观测者的感觉器官的鉴别能力有一定的局限性,所以在仪器的安置、照准、读数等方面都会产生误差。

(3)观测时所处的外界条件发生变化,例如温度的高低、湿度的大小、风力的强弱以及大气折射的不同等,都会使观测成果产生误差。

通常,把上述三方面的因素综合起来,称为观测条件。显然,观测条件的优劣与观测成果的质量高低密切相关。

二、测量误差的分类

(一)系统误差

在相同的观测条件下,对某量进行一系列的观测,若误差的数值、符号或保持不变,或按

一定的规律变化,这类误差就称为系统误差。例如,用一根名义长度 30m,实际长度 29.950m 的钢尺去丈量直线的距离,其丈量结果总比实际长度大(误差符号一致),且每 30m 误差为 5cm(误差数值按一定规律变化),所以该误差为系统误差。系统误差在观测成果中具有累积性,对成果质量影响明显,但可在观测中采取相应措施予以消除或减小其影响。

(二)偶然误差(随机误差)

在相同的观测条件下,对某量进行一系列观测,若误差的数值、符号不定,表面上没有规律,而实际上是服从一定的统计规律的,这种误差称为偶然误差。此种误差不能避免,它的产生取决于观测过程中一系列不可能严格控制的因素(如湿度、温度、空气流动等)的随机扰动。

三、偶然误差的特性

偶然误差从单个而言没有规律,但在相同条件下重复观测某一量,所出现的大量偶然误差的分布表现出一定的统计规律性。

例如在相同的观测条件下,独立地观测了 217 个三角形的全部内角(水平角)。由于观测结果中存在着偶然误差,三角形三内角和不等于 180°(真值)。在这里,依(5-1)式分别计算出各三角形三内角和的真误差,再按每 3″ 为一区间,并以正负误差的大小分别统计出在各误差间内的个数 V 及相对个数 $V/217$(频率),其结果列入表 5-1 中。

表 5-1　误差分布表

误差区间(3″)	正误差		负误差		合计	
	个数	频率	个数	频率	个数	频率
0～3	30	0.138	29	0.134	59	0.272
3～6	21	0.097	20	0.092	41	0.189
6～9	15	0.069	18	0.083	33	0.152
9～12	14	0.065	16	0.073	30	0.138
12～15	12	0.055	10	0.046	22	0.101
15～18	8	0.037	8	0.037	16	0.074
18～21	5	0.023	6	0.028	11	0.051
21～24	2	0.009	2	0.009	4	0.018
24～27	1	0.005	0	0	1	0.005
27 以上	0	0	0	0	0	0
合　计	108	0.498	109	0.502	217	1.000

从表 5-1 可以看出:小误差出现的频率比大误差出现的频率高;绝对值相等的正负误差出现的频率相仿;最大误差不超过某一定值(本例为 27″)。在其他测量结果中也显示出上述同样的规律。通过对大量的实验统计,结果表明偶然误差具有如下的规律性:

(1)在一定的观测条件下,偶然误差的绝对值不会超过一定的限制——有界性。

(2)绝对值小的误差比绝对值大的误差出现的可能性大——集中性。

(3)绝对值相等的正误差与负误差,其出现的可能性相等——对称性。

(4)当观测次数无限增多时,偶然误差的算术平均值趋近于零——抵消性,即

$$\lim_{n\to\infty}\frac{\Delta_1+\Delta_2+\cdots+\Delta_n}{n}=\lim_{n\to\infty}\frac{[\Delta]}{n}=0 \tag{5-2}$$

式中：n 为观测次数；"$[\quad]$"表示求和。

为了充分反映误差的分布情况，除用误差分布表的形式外，还可以用直观的图形来表示。例如，表 5-1 中的误差分布状况可用图 5-1 来表示，这种图形称为误差直方图，其特点是能形象地反映出误差的分布情况。

当观测次数愈来愈多，误差出现在各个区间的相对个数的变动幅度就愈来愈小；当 n 具有足够大时，误差在各个区间出现的相对个数就趋于稳定。这就是说，一定的观测条件对应着一定的误差分布。可以想象，当观测次数无限增多并将误差的区间间隔无限缩小时，图 5-1 中长方形顶边所形成的折线将变成一条光滑的曲线（图 5-2），称为偶然误差分布曲线。

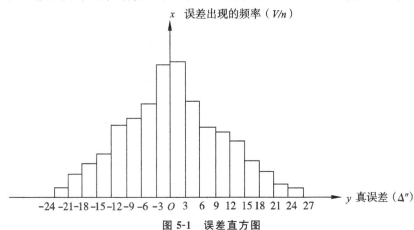

图 5-1　误差直方图

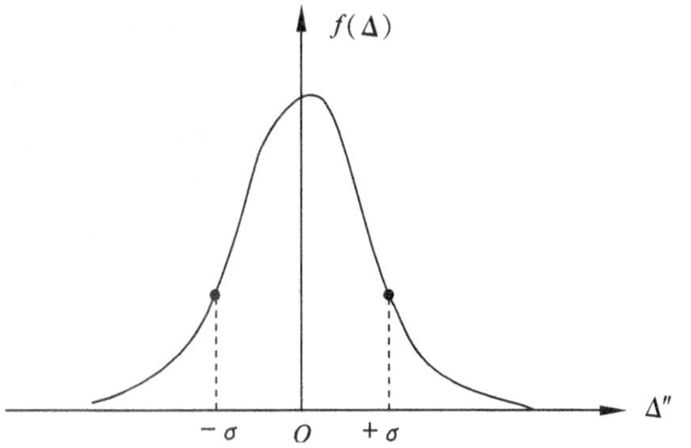

图 5-2　偶然误差分布曲线

在概率论中，将这种误差颁率称为正态分布（或高斯分布），描绘这种分布的方程（称概率密度）为

$$f(\Delta)=\frac{1}{\sqrt{2\pi}\sigma}\cdot e^{-\frac{\Delta^2}{2\sigma^2}} \tag{5-3}$$

$$\sigma^2=\lim_{n\to\infty}\frac{[\Delta^2]}{n} \tag{5-4}$$

σ 是观测误差的标准差（方根差或均方误差）。

从（5-3）式可以看出正态分布具有前述的偶然误差的特性，即

(1) $f(\Delta)$ 是偶函然。即绝对值相等的正误差与负误差求得的 $f(\Delta)$ 值相等,所以曲线对称于纵轴,这就是偶然误差的第三特性。

(2) Δ 愈小, $f(\Delta)$ 愈大,当 $\Delta=0$ 时, $f(\Delta)$ 有最大值 $\frac{1}{\sqrt{2\pi}\sigma}$;反之, Δ 愈大, $f(\Delta)$ 愈小,当 $\Delta \rightarrow \pm\infty$ 时, $f(\Delta) \rightarrow 0$,所以横轴是曲线的渐进线。由于 $f(\Delta)$ 随着 Δ 的增大而较快地减小,所以当 Δ 到达某值,而 $f(\Delta)$ 已较小或实际上可以看作零时,这样的 Δ 可作为误差的限值,这就是偶然误差的第一特性和第二特性。

从图 5-2 可见:误差曲线在纵轴两边各有一个转向点(拐点)。如果将 $f(\Delta)$ 求二阶导数等于零,可求得曲线拐点横坐标 $f(\Delta)$ 为:

$$\Delta_{拐}=\pm\sigma$$

式中: σ 为前述观测误差的标准差。

由(5-3)式可见,观测误差分布曲线随参数 σ 的改变而改变, σ 愈小时,曲线将愈陡峭,即误差分布比较密集;当 σ 愈大时,曲线将愈平缓,即误差分布比较分散。由此可见,参数 σ 的值充分反映了偶然误差分布的离散程度,也客观地反映了观测条件的好坏,因此,我国和世界许多国家都采用参数 σ 作为衡量精度的标准。

在测量结果中,有时还会出现错误。如读错、听错、记错、测错等,统称为错误。错误在测量结果中是不允许存在的,是观测者粗心大意所致,它不属于误差,但对观测结果的影响极大。为了杜绝错误,除了加强观测者的责任心、提高操作技能外,还应采取必要的检核措施。

四、多余观测

非必要的观测即为多余观测。由于观测结果中不可避免地存在着偶然误差的影响,因此,在测量工作中,为了提高和评定成果质量,并杜绝观测成果的错误,必须进行多余观测,即使观测值的个数多于确定未知量必须观测的个数。例如,丈量距离,往返各测一次则有一次多余观测;测量三角形三内角的水平角值,则有一角为多余观测。有了多余观测,势必在观测结果之间产生矛盾,在测量上称为不符值,亦称闭合差。因此,必须对这些带有偶然误差的观测成果进行处理,这就是测量平差工作。

五、测量平差的任务

概括地讲,测量平差的任务有二:

(1)对一系列含有偶然误差的观测值,运用概率统计的方法和最小二乘原理,求出未知量的最或然值,即最接近未知量真值的近似值。

(2)评定观测成果的精度。

六、精度的概念

精度是指在对某一个量的多次观测中,各观测值之间的离散程度。若观测值非常密集,则精度高;反之则低。习惯上所讲的精度是对偶然误差而言的,即误差大,精度低,误差小,精度高。为使泛指性的精度更加确切,应按不同性质的误差来定义精度:

1.精密度 表示测量结果中的偶然误差的离散程度。

2.正确度 表示测量结果中系统误差的大小程度。

3.准确度 是测量结果中系统误差与偶然误差的综合,表示测量结果与其真值的偏离程度。

现以射击为例,说明上述意义(见图 5-3)。靶心相当于真值,弹孔相对于靶心的位置则视为观测值。图 5-3(a)所示弹孔普遍距靶心较远,这说明系统误差大,正确度低;而弹孔与弹孔之间比较密集,则说明偶然误差小,精密度高。图 5-3(b)所示弹孔分布情况,则说明系统误差小,正确度高,但偶然误差大,精密度低。图 5-3(c)所示弹孔分布情况,则说明系统误差和偶然误差都小,准确度高。

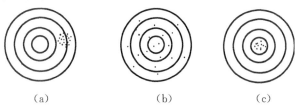

(a)   (b)   (c)

图 5-3 精密度、正确度、准确度的区别

对于射击或测量来说,精密度好则正确度不一定好,正确度好则精密度也不一定好,但准确度好则需要精密度和正确度都好。在测量工作中我们希望得到准确度好的成果。

第二节 衡量精度的标准

在一定的观测条件下进行的一组观测,它对应着一定的误差分布。为了衡量其精度,当然可用误差分布曲线或作误差直方图等方法,而习惯上常用具体数字来反映误差分布的离散程度。

一、中误差

前面提到的标准差 ρ,可以反映误差分布的离散程度,是衡量精度的主要标准。

测量上把标准差称为中误差(或称均方误差、方根差),在一定的观测条件下,σ 的定义式为:

$$\sigma = \lim_{n \to \infty} \sqrt{\frac{[\Delta\Delta]}{n}} \tag{5-5}$$

其几何意义是误差曲线拐点的横坐标。

实际上观测个数 n 总是有限的,由有限个观测值的真误差 Δ 只能求得标准差的估计值(即估值),并采用符号 m(或 σ)表示之,即中误差 m 的定义式为:

$$m = \hat{\sigma} = \pm \sqrt{\frac{[\Delta\Delta]}{n}} \tag{5-6}$$

应用(5-6)式求一组同精度观测值的中误差 m 时,式中真误差 Δ 可以是同一个量的同精度观测值的真误差,也可以是不同量的同精度观测值的真误差。计算时应注意在数值前冠以"$\pm$"号,数值后写上单位。

【例 5-1】 设对某个三角形用两种不同精度分别对它进行了 10 次观测,求得每次观测所得的三角形闭合差为:

第一组:$+3''$、$-2''$、$-4''$、$+2''$、$0''$、$-4''$、$+3''$、$+2''$、$-3''$、$-1''$

第二组:$0''$、$-1''$、$-7''$、$+2''$、$+1''$、$+1''$、$-8''$、$0''$、$+3''$、$-1''$

试求这两组观测值的中误差 m_1、m_2。

解: 三角形内角和应为 $180°$(真值),三角形闭合差亦为真误差,依(5-6)式求得:

$$m_1 = \pm\sqrt{\frac{(+3)^2+(-2)^2+(-4)^2+(+2)^2+0^2+(-4)^2+(+3)^2+(+2)^2+(-3)^2+(-1)^2}{10}}$$

$$= \pm 2.7''$$

$$m_2 = \pm\sqrt{\frac{0^2+(-1)^2+(-7)^2+(+2)^2+(+1)^2+(+1)^2+(-8)^2+0^2+(+3)^2+(-1)^2}{10}}$$

$$= \pm 3.67''$$

比较 m_1 与 m_2 可知,第一组观测精度较第二组高。

应当指出,中误差不是每个观测值的真误差,它仅仅是一组观测值真误差的代表,用它来说明该组观测值的精度。

二、限差

中误差仅表示观测值真误差的离散程度,并不代表个别误差的大小。因此,为了衡量某一个观测值的质量,还要引入限差的概念。限差亦称极限误差或容许误差。观测误差超过此值其质量不合要求,必须舍去,这个值就是限差。

偶然误差的第一特性已经指出,在一定观测条件下,误差的绝对值有一定的限值,那么这个限值是多大呢? 根据误差理论和大量实践的统计证明:误差落在区间$(-\sigma, +\sigma)$,$(-2\sigma, +2\sigma)$,$(-3\sigma, +3\sigma)$的概率分别为:

$$\left.\begin{array}{l}P(-\sigma < \Delta + \sigma) = 68.3\% \\ P(-2\sigma < \Delta + 2\sigma) = 95.4\% \\ P(-3\sigma < \Delta + 3\sigma) = 66.7\%\end{array}\right\} \tag{5-7}$$

即绝对值大于 1 倍中误差的偶然误差出现的概率为 31.7%;绝对值大于 2 倍中误差的偶然误差出现的概率仅为 4.6%;特别是绝对值大于 3 倍中误差的偶然误差出现的概率仅有 0.3%,这意味着在有限观测次数的情形下是实际上不可能发生的事件。因此,在测量规范中,为确保成果质量,根据测量精度的要求,通常以规定或预期的中误差的 3 倍或 2 倍作为偶然误差的限值,即

$$\Delta_{限} = 3\sigma \tag{5-8}$$

或

$$\Delta_{限} = 2\sigma \tag{5-9}$$

实用时,则以中误差 m 代替 σ,则上式成为:

$$\Delta_{限} = 3m$$

或

$$\Delta_{限} = 2m \tag{5-10}$$

在测量工作中,若某个误差超过了限值,则相应的观测值应舍去不用,或返工重测。(5-8)式虽然简单,但它反映了客观的真实误差与抽象的数理统计标准差之间的数值变化关系。

三、相对误差

凡不考虑某量本身的大小而只描述该量的近似值对于准确值的误差大小,称为绝对误差。上面提到的中误差、限差就是绝对误差。

对于评定观测值精度来说,有时用中误差还不能完全反映观测结果的精度。例如,丈量了两段距离,一段长 100m,其中误差为 ±2cm,另一段长 200m,其中误差亦为 ±2cm。显然不能说这两段距离精度相同,因为量距误差与长度有关,为此,必须采用另一个衡量精度的标准,即相对误差。

相对误差是绝对误差的绝对值与相应量的近似值之比,用"1/K"的形式表示。

在上例中,两段距离的相对误差分别为 1/5000 和 1/10000,显然后者的精度高于前者。

应当指出:当误差的大小与观测量的大小无关时,不能采用相对误差来衡量精度,而应直接用中误差来衡量精度。例如,测角精度只能用中误差来衡量,而不能用相对误差来衡量,因为测角误差的大小与角度本身大小无关。

在测量规范中同样规定有相对(中)误差,这是相对(中)误差的限值或称为容许的相对(中)误差。

第三节　误差传播定律

前面讨论了如何根据同精度观测值的真误差来评定观测值精度的问题。但是在测量工作中有许多未知量不能直接测定,需要由观测值间接计算出来。例如,某未知点 B 的高程 H_B 是由起始点 A 的高程 H_A 加上从 A 到 B 之间若干站水准测量而测得的观测高差 h_1、h_2、$\cdots$、h_n 之和求出的。这时,H_B 是各独立观测高差 h_1、h_2、$\cdots$、h_n 的函数。那么如何依据观测值的中误差去求观测值函数的中误差呢? 阐述观测值中误差与观测值函数中误差关系的定律称为误差传播定律。

一、倍数的函数

设有倍数函数

$$z = kx \tag{5-11}$$

式中:z 为观测值的函数;x 为独立观测值,已知其中误差 m_x;k 常数;现求 z 的中误差 m_z。

设 x 和 z 的真误差分别为 Δ_x 和 Δ_z。由(5-11)式知

$$\Delta_{zi} = k \cdot \Delta_{xi} (i=1,2,\cdots,n)$$

若对 x 共观测了 n 次,则

$$\Delta_{zi} = k \cdot \Delta_{xi} (i=1,2,\cdots,n)$$

将上式平方,得

$$\Delta_{zi}^2 = k^2 \cdot \Delta_{xi}^2 (i=1,2,\cdots,n)$$

求和,并除以 n,得

$$\frac{[\Delta_z \cdot \Delta_z]}{n} = \frac{k_2 \cdot [\Delta_z \cdot \Delta_z]}{n} \tag{5-12}$$

由中误差的定义(5-6)式知

$$m_z^2 = \frac{[\Delta_z \cdot \Delta_z]}{n}$$

而
$$m_z^2 = \frac{[\Delta_x \cdot \Delta_x]}{n}$$

故(5-12)式可写为
$$m_z^2 = k^2 \cdot m_x^2$$

即
$$m_z = k \cdot m_x \tag{5-13}$$

也就是说观测值与常数乘积的中误差,等于观测值中误差乘常数。

【例 5-2】 在 1:500 比例尺地形图上量得 A、B 两点的距离为 $S_{ab} = 23.4$mm,其中误差 $m_{S_{ab}} = \pm 0.2$mm,求 A、B 间的实地距离 S_{AB} 及其中误差 $m_{S_{AB}}$。

解:$S_{AB} = 500 \times S_{ab} = 500 \times 23.4 = 11700(mm)= 11.7$(m)

由(5-13)式得
$$m_{S_{AB}} = 500 \times m_{S_{ab}}$$
$$= 500 \times (\pm 0.2)$$
$$= \pm 100 \text{(mm)}$$
$$= 0.1 \text{(m)}$$

最后答案为 $S_{AB} = (11.7 \pm 0.1)$m

二、和(差)函数

设有函数
$$z = x \pm y \tag{5-14}$$

式中:z 是 x、y 的和(差)的函数,x、y 为独立观测值,它们的中误差已知,分别为 m_x、m_y,现求 z 的中误差 m_x。

若 x、y、z 的真误差分别为 Δ_x、Δ_y、Δ_z,由(5-14)式可以得出:
$$\Delta_z = \Delta_x \pm \Delta_y$$

若对 x、y 均观测了 n 次,则
$$\Delta_{z_i} = \Delta_{x_i} \pm \Delta_{y_i} (i = 1, 2, \cdots, n)$$

将上式平方,得
$$\Delta_{z_i}^2 = \Delta_{x_i}^2 + \Delta_{y_i}^2 \pm 2 \cdot \Delta_{y_i} (i = 1, 2 \cdots, n)$$

求和后除以 n,得
$$\frac{[\Delta_z^2]}{n} = \frac{[\Delta_x^2]}{n} + \frac{[\Delta_y^2]}{n} \pm 2 \frac{[\Delta_x \cdot \Delta_y]}{n} \tag{5-15}$$

由于 Δ_x、Δ_y 均为偶然误差,且相互独立,因此其符号为正、负的机会相同,且互不相关,故其积 $\Delta_x \cdot \Delta_y$ 也具有正、负符号机会相同的性质,根据偶然误差第三、第四特性,在求 $[\Delta_x \cdot \Delta_y]$ 时其正值与负值有互相抵消的可能,当 $n \to \infty$ 时有
$$\lim_{n \to \infty} \frac{[\Delta_x \cdot \Delta_y]}{n} = 0 \tag{5-16}$$

根据中误差定义(5-6)式可得:
$$m_z^2 = \frac{[\Delta_z^2]}{n}; \qquad m_x^2 = \frac{[\Delta_x^2]}{n}; \qquad m_y^2 = \frac{[\Delta_y^2]}{n}$$

故(5-15)式、(5-16)式可写为：

$$m_z^2 = m_x^2 + m_y^2 \tag{5-17}$$

即两观测值和(差)函数的中误差的平方,等于两观测值中误差的平方和。

同理可以证明,当函数为 $z = x_1 \pm x_2 \pm \cdots \pm x_n$ 时,函数 x 的中误差为：

$$m_z^2 = m_{x_1}^2 + m_{x_2}^2 + \cdots + m_{x_n}^2 \tag{5-18}$$

若 $m_{x_1} = m_{x_2} = \cdots = m_{x_n} = m$,则：

$$m_z = \pm \sqrt{n} \cdot m \tag{5-19}$$

即等精度观测时, n 个观测值和(差)函数的中误差等于观测值中误差的 $\sqrt{n}$ 倍。

【例 5-3】 对某三角形观测了两个内角 α 和 β ,测角中误差分别为 $m_\alpha = \pm 1.8''$, $m_\beta = \pm 2.5''$,第三角按公式 $\gamma = 180° - (\alpha + \beta)$ 求得,试求 γ 角的中误差 m_r 。

解： 依(5-12)式可得

$$m_\gamma^2 = m_\alpha^2 + m_\beta^2$$

$$m_\gamma = \pm \sqrt{1.8^2 + 2.5^2} = \pm 3.1''$$

【例 5-4】 为了求得 A 、 B 两水准点间的高差,今自 A 点开始进行水准测量,共观测 n 个测站到 B 点,已知每站高差的中误差为 m 站,求 A 、 B 两点间高差的中误差 $m_{h_{AB}}$ 。

解： 因为 A 、 B 两点间高差 h_{AB} 等于各站的观测高差 $h_i (i = 1, 2, \cdots, n)$ 之和,即

$$h_{AB} = h_1 + h_2 + \cdots + h_n$$

依(5-19)式,得

$$m_{h_{AB}} = \pm \sqrt{n} \cdot m_{站}$$

三、线性函数

设有函数

$$z = k_1 x_1 \pm k_2 x_2 \pm \cdots \pm k_n x_n \tag{5-20}$$

式中： k_1 、 $k_2 \cdots$ 、 k_n 为常数, x_1 、 x_2 、 $\cdots$ 、 x_n 为独立观测值,其中误差分别为 m_1 、 m_2 、 $\cdots$ 、 m_n ,求函数 z 的中误差 m_z 。

令 $z_i = k_i \cdot x_i (i = 1, 2, \cdots, n)$,代入(5-20)式,有

$$z = z_1 + z_2 + \cdots\cdots + z_n$$

依(5-18)式,得

$$m_z^2 = m_{z_1}^2 + m_{z_2}^2 + \cdots\cdots + m_{z_n}^2 \tag{5-21}$$

而 $z_i = k_i x_i$ 是倍数函数,依(5-13)式,有

$$m_{z_i} = k_i m_i (i = 1, 2, \cdots, n)$$

代入(5-21)式,得

$$m_z^2 = k_1^2 m_1^2 + k_2^2 m_2^2 + \cdots + k_n^2 m_n^2 \tag{5-22}$$

【例 5-5】 设某线性函数

$$z = \frac{4}{14} x_1 + \frac{8}{14} x_2 + \frac{1}{14} x_3$$

式中： x_1 、 x_2 、 x_3 为独立观测量,中误差分别为 $m_1 = \pm 3\text{mm}$, $m_2 = \pm 2\text{mm}$, $m_3 = \pm 6\text{mm}$,求 z 的中误差 m_2 。

解:依(5-22)式,并将 x_1、x_2、x_3 的中误差代入后可得:

$$m_2 = \pm \sqrt{\left(\frac{4}{14} \times 3\right)^2 + \left(\frac{9}{14} \times 2\right)^2 + \left(\frac{1}{14} \times 6\right)^2}$$

$$= \pm 1.6 \text{(mm)}$$

四、一般函数

设有函数求

$$z = f(x_1, x_2, \cdots, x_n)$$

式中:x_1、x_2、$\cdots$、x_n 为独立观测值,已知其中误差分别为 m_1、m_2、$\cdots$、m_n,求 z 的中误差 m_2。

将非线性函数展开成线性函数,即对函数 z 取全微分,得:

$$dz = \frac{\partial f}{\partial x_1} \cdot dx_1 + \frac{\partial f}{\partial x_2} \cdot dx_2 + \cdots + \frac{\partial f}{\partial x_n} \cdot dx_n$$

因为真误差 Δx_1、Δx_2、$\cdots$、Δx_n 及 Δ_z 均很小,故可代替上式中微分量 dx_1、dx_2、$\cdots$、dx_n 及 dz,即得真误差关系式:

$$\Delta_z = \frac{\partial f}{\partial x_1} \cdot \Delta x_1 + \frac{\partial f}{\partial x_2} \cdot \Delta x_2 + \cdots + \frac{\partial f}{\partial x_n} \cdot \Delta x_n$$

式中:$\frac{\partial f}{\partial x_1}(i = 1, 2, \cdots, n)$ 是函数对各个变量取的偏导数,以观测值代入所算出的数值均是常数,因此上式是线性函数,仿(5-22)式可得

$$m_z^2 = \left(\frac{\partial f}{\partial x_1}\right)^2 \cdot m_1^2 + \left(\frac{\partial f}{\partial x_2}\right)^2 \cdot m_2^2 + \cdots + \left(\frac{\partial f}{\partial x_n}\right)^2 \cdot m_n^2 \qquad (5\text{-}23)$$

(5-23)式是误差传播定律的一般形式。利用(5-23)式可分别推出(5-13)式、(5-17)式、(5-18)式、(5-19)式、(5-22)式,即上述(5-13)式、(5-17)式、(5-18)式、(5-19)式、(5-22)式是(5-23)式的特例。

【例5-6】 设有某函数 $z = D\sin\alpha$,独立观测值 $D = (150.11 \pm 0.05)\text{m}$,$\alpha = 119°45'00'' \pm 20''$,试求函数 z 的中误差 m_z。

解:依(5-23)式,得:

$$m_z^2 = \left(\frac{\partial f}{\partial D}\right)^2 \cdot m_D^2 + \left(\frac{\partial f}{\partial \alpha}\right)^2 \cdot \left(\frac{m_\alpha''}{\rho}\right)^2$$

$$= \sin^2\alpha \cdot m_D^2 + (D\cos\alpha)^2 \cdot \left(\frac{m_\alpha''}{\rho''}\right)^2$$

$$= (\sin 119°45'00'')^2 \times 0.05^2 + (150.11 \times \cos 119°45'00'')^2 \cdot \left(\frac{20''}{206265''}\right)^2$$

$$= 0.001936$$

故 $\qquad\qquad m_z = \pm 0.044\text{m}$

在本例计算中,$\frac{m_\alpha''}{\rho}$ 是将以秒为单位的角度化成弧度单位。

应用误差传播定律求观测值函数的中误差时,要求观测值是独立观测值,并注意各项单位统一。

第四节　直接平差

对同一个量多次直接观测的结果,根据最小二乘法原理,求得其最或然值,称为直接平差法,它分为等精度直接平差和非等精度直接平法两种。

一、最小二乘法原理

测量平差的基本内容之一是要消除由于观测值误差所引起的不符值,同时要使消除不符值以后的结果是该量的最可靠值(最或然值)。消除不符值,求最或然值的依据就是最小二乘原理,现以一个简单的例子来说明最小二乘原理求最或然值的大意。

设观测了某三角形三个内角,观测值分别为 $l_1=42°32'26''$,$l_2=64°29'33''$,$l_3=72°58'07''$ 由于各观测值带有误差,各观测值之和与其真值之间存在着三角形闭合差 $\omega=(l_1+l_2+l_3)-180°$ $=+6''$,为了消除该闭合差,必须给各观测值分别加上改正数 v_1、v_2、v_3 使得改正后的值之和与其真值之间不再存在不符值,即:

$$(l_1+v_1+l_2+v_2+l_3+v_3)-180°=0$$

为了满足上式,可以从表 5-2 中任取一组值即能达到目的。

表 5-2　三角形角度改正表

角号	观测值	$v^{(1)}$	$v^{(2)}$	$v^{(3)}$	$v^{(4)}$	$v^{(5)}$	⋯	$v^{(R)}$	⋯	$v^{(n)}$
1	$42°32'26''$	−6	−6	0	0	0	⋯	−2	⋯	
2	$64°29'33''$	+6	0	−6	−4	0	⋯	−2	⋯	
3	$72°58'07''$	−6	0	0	−2	−6	⋯	−2	⋯	
Σ	$180°00'06''$	−6	−6	−6	−6	−6	⋯	−6	⋯	

像这样的改正数 v 有无限多组,那么选取哪一组改正数才算最合理呢?

在测量平差中,选择改正数必须遵循下述原则(公式证明从略):

(1)各观测量是等精度观测时,应选择其中能满足 $[vv]=v_1 \cdot v_1+v_2 \cdot v_2+\cdots+v_n \cdot v_n =$ 最小的一组 v 值,即改正数的平方和为最小的一组改正数。

(2)当各观测量是不等精度观测时,应选择其中能使 $\left[\dfrac{vv}{m^2}\right]=\dfrac{v_1 \cdot v_1}{m_1^2}+\dfrac{v_2 \cdot v_2}{m_2^2}+\cdots+\dfrac{v_n \cdot v_n}{m_n^2}=$ 最小的一组 v 值(式中 m_i 为观测值 l_i 的中误差)。

这就是最小二乘原则。

二、等精度直接平差

(一)求最或然值

设等精度观测某量 n 次,其观测值分别为 $l_i(i=1,2,\cdots,n)$,求观测量的最或然值 L。

设各观测量的改正数为

$$v_i=L-l_i(i=1,2,\cdots,n) \tag{5-24}$$

依最小二乘原则,求最或然值 L 时,必须使函数 $[vv]=(L-l_1)^2+(L-l_2)^2+\cdots+(L-l_n)^2$ 具有极小值。为此用函数求极值的方法,取上式的一阶导数并令其等于零,得

$$\frac{d[vv]}{dL}=2(L-l_1)+2(L-l_2)+\cdots+2(L-l_n)=0$$

$$nL=l_1+l_2+\cdots+l_n=[l]$$

故

$$L=\frac{[l]}{n} \tag{5-25}$$

在等精度观测条件下,观测值的算术平均值就是该量的最或然值。

求出该量的最或然值后,代入(5-24)式可求各观测值的改正数,也就是最或然误差 v_1。利用(5-24)式求和

$$[v]=n \cdot L-[l]$$

而 $L=\dfrac{[l]}{n}$ 代入上式得

$$[v_i]=0 \tag{5-26}$$

上式是最或然误差的特性:最或然误差代数和等于零。利用这一特性可核查 L 与 v_i 计算的正确性。

(二)评定精度

1.求最或然值 L 的中误差 m_L

$$L=\frac{[l]}{n}=\frac{l_1}{n}+\frac{l_2}{n}+\cdots+\frac{l_n}{n}$$

依误差传播定律,有

$$m_L^2=\left(\frac{1}{n}\right)^2 \cdot m_{l_1}^2+\left(\frac{1}{n}\right)^2 \cdot m_{l_2}^2+\cdots+\left(\frac{1}{n}\right)^2 m_{l_n}^2$$

因为 l_1、l_2、$\cdots$、l_n 为等精度观测值,其中误差 $m_{l_1}=m_{l_2}=m_{l_3}=\cdots=m_{l_n}=m$,所以上式可改写成

$$m_L^2=\left(\frac{1}{n}\right)^2 \cdot m^2+\left(\frac{1}{n}\right)^2 \cdot m^2+\cdots+\left(\frac{1}{n}\right)^2 \cdot m^2$$

$$=\frac{1}{n} \cdot m^2$$

故

$$m_L=\pm\frac{m}{\sqrt{n}} \tag{5-27}$$

(5-27)式说明:算术平均值的中误差较单一观测值中误差缩小 $\sqrt{n}$,也就是说算术平均值的精度较单一观测值的精度提高 $\sqrt{n}$ 倍。

设 $m=1$,由(5-27)式得出 m_L 与 n 之关系见表5-3。

表5-3　m_L 与 n 的关系表

n	1	2	3	4	5	6	8	10	20	50	100
m_L	1.00	0.71	0.58	0.50	0.415	0.41	0.35	0.32	0.22	0.14	0.10

从表5-3可知,当 n 增大时,m_L 随之缩小,也就是说增加观测次数可以提高算术平均值的精度。但 n 增至6次以上时,m_L 缩小已极为有限;另外,由于系统误差的存在,m_L 的缩小更为有限。故不能单从增加观测次数来提高精度。提高精度必须保证经济合理,即采用精

度较高的仪器,选择最有利的观测条件。

2.求观测值中误差 m

从(5-6)式知,同精度观测值中误差的计算公式为

$$m=\pm\sqrt{\frac{[\Delta\Delta]}{n}}$$

而 $\qquad\qquad\qquad\qquad \Delta_i=l_i-X(i=1,2,\cdots,n)$

这是利用观测值真误差求中误差的公式。在实际工作中,由于观测值的真值 X 有时是不知道的,也就无法求出真误差 Δ,但观测值的最或然值 L 是能求出的,其最或然误差 υ 可依(5-24)式求出,这样只要找出观测值的真误差与其最或然误差的关系,那么观测值的中误差也就可求。

设某量 n 个等精度观测值分别为 $l_i(i=1,2,\cdots,n)$ 其最或然值为 L,则最或然误差:

$$\upsilon_i=L-l_i(i=1,2,\cdots,n)$$

前面提及 $\qquad\qquad\qquad \Delta_i=l_i-X(i=1,2,\cdots,n)$

两式相加,得:

$$\upsilon_i+\Delta_i=L-X(i=1,2,\cdots,n)$$

令 $\delta=L-X$,则上式可写成:

$$\Delta_i=\delta-\upsilon_i(i=1,2,\cdots,n)$$

将等式两边平方、求和,再除 n,得:

$$\frac{[\Delta\Delta]}{n}=\delta^2+2\delta\cdot\frac{[\upsilon]}{n}+\frac{[\upsilon\upsilon]}{n}$$

因 $[\upsilon]=0$,故上式可写为

$$\frac{[\Delta\Delta]}{n}=\delta^2+\frac{[\upsilon^2]}{n} \qquad\qquad (5\text{-}28)$$

因

$$\begin{aligned}
\delta^2 &=(L-X)^2 \\
&=\left(\frac{L_1+L_2+\cdots+l_n}{n}-X\right)^2 \\
&=\frac{1}{n^2}(l_1+l_2+\cdots+l_n-nX)^2 \\
&=\frac{1}{n^2}[(l_1-X)+(l_2-X)+\cdots+(l_n-X)]^2 \\
&=\frac{1}{n^2}(\Delta_1+\Delta_2+\cdots+\Delta_n)^2 \\
&=\frac{[\Delta\Delta]}{n^2}+\frac{2}{n^2}(\Delta_1\Delta_2+\Delta_1\Delta_3+\cdots+\Delta_{n-1}\Delta_n)
\end{aligned}$$

由于真误差 Δ 是偶然误差,依偶然误差第四特性,有

$$\lim_{n\to\infty}(\Delta_1\Delta_2+\Delta_1\Delta_3+\cdots+\Delta_{n-1}\Delta_n)=0$$

故 $\qquad\qquad\qquad\qquad \delta^2=\frac{[\Delta\Delta]}{n^2}$

代入式(5-28),得:

$$\frac{[\Delta\Delta]}{n}=\frac{[\Delta\Delta]}{n^2}+\frac{[\upsilon\upsilon]}{n}$$

依中误差定义,有:

$$m^2=\frac{m^2}{n}+\frac{[\upsilon\upsilon]}{n}$$

整理后得:

$$m^2=\frac{[\upsilon\upsilon]}{n-1}$$

故

$$m=\pm\sqrt{\frac{[\upsilon\upsilon]}{n-1}} \tag{5-29}$$

这就是用观测值的改正数计算观测值中误差的白塞尔公式。

将(5-29)式代入(5-27)式,得到用观测值改正数(最或然误差)计算最或然值中误差公式

$$m_L=\pm\sqrt{\frac{[\upsilon\upsilon]}{n(n-1)}} \tag{5-30}$$

【例 5-7】 对某段距离等精度丈量 5 次,其结果列入表 5-4 中,试求这段距离的最或然值并评定其精度。

解:计算数据列入表 5-4。

表 5-4 最或然值和精度评定表

编号	观测值 l_i(m)	改正 υ_i(cm)	υ_i	计算结果
1	148.64	−3	9	1. 最或然值:$L=\frac{[l]}{n}=148.61$(m)
2	148.58	+3	9	2. 观测值中误差:
3	148.61	0	0	$m=\pm\sqrt{\frac{[\upsilon\upsilon]}{n-1}}=\pm\sqrt{\frac{20}{4}}=\pm2.2$(cm)
4	148.62	−1	1	3. 最或然值中误差:
5	148.60	+1	1	$m_L=\pm\frac{m}{\sqrt{n}}=\pm1.0$(cm)
[ ]	743.05	0	20	4. 最或然值相对中误差:$\frac{\|m_L\|}{L}=\frac{0.01}{148.61}=\frac{1}{14900}$

利用$[\upsilon]=0$可以检验 L 及 υ 的计算有无错误,这里需要指出,当计算 L 存在取位凑整误差时,就会出现$[\upsilon]\neq0$的情况,这不属计算错误;在计算 L 时最大凑整误差为末位数上的 0.5,为了计算简便,只要满足$[\upsilon]<\pm0.5n$就行了。

三、非等精度直接平差

(一)权

在测量工作中,有时观测值是不等精度的,因此在计算不等精度观测值的最或然值时,必须使精度高的观测值在计算中占较大比重,也就是要让精度高的观测值对计算结果有较,

大的影响。表示观测结果质量相对可靠程度的一种权衡值称为观测结果的"权",通常用符号"P"表示。

设对某量进行了 n 次等精度观测,其值为 $l_i(i=1,2,\cdots,n)$,现将 n 个观测值分成两组,其中第一组有 n_1 个观测值,第二组有 n_2 个观测值($n_1+n_2=n$),两组最或然值分别为:

$$\left.\begin{array}{l}L_1=\dfrac{1}{n}(l_1+l_2+\cdots+l_{n_1})=\dfrac{1}{n_1}\cdot\displaystyle\sum_{i=1}^{n_1+n_2}l_i\\[3mm]L_2=\dfrac{1}{n_2}(l_{n_1+1}+l_{n_1+2}+\cdots+l_{n_1+n_2})=\dfrac{1}{n_2}\cdot\displaystyle\sum_{i=n_1+1}^{n_1+n_2}l_i\end{array}\right\}\tag{5-31}$$

设观测值中误差为 m,则两组最或然值的中误差可按(5-27)式求出:

$$m_{L_1}=\pm\dfrac{m}{\sqrt{n_1}};\qquad m_{L_2}=\pm\dfrac{m}{\sqrt{n_2}}\tag{5-32}$$

显然当 $n_1\neq n_2$,L_1 与 L_2 是不等精度的。如何利用 L_1 及 L_2 求出观测值的最或然值 L 呢?

依全部等精度观测值求观测值的最或然值为:

$$L=\dfrac{[l]}{n}=\dfrac{\displaystyle\sum_{i=1}^{n}l_i+\displaystyle\sum_{i=n_1+1}^{n_1+n_2}l_i}{n_1+n_2}$$

顾及(5-31)式,得:

$$L=\dfrac{n_1L_1+n_2L_2}{n_1+n_2}$$

又顾及(5-32)式,有:

$$L=\dfrac{\dfrac{m^2}{m_{L_1}^2}L_1+\dfrac{m^2}{m_{L_2}^2}L_2}{\dfrac{m^2}{m_{L_1}^2}+\dfrac{m^2}{m_{L_2}^2}}\tag{5-33}$$

在上式中,若将 m 换成另一常数 f,对计算结果毫无影响,同时令

$$P_i=\dfrac{\mu^2}{m_i^2}\tag{5-34}$$

则(5-33)式可写成

$$L=\dfrac{P_1L_1+P_2L_2}{P_1+P_2}\tag{5-35}$$

从(5-34)式、(5-35)式可以看出,L_i 的精度愈高,即 m_i 愈小时,P_i 愈大,相应地 L_i 在计算 L 中的比重亦愈大;反之亦然。由此定义:观测值或观测值函数的权与其中误差 m_i 的平方成反比。

求权的基本公式为(5-34)式:

$$P_i=\dfrac{\mu^2}{m_i^2}(i=1,2,\cdots,n)$$

式中:μ 是任意常数。上式又可写为:

$$\mu^2=P_i\cdot m_i^2(i=1,2,\cdots,n)$$

或

$$\dfrac{\mu^2}{m_i^2}=\dfrac{P_i}{1}$$

由此可知:当 $\mu = m_i$ 时, $P_i = 1$,所以 P 是权等于 1 的观测值中误差,通常称等于 1 的权为单位权,权为 1 的观测值为单位权观测值,而 μ 是单位权观测值的中误差,简称为单位权中误差。

由(5-34)式可写出各观测值的权之间的比例关系:

$$P_1 : P_2 : \cdots : P_n = \frac{\mu^2}{m_1^2} : \frac{\mu^2}{m_2^2} : \cdots : \frac{\mu^2}{m_n^2} = \frac{1}{m_1^2} : \frac{1}{m_2^2} : \cdots : \frac{1}{m_n^2}$$

由此可见,权反映了观测值之间相互的精度关系,而不在乎本身数值的大小。

【例 5-8】 已知 L_1 的中误差 $m_1 = \pm 3$mm, L_2 的中误差 $m_2 = \pm 4$mm, L_3 的中误差 $m_3 = \pm 5$mm,求各观测值的权。

解: $\mu = m_1 = \pm 3$mm,则

$$P_1 = \frac{\mu^2}{m_1^2} = \frac{(\pm 3)^2}{(\pm 3)^2} = 1$$

$$P_2 = \frac{\mu^2}{m_2^2} = \frac{(\pm 3)^2}{(\pm 4)^2} = \frac{9}{16}$$

$$P_3 = \frac{\mu^2}{m_3^2} = \frac{(\pm 3)^2}{(\pm 5)^2} = \frac{9}{25}$$

这时 $P_1 = 1$, $P_2 = \frac{9}{16}$, $P_3 = \frac{9}{25}$

定权时,也可以令 $\mu = \pm 1$mm,则

$$P'_1 = \frac{1}{9}; \qquad P'_2 = \frac{1}{16}; \qquad P'_3 = \frac{1}{25}$$

上述两组权 P_1、P_2、P_3 和 P'_1、P'_2、P'_3 都同样地反映了观测值之间的精度关系,因为 $P_1 : P_2 : P_3 = P'_1 : P'_2 : P'_3 = 1 : 0.56 : 0.36$。在上述求权时,首先令 $\mu = \pm 3$mm,此时 $P_1 = 1$,即令第一个观测值 L_1 的权为单位权,则 L_1 的中误差就是单位权中误差,即 $\mu = m_1 = \pm 3$mm。在第二组定权计算时,令 $\mu = \pm 1$mm,即令中误差为 ± 1mm 的观测值的权为单位权,不过这个观测值不是真实的观测值,而是个"设想的观测值",因为在上例中,没有一个观测值的中误差等于 ± 1mm。

【例 5-9】 按同精度测量三条边长,得: $s_1 = 3$km, $s_2 = 4$km, $s_3 = 6$km,试定这三条边长的权。

解: 因为是同精度丈量,所以每千米的测量精度是相同的,设为 m_{km},按(5-19)式得三条边长的测量的精度为:

$$m_1 = \sqrt{s_1}\, m_{km}; \qquad m_2 = \sqrt{s_2}\, m_{km}; \qquad m_3 = \sqrt{s_3}\, m_{km}$$

按定权公式(5-34),可得各条边长丈量的权为:

$$P_i = \frac{\mu^2}{(\sqrt{s_i}\, m_{km})^2} = \frac{(\frac{\mu}{m_{km}})^2}{s_i}$$

在选定 μ 值时,通常令 $(\frac{\mu}{m_{km}})^2 = C$,则上式为 $P_i = \frac{C}{s_i}$,即在同精度丈量时,边长的权与边长成反比。

在本例中,如设 $C = 3$,则:

$$P_1 = \frac{C}{s_1} = \frac{3}{3} = 1$$

$$P_2 = \frac{C}{s_2} = \frac{3}{4}$$

$$P_3 = \frac{C}{s_3} = \frac{3}{6} = \frac{1}{2}$$

同理可证明：

(1)当每千米水准测量的精度相同时,水准路线观测高差的权与路线长度成反比。

(2)当各测站观测高差的精度相同时,水准路线观测高差的权与测站数成反比。

【例 5-10】 设对某角作三组同精度观测,第一组测 4 个测回,其算术平均值 β_1;第二组测 6 个测回,其算术平均值 β_2;第三组测 8 个测回,其算术平均值 β_3;求 β_1、β_2、β_3 的权。

解: 按(5-27)式可求得算术平均值的中误差为:

$$m_i^2 = \frac{m^2}{n_i}$$

按定权公式(5-34),得算术平均值的权为:

$$P_i = \frac{\mu^2}{m_i^2} = \frac{\mu^2}{\frac{m^2}{n_i}} = \frac{n_i}{\frac{m^2}{\mu^2}}$$

令 $\frac{m^2}{\mu^2} = C'$,即 $\mu = \frac{m}{\sqrt{C'}}$,也就是说,以 C' 个观测值的算术平均值作为单位权观测值,则上式为:

$$P_i = \frac{n_i}{C'}$$

即由不同个数的同精度观测值求得的算术平均值,其权与观测值个数成正比。

本例中,令 $C' = 2$,即以两个测回的算术平均值为单位权观测值,按上式,得:

$$P_1 = \frac{4}{2} = 2; \qquad P_2 = \frac{6}{2} = 3; \qquad P_3 = \frac{8}{2} = 4$$

(二)求最或然值

设非等精度观测值 l_i,其权分别为 $P_i = (i = 1, 2, \cdots, n)$,观测值之最或然值为 L,则或然误差 υ_i 为

$$\upsilon_i = L - l_i (i = 1, 2, \cdots, n) \tag{5-36}$$

那么　　　　　　$[P\upsilon\upsilon] = P_1(L - l_1)^2 + P_2(L - l_2)^2 + \cdots + P_n(L - l_n)^2$

依最小二乘原理,求最或然值必须使函数 $[P\upsilon\upsilon]$ 具有极小值。为此,取上式的一阶导数,并令其为零,得

$$\frac{d[P\upsilon\upsilon]}{dL} = 2P_1(L - l_1) + 2P_2(L - l_2) + \cdots + 2P_n(L - l_n) = 0$$

即　　　　　　　　　　　　$[P]L - [Pl] = 0$

故　　　　　　　　　　　　$L = \frac{[Pl]}{[P]} \tag{5-37}$

式中:L 称为观测值的加权平均值,或称权中数。

为了计算简便,可先取一权中数的近似值 L_0,并设 $\Delta l_i = l_i - L_0$,则(5-37)式可写成:

$$L = L_0 + \frac{[P \cdot \Delta l]}{[P]} \qquad (5\text{-}38)$$

在等精度观测时,各观测值的权相等,即 $P_1 = P_2 = \cdots = P_n$,则(5-37)式为:

$$L = \frac{P[l]}{nP} = \frac{[l]}{n}$$

可见等精度观测只不过是非等精度观测的一个特例。

由(5-36)式可得:

$$P_1 v_1 = P_1 L - P_1 l_1$$

$$P_2 v_2 = P_2 L - P_2 l_2$$

$$\cdots \cdots$$

$$P_n v_n = P_n L - P_n l_n$$

求和:
$$[Pv] = [P]L - [Pl]$$

用(5-37)式代入,得:

$$[Pv] = 0 \text{(检核公式)} \qquad (5\text{-}39)$$

(三)精度评定

1.求最或然值 L 的中误差 m_L

展开(5-37)式,有:

$$L = \frac{P_1}{[P]} \cdot l_1 + \frac{P_2}{P} \cdot l_2 + \cdots + \frac{P_n}{[P]} l_n$$

式中 $l_i(i = 1, 2, \cdots, n)$ 为独立观测值,令 $\dfrac{P_i}{[P]} = K_i$,显然该函数为线性函数,依误差传播定律,得:

$$m_L^2 = \left(\frac{P_1}{[P]}\right)^2 \cdot m_1^2 + \left(\frac{P_2}{[P]}\right)^2 \cdot m_2^2 + \cdots + \left(\frac{P_n}{[P]}\right)^2 \cdot m_n^2 \qquad (5\text{-}40)$$

将 $P_i = \dfrac{\mu^2}{m_i^2}$ 代入上式,得:

$$m_L = \pm \frac{\mu}{\sqrt{[P]}} \qquad (5\text{-}41)$$

由式(5-40)、式(5-29),可得:

$$\frac{\mu^2}{P_L} = \left(\frac{P_1}{[P]}\right)^2 \cdot \frac{\mu^2}{P_1} + \left(\frac{P_2}{[P]}\right)^2 \cdot \frac{\mu^2}{P_2} + \cdots + \left(\frac{P_n}{[P]}\right)^2 \cdot \frac{\mu^2}{P_n}$$

$$= \frac{P_1 \mu^2}{[P]^2} + \frac{P_2 \mu^2}{[P]^2} + \cdots + \frac{P_n \mu^2}{[P]^2}$$

$$= \frac{[P] \mu^2}{[P]^2}$$

$$= \frac{\mu^2}{[P]}$$

故
$$P_L = [P] \qquad (5\text{-}42)$$

即广义算术平均值的权为各观测值权之和。

2.求单位权中误差 μ

由(5-34)式知

$$P_i = \frac{\mu^2}{m_i^2}(i=1,2,\cdots,n)$$

则

$$\mu^2 = P_1 m_1^2$$

$$\cdots\cdots$$

$$\mu^2 = P_n m_n^2$$

求和：

$$n\mu^2 = [Pmm]$$

$$\mu^2 = \frac{[Pmm]}{n}$$

前面论述观测值中误差随观测次数的增加而缩小,所以当 n 足够大时,可设 $m_i = \Delta_i$,得:

$$\mu = \pm \sqrt{\frac{[P\Delta\Delta]}{n}} \tag{5-43}$$

式中: $\Delta_i = l_i - x (i=1,2,\cdots,n)$。

在观测量真值 X 未知的情况下,仿(5-29)式的推导方法,得出非等精度观测值的单位权中误差 μ 的计算公式为:

$$\mu = \pm \sqrt{\frac{[Pvv]}{n-1}} \tag{5-44}$$

式中: $v_i = L - l_i (i=1,2,\cdots,n)$(L 为最或然值)。

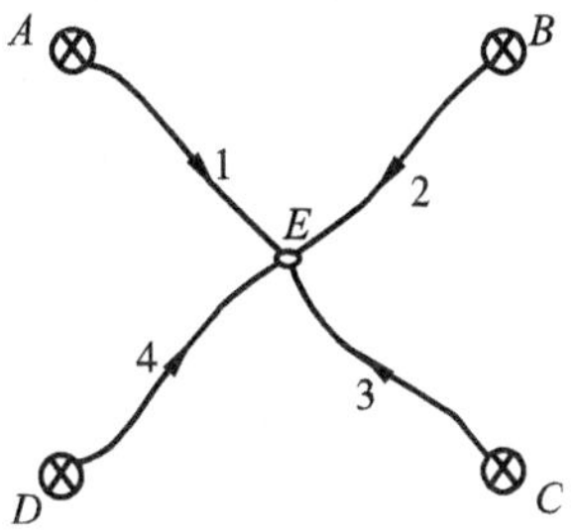

3.求观测值中误差 m_i

因为

$$P_i = \frac{\mu^2}{m_i^2}(i=1,2,\cdots,n)$$

故

$$m_i = \pm \frac{\mu}{\sqrt{P_i}} = \pm \sqrt{\frac{[Pvv]}{P_i(n-1)}} \tag{5-45}$$

图 5-4　水准路线

(四)算例

【例 5-11】　从已知水准点 A、B、C、D 经四条水准路线,求得 E 点的观测高程 H_i 及水准路线长度 s_i 均列入表 5-5 中,试求 E 点的最或然高程及其中误差。

解:1.计算最或然值 L 结果列入表 5-5 中。

表 5-5　E 点高程计算表

编号	E 点观测高程 (m)	路线长 (km)	$P_i = 100/S_i$	L	P	Pv	Pvv	备注
1	48.759	45.6	2.19		+9	+19.7	177	
2	48.784	32.8	3.05	48.768	−16	−48.8	781	
3	48.758	40.3	2.48		+10	+24.8	248	
4	48.767	51.4	1.95		+1	+2.0	2	
Σ			9.67			−2.3	1028	

设每百千米观测高差中误差为 μ,依(5-34)式及误差传播定律,则各条水准路线的权 $P_i = 100/s_i$ 予以确定(即以 100 千米水准测量的结果作为单位权观测)。表 5-5 中, $[Pv] = 0$

作为检核,这里 $[Pv]=-2.3$ 是由于在求取最或然高程时应为 48.76825,即由凑整误差 $-0.25mm$ 引起的。

2.评定精度

单位权中误差为:

$$\mu=\pm\sqrt{\frac{[Pvv]}{n-1}}=\pm\sqrt{\frac{1208}{4-1}}=\pm20(mm)$$

E 点最高或然高程的中误差为:

$$m_L=\frac{\mu}{\sqrt{[P]}}=\pm\frac{20}{\sqrt{9.67}}=\pm6.5(mm)$$

本例中,因为设 100 千米观测高差为单位权观测,所以 μ 是 100 千米高差的中误差。

 复习思考题

1.偶然误差与系统误差有什么不同?偶然误差有哪些特性?

2.何谓多余观测?为什么要进行多余观测?

3.何谓误差传播定律?试述应用它计算函数中误差的步骤。

4.试述最小二乘法原理的基本概念。

5.试述权之定义。怎样确定各观测值的权?

6.用钢尺丈量两段距离,其结果为:

$$D_1=140.85m\pm0.04m$$
$$D_2=120.3m\pm0.03m$$

求:

(1)每段距离的相对中误差。

(2)两段距离之和 (D_1+D_2) 与两段距离之差 (D_1-D_2) 的相对中误差。

7.在一个三角形中,观测了两个内角,其测角中误差均为 $\pm20''$,试求三角形第三角的中误差。

8.设有一正方形场地,测得一边的长度为 a,中误差为 m,试求其周长及中误差。若以相同精度分别测出它的四条边,则其周长的中误差又是多少?

9.按等精度丈量 A、B 两点间的距离,得下列结果:

测组	观测值(m)	丈量次数
Ⅰ	150.18	3
Ⅱ	150.25	3
Ⅲ	150.22	5
Ⅳ	150.20	4

试计算 AB 距离的最或然值及其中误差。

10.用测回法观测水平角,已知每次照准目标的读数中误差为 $\pm6''$,照准中误差为 $\pm1''$,仪器本身的中误差为 $\pm3''$,目标偏心的中误差为 $\pm6''$。求任一方向的测量中误差,半测回测角中误差,半测回角值差的中误差,以及半测回角值差的允许误差。

第6章 小地区控制测量与点位计算

 **重点提示**

　　本章讲述了小地区平面控制测量和高程控制测量,多种求算地面点平面位置和高程的计算方法,控制测量的外业和内业工作,要求同学认真掌握、充分理解。

　　在进行地形测量、地籍测量等各项测量工作时,为保证测绘成果的精度和提高工作效率,必须首先求出一些骨干点的平面位置(坐标)和高程,这些骨干点就是测量控制点,为求得这些点的坐标和高程所进行的测量工作称为控制测量。

第一节　测量控制网概述

　　测量控制网分为平面控制网和高程控制网两种。为保证测绘成果的相互利用,我国在全国范围内建立了统一的平面控制网和高程控制网。

　　国家平面控制网是依据《国家三角测量和精密导线测量规范》中的技术指标建立的,按一、二、三、四等逐级发展;网上各点的坐标值为全国统一的 1954 年北京坐标系坐标(或 1980 年西安坐标系坐标),其布设形式有一等三角锁网、二等三角网、三等三角网、四等三角网,三等、四等导线(网)等,网上各点坐标可作为下一等级控制网的起算数据。

　　国家高程控制网是依据《国家水准测量规范》的技术指标,按一等、二等、三等、四等水准网逐级发展建立的。网上各点的高程为 1956 年黄海高程系(或 1985 国家高程基准)。同样,网上各点均可作为发展下一级高程网时的起始点。

　　小地区控制测量是为保证某特定工程需要而建立一定范围的平面控制网和高程控制网所进行的测量工作。它控制范围一般较小,但其平面坐标与高程一般要求与国家控制网连接。当测区不便与国家网联系,在工程允许的情况下,也可采用独立坐标系统和高程系统。

　　小地区平面控制网的主要形式有导线测量、小三角测量等;高程控制网的主要形式有水准测量和三角高程测量等。

第二节　测量控制点点位计算原理

一、测量控制网的元素

　　测量控制网的布设方式是多种多样的,有三角网[图 6-1(a)]、附合导线[图 6-1(b)]、闭合导线[图 6-1(c)]、结点导线网[图 6-1(d)]等形式,其目的是为了求出这些图形上各点(待求点)的平面坐标和高程,构成这些图形的要素为角度和边长及高差。

　　要计算出各点的坐标和高程值,这些图形中必须要有点的坐标或高程是已知的,这就是已知数据,待求点的坐标和高程就是由已知数据及观测值按一定方法推算出的。测量控制网上的已知数据一般比实际需要的多，目的是检核观测精度。

图 6-1(f)中，已知 A 点的高程 H_A（已知数据），观测值为 h_{A1}、h_{12}，未知量为 1、2 点的高程 H_1、H_2。

二、多余观测与闭合差

在测量工作中，为了检核观测质量，一般都有多余观测值。如图 6-1(f)中，为确定 1、2 两点的高程，仅需测定 h_{A1}、h_{12} 两测段高差，也就是说仅利用 h_{A1}、h_{12} 两个观测值就可求出 H_1 和 H_2，这些足以确定未知量的观测值称为必要观测值；但为了检核观测质量，还需要测定 h_{2A}，这里 h_{2A} 就是多余观测值，这种超过必要观测数的观测值称为多余观测值（注意多余观测值不是不需要的观测值）。当然，必要观测可以是多种组合，如图 6-1(f)中，可以认为 h_{A1}、h_{12} 或 h_{12}、h_{2A} 或 h_{2A}、h_{A1} 是必要观测。

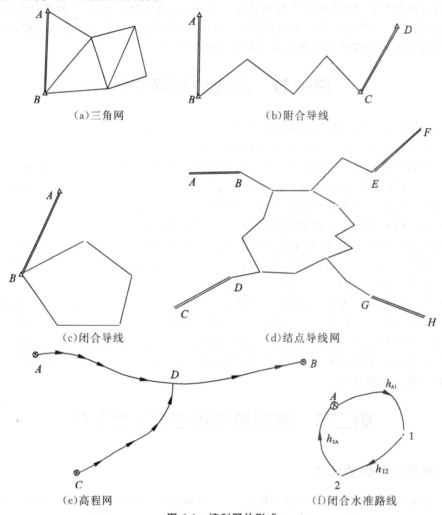

(a)三角网　　　　　　　　(b)附合导线

(c)闭合导线　　　　　　　　(d)结点导线网

(e)高程网　　　　　　　　(f)闭合水准路线

图 6-1　控制网的形式

有多余观测就存在闭合差。在第五章中已经指出，由于观测值不可避免地带有误差，即任何观测值都不是被观测量的真值。有了多余观测，各观测结果之间就会产生矛盾，如图 6-1(f)，在理论上 h_{12}、h_{2A}、h_{A1} 三高差之和为零，但由于误差的存在，这三个测段高差之和不为零,我们把观测值与理论值的差称为闭合差。为了消除多余观测产生的闭合差,这就需要按最小二乘法原理对各观测值进行改正,以求得被观测量的最或然值及评定观测结果的精度,这就是测量平差工作的目的。

一般来讲,测量平差有严密平差和近似平差两种。严密平差的过程较为复杂,它首先要列出改正数必须满足的所有条件方程式:如几何图形条件、基线条件、纵(横)坐标条件等,由于改正数在同时满足这些条件时其解不定,而我们需要的是其中能使[Pvv]=最小的一组 v 值,为了求得这组既满足条件方程式,又能使[Pvv]=最小的 v 值,可用数学中求条件极值的原理,求得一组方程——法方程,解算法方程然后求各观测值的改正数,这就是严密平差。国家控制网是严密平差计算的。

对于小地区控制网,可以不采用严密平差,计算时为了简便而去掉一些复杂的方程或将部分闭合差分别处理,使平差后各观测值之间的矛盾较为合理地解决,这就是近似平差法。本章结合专业特点,重点介绍近似平差法。

第三节　导线测量及坐标计算

导线测量是平面控制测量的一种方法。它是在地面上按一定要求选定一系列的点(导线点),将相邻点连成折线,依次测定其边长和转折角,根据起始数据及观测值求出各点的坐标值。它布设灵活,精度较均匀,在城市或隐蔽地区应用广泛。导线的布设形式一般有闭合导线、附合导线、支导线、结点导线网等形式(见图 6-1)。

一、外业工作

在进行导线测量前,首先收集测区原有控制点和地形资料,其次对实地踏勘,了解测区地形条件、范围大小和测量要求,然后依据这些因素在原有地形图上进行设计,在设计时必须考虑导线的图形、总长、观测方法、精度要求等问题,见表 6-1 所列。完成室内设计后,可进行导线选点、埋标。

(一)选点

根据设计的导线点位,到实地进行踏勘,如有不妥之处再作改动。选点时应考虑以下几点:

1. 导线点宜选在地势较高而视野开阔的地方,以便测量碎部,点位能长期保存,能安置仪器。

2. 相邻导线点要互相通视,便于测角和测边。

3. 导线点点位均匀,边长相差不宜过大,尽量避免布设支导线。

导线点选定后应埋设标志,临时性导线点可用 40cm 长的木桩打入地下,永久性的导线点可用 50cm 长的水泥桩埋入地下,统一编号并画草图,草图上标明点位周围地物及其具体位置,以便寻找。

(二)测角

用经纬仪按测回法或方向观测法观测转折角,为方便内业计算,一般要求观测导线前进方向的左角。由于导线等级不同,测角的测回数、观测方法、限差要求也不尽相同,因此水平角观测前,必须熟悉有关规程,确定作业方法。

(三)量边

导线边的边长可用经检定的钢尺往返丈量,也可用经检测的测距仪施测。其精度要求必须满足表 6-1 的规定。

表 6-1　导线的主要技术指标

种类	等级	导线全长（km）	平均边长（m）	每边测距中误差（mm）	往返丈量较差相对误差	测角中误差（"）	导线全长相对闭合差
电磁波测距	一级	3.6	300	±15		±5	1/14000
	二级	2.4	200	±15		±8	1/10000
	三级	1.5	120	±15		±12	1/16000
钢尺量距	一级	2.5	250		1/20000	±5	1/10000
	二级	1.8	180		1/15000	±8	1/7000
	三级	1.2	120		1/10000	±12	1/5000
图根		0.001M	不大于测图最大视距1.5倍		1/3000		1/2000

注：①M 为测图比例尺分母；

②图根导线方位角闭合差不宜超过 $±60''\sqrt{n}$，n 为测站数。

二、导线点坐标计算

导线点坐标是依据外业测量数据进行计算而得出的。如前所述，单一导线（包括闭合导线和附合导线）可列出三个条件方程式：坐标方位角条件、纵坐标条件、横坐标条件，在 $[Pvv]=$ 最小的原则下求解观测值的改正数，最后求算各点坐标，这就是导线的严密平差。

对于精度较低的导线一般采用近似平差，即将三个条件方程式的闭合差分别处理，求算点之坐标。具体计算步骤介绍如下：

（一）闭合导线的计算（算例见表 6-2）

1. 角度闭合差的调整　见图 6-2，闭合导线构成多边形，其内角和应为

$$\sum\beta_{理}=(n-2)\times180°　(6-1)$$

由于测角误差的存在，使实测的内（外）角之和不等于理论值，而产生一个闭合差 f_β：

$$f_\beta=\sum\beta_{测}-\sum\beta_{理}　(6-2)$$

导线的角度允许闭合差 $f_{\beta允}$ 应满足：

$$f_{\beta允}=±2m\sqrt{n}　(6-3)$$

式中：m 为测角中误差；n 为转折角的个数。

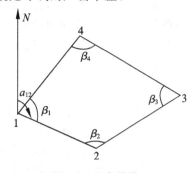

图 6-2　闭合导线

如图根导线 $f_{\beta允}=±2\times30''\times\sqrt{n}=±60''\sqrt{n}$。当 $f_\beta\leq f_{\beta允}$ 时，说明角度观测精度符合要求，否则必须重测。

将角度闭合差按平均分配的原则反号加到各观测左角上，改正后的观测角值应满足(6-1)式。

2. 导线边坐标方位角的推算　起始边方位角由两个高级点坐标反算求得：

$$\alpha_{AB}=\tan^{-1}\frac{y_B-y_A}{x_B-x_A}　(6-4)$$

如果是独立网,可用罗盘仪测定 AB 的磁方位角作为起始方位角,并假定 A 点的坐标。

导线各边方位角的推算参照图 6-3 可知

$$\alpha_{23}=\alpha_{12}+\beta_2-180°$$
$$\alpha_{34}=\alpha_{23}+\beta_3-180°$$
$$\alpha_{41}=\alpha_{34}+\beta_4-180°$$
$$\alpha_{12}=\alpha_{41}+\beta_1-180°（检核）$$

一般公式

$$\alpha_{i,i+1}=\alpha_{i-1,i}+\beta_i-180° \tag{6-5}$$

式中:β_i 为改正后的左角,计算时,若 $\alpha_{i,i+1}>360°$ 应减去 $160°$,若 $\alpha_{i,i+1}<0$ 时应加上 $360°$。

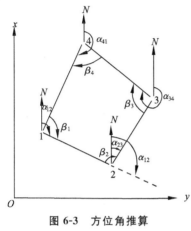

图 6-3　方位角推算

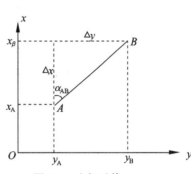

图 6-4　坐标反算

3. 坐标增量的计算　见图 6-4 所示,已知 AB 边的方位角 α_{AB},边长 D_{AB},则 AB 边的纵、横坐标增量为:

$$\left.\begin{array}{l}\Delta x_{AB}=D_{AB}\cos_{AB}\\ \Delta y_{AB}=D_{AB}\sin_{AB}\end{array}\right\} \tag{6-6}$$

4. 坐标增量闭合差的调整　见图 6-5,闭合导线坐标增量的总和,在理论上应满足下式:

$$\sum\Delta x_{理}=\Delta x_{23}+\Delta x_{34}+\Delta x_{41}+\Delta x_{12}=0$$
$$\sum\Delta y_{理}=\Delta y_{23}+\Delta y_{12}+\Delta y_{34}+\Delta y_{41}=0$$

由于导线中存在边长测量误差及角度调整后的剩余误差使上式不满足,即:

$$\sum\Delta x_{测}\neq\sum\Delta x_{理}$$
$$\sum\Delta y_{测}\neq\sum\Delta y_{理}$$

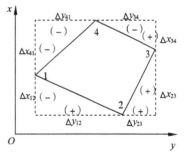

图 6-5　闭合导线坐标增量的计算

而是

$$\left.\begin{array}{l}\sum\Delta x_{测}=f_x\\ \sum\Delta y_{测}=f_y\end{array}\right\} \tag{6-7}$$

式中:f_x、f_y 称为纵、横坐标增量闭合差。导线全长闭合差 f 按下式计算:

$$f=\sqrt{f_x^2+f_y^2} \tag{6-8}$$

导线全长闭合差 f 与全长的比值称为导线全长相对闭合差 k,即:

$$k = \frac{f}{\sum D} = \frac{1}{N} \tag{6-9}$$

它是衡量导线测量的主要精度指标之一。

当 k 符合表 6-1 的要求后，坐标增量闭合差可按下式改正到相应的坐标增量上：

$$\left. \begin{array}{l} \delta_{x_i} = \dfrac{f_x}{\sum D} \times D_i \\ \delta_{y_i} = \dfrac{f_x}{\sum D} \times D_i \end{array} \right\} \tag{6-10}$$

坐标增量改正数 δ 应满足 $\sum \delta_x = -f_x$，$\sum \delta_y = -f_y$，当不满足时，若属取位误差所致则允许凑整；若属计算错误所致则必须重新计算。

5. 坐标计算 见图 6-5，已知 1 点坐标 (x_1, y_1)，则 2 点坐标为 $x_2 = x_1 + \Delta x_{12}$，$y_2 = y_1 + \Delta y_{12}$，其余各点依此类推，最后检核计算应与起始点坐标完全一致。

6. 闭合导线算例 在表 6-2 中，首先抄入已知坐标、已知方位角、各观测角值、各观测边长于相应栏目中。算得角度闭合差 $f_\beta = -52''$，小于容许误差。按反号平均分配的原则将各观测角改正 $+13''$，由此计算各边的方位角如第 4 栏。依各边的方位角及边长求出各边的纵、横坐标增量，并求得纵、横坐标量闭合差为 $+4\text{cm}$ 和 $+1\text{cm}$，导线全长相对闭合差 $k = 1/9500 < 1/2000$，符合精度要求，进行改正后求出各点坐标。

表 6-2 闭合导线计算表

点号	角值（左）		方位角	边长（m）	坐标增量		改正后坐标增量		坐标		点号
	观测值	改正后角值			Δx	Δy	Δx	Δy	x	y	
1	2	3	4	5	6	7	8	9	10	11	12
1			215°23′00″	78.16	(−1) −63.72	−45.26	−63.73	−45.26	2000.00	1000.00	1
2	(+13) 89°36′30″	89°36′43″	124°59′43″	105.22	(−1) −60.34	+86.20	−60.35	+86.20	1936.27	954.74	2
3	(+13) 107°48′30″	107°48′43″	52°48′26″	80.18	(−1) +48.47	+63.87	+48.46	+63.87	1875.92	1040.94	3
4	(+13) 73°00′20″	73°00′33″	305°48′59″	129.24	(−1) +75.63	(−1) −104.80	+75.62	−104.81	1924.38	1104.81	4
1	(+13) 89°33′48″	89°34′01″	215°23′00″						2000.00	1000.00	1
2			（检核）						（检	核）	
$\sum$	359°59′08″			329.80	44	+1	0	0			
辅助计算	$\sum \beta_{理} = (4-2) \times 180° = 360°$ $f_\beta = -52'' < f_{\beta_容} = \pm 60 \cdot \sqrt{4} = \pm 120''$ $f = \sqrt{f_x^2 + f_y^2} = \pm 4.1\text{cm}$ $k = f/\sum D = 1/9500 < 1/2000$			略图			见图 6-2				

(二)附合导线的计算(算例见表 6-3)

附合导线的坐标计算步骤与闭合导线基本线类似,由于两者形式不同,使角度闭合差与坐标增量闭合差的计算方式不一样。

1.方位角闭合差的调整 设有附合导线见图 6-1(b)。由已知方位角 α_{AB} 及观测角 β_i 可依次求出各边的坐标方位角(方法同闭合导线),最后可求出终边 CD 的方位角 α'_{CD}。

$$\alpha'_{CD} = \alpha_{AB} + \sum\beta - n \cdot 180° \qquad (6\text{-}11)$$

式中: $\sum\beta$ 为观测角之和; n 为转折角个数。

理论上 α'_{CD} 应等于已知值 α_{CD},但由于有测角误差的存在,使得计算值不等于已知值,产生的差值称为方位角闭合差,即

$$f_\beta = \alpha'_{CD} - \alpha_{CD} \qquad (6\text{-}12)$$

方位角闭合差的限差及改正数计算方法同闭合导线。

2.坐标增量的计算 同闭合导线。

3.坐标增量闭合差的调整 由已知点 A 的坐标 x_A、y_B 推算至附合点 C 的坐标 x_c、y_c,因存在边长测量误差的角度剩余误差,产生与已知点坐标值不符的差值,称为坐标增量闭合差。

即
$$\left.\begin{array}{l} f_x = x_A + \sum\Delta_x - x_C = \sum\Delta_x - (x_C - x_A) \\ f_y = y_A + \sum\Delta_y - y_C = \sum\Delta_y - (y_C - y_A) \end{array}\right\} \qquad (6\text{-}13)$$

坐标增量闭合差的分配、限差要求、最后坐标计算、导线全长相对闭合差的计算等与闭合导线相应项目计算相同。算例见表 6-3。

表 6-3 附合导线计算表

点号	角值(左)		方位角	边长 (m)	坐标增量		改正后坐标增量		坐标		点号
	观测值	改正后角值			Δx	Δy	Δx	Δy	x	y	
1	2	3	4	5	6	7	8	9	10	11	12
A			127°20′30″								A
B	(+12) 231°02′30″	231°02′42″							1509.581	2675.890	B
			178°23′12″	40.510	(+12) −40.493	(+5) +1.140	−40.481	+1.145			
1	(+12) 64°52′00″	64°52′12″							1469.100	2677.035	1
			63°15′24″	79.044	(+24) (+35.569)	(+9) +70.588	+35.593	+70.597			
2	(+12) 182°29′00″	182°29′12″							1504.693	2747.632	2
			65°44′36″	59.124	(+18) 24.289	(+6) +53.904	+24.307	+53.910			
C	(+12) 138°42′00″	138°42′12″							1529.000	2801.54	C
D			24°26′48″								D
Σ	617°05′30″			178.678	+19.365	+125.632	+19.419	+125.652			
辅助计算	$f_\beta = 617°05′30″ - 4×180° + 127°20′30″ - 24°26′48″$ $= -48″ < f_{\beta_{\text{容}}} = ±120″$ $f_x = -54\text{mm}; f_y = -20\text{mm}; f = ±58\text{mm}$ $k = \dfrac{f}{\sum D} = \dfrac{1}{3100} < 1/2000$						略图		见图 6-1(b)		

(三)结点导线的计算

为提高导线的精度,减少误差的积累,导线可布设成结点导线网(图6-6)。

(a)单结点导线网　　　　　　(b)双结点导线网　　　　　　(c)多结点导线网

图6-6　导线网的布设形式

结点导线网根据布设形式可选用等权代替法、逐渐趋近法、条件平差法、多边形法、点松弛法等方法进行计算,这里仅介绍单结点导线网较常见的计算方法——加权平均值法,其他方法或更深层次的内容请参阅有关文献。

图6-7为一单结点导线网,已知A、B、C布设三条导线相交于结点E,外业观测各转折角、各边边长;计算时任选一与结点相连的边EF为结边,计算过程如下:

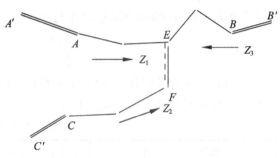

图6-7　单结点导线网

1.结边方位角的计算　见图6-7,由已知边AA'、BB'、CC'经三条路线分别推算出结边EF的方位角设为$\alpha_{EF}^{(1)}$、$\alpha_{EF}^{(2)}$、$\alpha_{EF}^{(3)}$(注意推算时的方向)。由于观测误差的存在,每条路线推算出的结边方位角一般不会相等。由第五章的内容知,转折角愈多,推算出的方位角中误差愈大,精度愈低,那么它在求结边平均方位角时所占的比重就应该愈小,依据带权平均的概念,结边方位角值可以由加权平均法获得。设三条路线的转折角个数分别为n_1、n_2、n_3,依据权的定义,我们不难推出各条根线在计算结边方位角时的权重为

$$P_i = \frac{1}{n_i} \qquad (6-14)$$

则结边EF的方位角α_{EF}为:

$$\alpha_{EF} = \frac{P_1 \cdot \alpha_{EF}^{(1)} + P_2 \cdot \alpha_{EF}^{(2)} + P_3 \cdot a_{EF}^{(3)}}{P_1 + P_2 + P_3} \qquad (6-15)$$

将α_{EF}作为已知值,分别与AA'、BB'、CC'组成三条导线的方位角条件,即将AA'、BB'、CC'与EF之间分别看成三条附合导线,求出各段路线的方位角闭合差,并按附合导线的方位角闭合差调整方法改正之,最后求出每条边坐标方位角。

2.结点坐标计算　由各观测边长、各边之方位角依据A、B、C三点之已知坐标值沿三条路线可以求出结点E之坐标值,设分别为$(x_E^{(1)}, y_E^{(1)})$、$(x_E^{(2)}, x_E^{(2)})$、$(x_E^{(3)}, x_E^{(3)})$,由于有误差的存在,三组坐标值一般不会一致,同样取其加权平均值作为E点的最或然坐标值。

设每条路线的长度为 $\sum D_i$，根据权的定义有

$$P_i = 1/\sum D_i \tag{6-16}$$

则

$$\left.\begin{array}{l} x_E = \dfrac{P_1 \cdot x_E^{(1)} + P_2 \cdot x_E^{(2)} + P_3 \cdot x_E^{(3)}}{P_1 + P_2 + P_3} \\[4mm] y_E = \dfrac{P_1 \cdot y_E^{(1)} + P_2 \cdot y_E^{(2)} + P_3 \cdot y_E^{(3)}}{P_1 + P_2 + P_3} \end{array}\right\} \tag{6-17}$$

求出 E 点的坐标后，由 E 点分别与 A、B、C 组成附合导线，按附合导线的解算方法求出其余各点之坐标。

3. 单结点导线算例

(1)结边方位角计算见表 6-4。

表 6-4　结边方位角计算表

导线	转折角数	结边方位角	P	υ	$P\upsilon\upsilon$	辅助计算
AE	4	157°22′12″	0.25	+18	81.00	$a_{EF} = 157°22′30″$
BE	5	157°22′36″	0.20	−6	7.20	
CE	6	157°22′51″	0.17	−21	74.97	$m_{a_{EF}} = \pm \sqrt{\dfrac{[P\upsilon\upsilon]}{[P](n-1)}} = \pm 11.46″$
Σ			0.62		163.17	

(2)各边方位角及坐标增量的计算(略)。

(3)结点坐标计算见表 6-5。

(4)各点坐标计算(略)。

表 6-5　结点坐标计算表

导线	起始点	结点	结点坐标		导线全长 $\sum D_i$(km)	权 $P=\dfrac{1}{\sum D_i}$	结点平均坐标		υ	
			x(m)	y(m)			x(m)	y(m)	υ_x(mm)	υ_y(mm)
AE	A		165.901	212.351	1.88	0.53			−15	−33
BE	B	E	165.870	212.436	1.58	0.63	165.916	212.384	−46	+52
CE	C		165.966	212.363	1.36	0.74			+50	−21
Σ					4.82	1.90				
精度评定	$m_{x_E} = \pm \sqrt{\dfrac{[P\upsilon_x\upsilon_x]}{[P](n-1)}} = \pm 29$ (mm) $\qquad m_{y_E} = \pm \sqrt{\dfrac{[P\upsilon_y\upsilon_y]}{[P](n-1)}} = \pm 26$ (mm)									

第四节　小三角测量及其成果处理

小三角测量是建立平面控制网的方法之一，多用于山区、丘陵等量距困难的地区，它把相互通视的控制点组成一些三角形，布设灵活、方便，一般较常见的形式有单三角锁[图 6-8(a)]、中点多边形[图 6-8(b)]、大地四边形[图 6-8(c)]等，其主要技术指标见表 6-6。

（a）单三角锁　　　（b）中点多边形　　　（c）大地四边形

图 6-8　小三角网

表 6-6　小三角测量技术要求

等级	平均边长（m）	测角中误差	三角形个数	起始边相对中误差	最弱边相对中误差	测回数		三角形最大闭合差
						J6	J2	
一	1000	±5″	6~7	1：4 万	1：2 万	6	2	±15″
二	500	±10″	6~7	1：2 万	1：1 万	2	1	±30″
图根	1.7R	±20″	≤12	1：1 万		1		±60″

注：R 为测图最大视距。

一、外业工作

（一）踏勘选点

如测区原有图件资料，可先在图上设计后再到实地选定。选点时注意：

（1）点位应选在地势较高、视野开阔、易于保存标志（一般要埋设混凝土永久标志）的地方。

（2）三角形各内角不宜小于 30°或大于 120°，以 60°为最好。

（3）三角形边长不宜太长，要顾及测图及其他工程方面的需要，点位尽量均匀。

（二）起始边测量

在小三角网中，必须至少要有一条边的长度已知（或至少两点坐标已知），若不满足，必须实测小三角网中一条边（或多条边）的长度，测边的方法有多种，例如红外测距、钢尺量距、基线扩大法等，无论何种方法，其精度要求必须满足表 6-6 之规定。

（三）水平角观测

水平角观测以能求出三角形各内角角值为目的，方法有测回法及方向观测法两种，精度要求见表6-6。

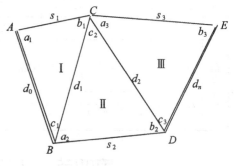

图 6-9　小三角锁

二、成果处理

小三角测量的成果处理有严密平差和近似平差两种，下面介绍的方法属近似平差。

（一）有基线条件的小三角锁的成果处理

1.绘制三角锁草图　见图6-9，在草图中对各三角形及其内角分别编号：三角形按流水顺序编号，角度编号原则是：已知边所对的角为 b_i，待求边所对的角为 a_i，间隔边所对的角为 c_i（i 为三角形编号）。起始边边长为 d_0（见图 6-9 中

AB 边),终了边边长为 d_n(图 6-9 中 DE 边)。a_i、b_i 也称传距角。在第一个三角形中,可利用正弦定律分别求出 d_1 和 s_1,其所对角分别为 a_1 和 c_1;在第二个三角形中,由于 d_1 在第一个三角形中求出,该边在第二个三角形中就为已知边,故所对角编号为 b_2,余此类推。

2.调整角度闭合差　由于测角误差的存在,测得三角形内角和不为 $180°$ 的理论值,形成三角形闭合差 f_i。

$$f_i = a'_i + b'_i + c'_i - 180° \tag{6-18}$$

式中:$a'_i + b'_i + c'_i$ 为观测值;i 为三角形编号。

将三角形闭合差按平均反号分配的原则改正三角形内角,即内角观测值之改正数为:

$$\upsilon_{a_i} = \upsilon_{b_i} = \upsilon_{c_i} = -f_i/3 \tag{6-19}$$

改正后的角值

$$\left. \begin{array}{l} a_i = a'_i + \upsilon_{a_i} = a'_i - f_i/3 \\ b_i = b'_i + \upsilon_{b_i} = b'_i - f_i/3 \\ c_i = c'_i + \upsilon_{c_i} = c'_i - f_i/3 \end{array} \right\} \tag{6-20}$$

三角形角度闭合差的限值应符合表 6-6 之规定。

3.边长闭合差的调整　用改正后的三角形各角值和起始边边长 d_0,按正弦定律可推算各传距边边长 d'_i:

$$\left. \begin{array}{l} d'_1 = d_0 \cdot \dfrac{\sin a_1}{\sin b_1} \\[2mm] d'_2 = d'_1 \cdot \dfrac{\sin a_2}{\sin b_2} = d_0 \dfrac{\sin a_1 \cdot \sin a_2}{\sin b_1 \cdot \sin b_2} \\[2mm] \cdots\cdots \\[2mm] d'_n = d_0 \cdot \dfrac{\sin a_1 \cdot \sin a_2 \cdots \sin a_n}{\sin b_1 \cdot \sin b_2 \cdots \sin b_n} \end{array} \right\} \tag{6-21}$$

理论上 d'_n 应等于已知边 d_n,但由于有角度剩余误差的存在,使 $d'_n \neq d_n$,而产生边长闭合差 f_d。

$$f_d = d'_n - d_n \tag{6-22}$$

其相对误差 $K = f_d/d_n$,符合精度要求后,对每条传距边加改正数 υd_i:

$$\upsilon d_i = -\frac{f_d}{n} \times i \tag{6-23}$$

改正后的边长为

$$d_i = d'_i + \upsilon'd \tag{6-24}$$

式中:n 为总三角形数;i 为三角形序号。

间隔边边长用改正后的角度和边长依正弦定律推出。

4.坐标计算　当已知方位角和点的坐标时,其余待求点的坐标可按闭合(或附合)导线计算出,即在锁中选取若干条包含待求点的折线组成闭合(或附合)导线。在计算过程中特别注意导线转角是左角还是右角。

5.算例　小三角锁计算顺序是先改正后三角形内角,再求各边边长并改正(算例见表 6-7),然后计算各待求点坐标(略)。

表 6-7　小三角锁边长计算表

三角形编号	观测角		改正数 ($''$)	改正后角值	观测边长 (m)	边长改正数 (mm)	改正后边长 (m)
1	2		3	4	5	6	7
I	a_1	92°27′21″	+3	92°27′24″	109.025 (已知)	0	254.626
	b_1	25°19′33″	+3	25°19′36″			109.025
	c_1	62°12′57″	+3	62°13′00″			225.482
	Σ	179°59′51″	+9	180°00′00″			
II	a_2	38°10′55″	−2	38°10′53″	254.629	−3	160.126
	b_2	79°24′04″	−2	79°24′02″			254.626
	c_2	62°25′07″	−2	62°25′05″			229.605
	Σ	180°00′06″	−6	180°00′00″			
III	a_3	77°06′26″	−4	77°06′22″	176.644	−9	176.635(已知)
	b_3	62°05′21″	−4	62°05′17″	160.132	−6	160.126
	c_3	40°48′25″	−4	40°48′21″			118.418
	Σ	180°00′12″	−12	180°00′00″			
辅助计算及草图	已知 $d_1 = 129.025$m；　$d_n = 176.635$m；　$a_{AB} = 172°42′36″$ $f_d = d'_n - d_n = 176.644 - 176.635 = +9$(mm) $k = f_d / d_n = +9/176635 = 1/19626$ 草图见图 6-9						

(二)中心多边形近似平差

图 6-10 为一中心多边形,其计算与小三角锁类似。在中心多边形中,由于其形状的特点,增加了一个圆周角条件。

1.角度闭合差的调整　同小三角锁一样,中心多边形中各三角形三内角和应为180°,各角改正数为:

$$\left.\begin{array}{l} v'_{ai} = v'_{bi} = v'_{ci} = -f_i/3 \\ f_i = a_i + b_i + c_i - 180° \end{array}\right\} \qquad (6\text{-}25)$$

2.圆周角闭合差的调整　在中心点 O 上,各角之和应为

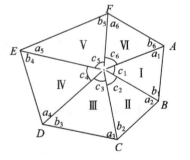

图 6-10　中心多边形

360°(采用方向观测法),在未进行改正前条件满足;但因这些角(按编号规定全为C)分布于不同三角形中,经第一次 $v'_{ci} = -f_i/3$ 改正后条件不满足而产生闭合差,为此必须改正。圆周角闭合差 f_c 用下式计算:

$$f_c = \sum v'_{c_i} = \sum(-f_i/3) \qquad (6\text{-}26)$$

若 c 角的第二次改正同样反号平均分配,即:

$$v''_{c_i} = -f_c/n \qquad (6\text{-}27)$$

n 为三角形个数,这样改正后显然又破坏了三角形的几何条件,三内角和不为180°;为保证满足这一条件,a、b 角也必须进行第二次改正:

$$v''_{b_i} = v''_{a_i} = -v''_{c_i}/2 = f_c/2n \tag{6-28}$$

则各角的总改正数为：

$$\left.\begin{array}{l} v_{a_i} = v'_{a_i} + v''_{a_i} = -\dfrac{f_i}{3} + \dfrac{f_c}{2n} \\[2mm] v_{b_i} = v'_{b_i} + v''_{b_i} = -\dfrac{f_i}{3} + \dfrac{f_c}{2n} \\[2mm] v_{c_i} = v'_{c_i} + v''_{c_i} = -\dfrac{f_i}{3} + \dfrac{f_c}{n} \end{array}\right\} \tag{6-29}$$

改正后的角度值为：

$$\left.\begin{array}{l} a'_i = a_i + v_{a_i} \\[1mm] b'_i = b_i + v_{b_i} \\[1mm] c'_i = c_i + v_{c_i} \end{array}\right\} \tag{6-30}$$

经上述改正后各角必须同时满足：

$$\left.\begin{array}{l} a'_i + b'_i + c'_i - 180° = 0 \\[1mm] \sum c'_i - 360° = 0 \end{array}\right\} \tag{6-31}$$

若不满足,说明计算有误,应检查计算过程。

3. 边长闭合差的调整　在中心多边形中,依正弦定律仿小三角锁边长推导应有：

$$\frac{\sin a'_1 \cdot \sin a'_2 \cdots \sin a'_n}{\sin b'_1 \cdot \sin b'_2 \cdots \sin b'_n} = 1 \tag{6-32}$$

由于有角度的残差存在上式不会满足,此时各传距角必须加上改正数 v_a、v_b 使其满足上式,v_a、v_b 按下式计算(证明过程略)：

$$\left.\begin{array}{l} v_a = \dfrac{-\rho \cdot k}{\sum \cot a'_i + \sum \cot b'_i} = -v_b \\[3mm] k = \dfrac{\sin a'_1 \cdot \sin a'_2 \cdots \cdot \sin a'_n}{\sin b'_1 \cdot \sin b'_2 \cdots \cdot \sin b'_n} - 1 \end{array}\right\} \tag{6-33}$$

4. 坐标计算　同小三角锁。

5. 算例(见表 6-8)

表 6-8　中心多边形边长计算表

三角形编号	观 测 角 值 (°　′　″)			第一次改正数(″)	第二次改正数(″)	改正后角值 (°　′　″)			第三次改正数(″)	最后角值 (°　′　″)			边长 (m)
1	2			3	4	5			6	7			8
Ⅰ	a_1	84 13	02	+4	−1.5	84	13	04.5	+2.3	84	13	07	1361.139
	b_1	46 51	40	+4	−1.3	46	51	42.5	−2.3	46	51	40	998.290
	c_1	48 55	06	+4	+3	48	55	13	0	48	55	13	1031.267
	$\sum$	179 59	48	+12	0	180	00	00	0	180	00	00	
Ⅱ	a_2	47 42	00	−4	−1	47	41	55	+2.3	47	41	57	
	b_2	81 43	54	−4	−1	81	43	49	−2.3	81	43	47	1361.139
	c_2	50 34	18	−4	+2	50	34	16	0	50	34	16	1062.409
	$\sum$	180 00	12	−12	0	180	00	00	0	180	00	00	

三角形编号	观测角值 (° ′ ″)			第一次改正数(″)	第二次改正数(″)	改正后角值 (° ′ ″)			第三次改正数(″)	最后角值 (° ′ ″)			边长 (m)
1	2			3	4	5			6	7			8
III	a_3	46 25	06	+2	−1	46 25	07		+2.3	46 25	09		
	b_3	70 17	06	+2	−1	70 17	07		−2.3	70 17	05		1016.307
	c_3	63 17	42	+2	+2	63 17	46		0	63 17	46		965.391
	Σ	179 59	54	+6	0	180 00	00		0	180 00	00		
IV	a_4	68 53	54	−6	−1	68 53	47		+2.3	58 53	49		
	b_4	51 16	06	−6	−1	51 15	59		−2.3	51 15	57		782.828
	c_4	59 50	18	−6	+2	59 50	14		0	59 50	14		867.672
	Σ	180 00	18	−18	0	180 00	00		0	180 00	00		
V	a_5	57 06	48	−10	−1	57 06	37		+2.3	57 06	39		
	b_5	43 30	42	−10	−1	43 30	31		−2.3	43 30	29		936.248
	c_5	79 23	00	−10	+2	79 22	52		0	79 22	52		1336.634
	Σ	180 00	30	−30	0	180 00	00		0	180 00	00		
VI	a_6	54 05	48	+1	−1	54 05	48		+2.3	54 05	50		998.290
	b_6	67 54	33	+1	−1	67 54	33		−2.3	67 54	31		1141.958
	c_6	57 59	36	+1	+2	57 59	39		0	57 59	39		1045.100
	Σ	179 59	57	+3	0	180 00	00		0	180 00	00		

第五节　交会定点测量及点位计算

交会定点是加密控制点的一种方法，适用于少量控制点的加密。它包括前方交会、后方交会、侧方交会、测边交会等。

一、前方交会

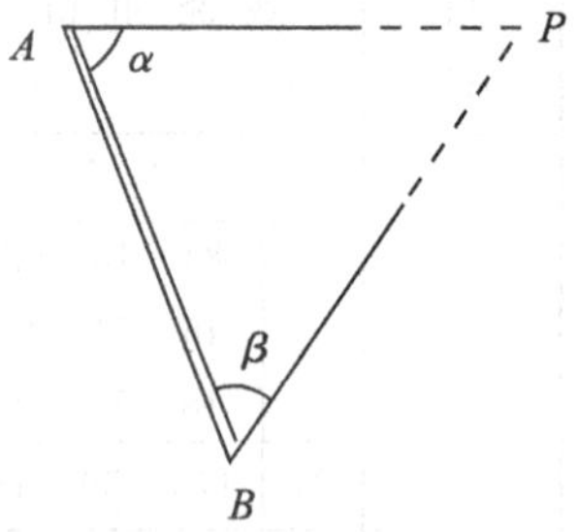

在图 6-11 中，已知 A、B 两点间的坐标，在 A、B 点上分别设站，观测角度 α、β，则待定点坐标可按下式求出：

$$\left.\begin{aligned} x_P &= \frac{x_A \cdot \cot\beta + x_B \cdot \cot\alpha + (y_B - y_A)}{\cot\alpha + \cot\beta} \\ y_P &= \frac{y_A \cdot \cot\beta + y_B \cdot \cot\alpha + (x_A - x_B)}{\cot\alpha + \cot\beta} \end{aligned}\right\} \tag{6-34}$$

图 6-11　前方交会

这就是余切公式（证明从略）。

在前方交会作业时，一般要求交会角应大于 $30°$、小于 $150°$。因为该方法没有多余观测，为保证观测成果的正确可靠，一般可采用双前方交会（见表 6-9 中附图），并分别计算，求得 P

点两组坐标值,若其差值满足 $\Delta s=\sqrt{f_x^2+f_y^2}\leqslant 0.2M$($M$ 为测图比例尺分母,f_x、f_y 为 P 点两组纵、横坐标值之差)时,则取两组坐标值的中数作为 P 点的最后坐标值。算例见表 6-9。

表 6-9　前方交会计算表

点号	点名	角号	观测角 (° ′ ″)	x_A x_B x_A-x_B x_P	$\mathrm{ctg}\beta$ $\mathrm{ctg}\alpha$ $\mathrm{ctg}\beta+\mathrm{ctg}\alpha$	y_A y_B $-(y_A-y_B)$ y_P	草图
A	李庄	α	59 20 59	5522.01	0.722167	527.29	
B	谢家	β	54 09 52	5189.35	0.592584	116.80	
P	马庄	γ		+322.66	1.314751	−410.39	
				5659.93		595.34	
B	谢家	α	61 54 29	5189.35	0.680918	116.90	
C	王店	β	55 44 54	4671.79	0.533770	236.06	
P	马店	γ		+517.56	1.214688	119.16	
				5060.02		595.35	
最后坐标	$x_P=5059.98$　$y_P=595.34$						

二、侧方交会

见图 6-12,利用经纬仪观测 α、γ、ε 角,P 点坐标同样可求。在计算时先算出 $\beta=180°-(\alpha+\gamma)$,再用余切公式(6-34)计算 P 点坐标 x_P、γ_P,最后利用 C、P 点坐标计算方位角 α_{PC},而利用 α_{AB}、α、γ、ε 又可推出方位角 α'_{PC},若 $\alpha_{PC}\leqslant 2\times m$($m$ 为测角中误差),则成果可靠。

侧方交会还可利用正弦公式计算,已知 x_A、γ_B、s_{AB}、α_{AB}、α、γ,则

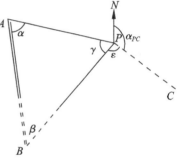

$$\left.\begin{aligned}x_P&=x_A+\frac{\sin\beta}{\sin\gamma}\cdot S_{AB}\times\cos\alpha_{AP}\\\gamma_P&=\gamma_A+\frac{\sin\beta}{\sin\gamma}\cdot S_{AB}\times\sin\alpha_{AP}\end{aligned}\right\}\qquad(6\text{-}35)$$

图 6-12　侧方交会

式中:$\beta=180°-(\alpha+\gamma)$;$\alpha_{AP}=\alpha_{AB}-\alpha$。

计算出 P 点坐标后同样要进行检核。算例见表 6-10。

表 6-10　侧方交会计算表

x_A	37477.54	x_B	37327.00	x_C	37163.69	略图
γ_A	16307.24	γ_β	16078.90	γ_C	16046.65	
α	40°41′57″	γ	63°59′01″	ε	49°57′00″	
$\beta=180°-(a+\gamma)$	75°19′02″	α_{AB}	236°38′20″	α_{AP}	195°56′23″	见图 6-12
x_P			37194.57			
γ_P			16266.42			
α_{PC}	262°00′06″	α'_{PC}	262°00′22″	差值	+16″<2×30″	

三、测边交会

随着测边手段的改进、完善,测边交会法应用日趋广泛。见图 6-13,利用测距仪观测三角形中 D_1、D_2、D_3 边长,P 点坐标可求。

(一)测边交会的计算

1. 依 A、B 点坐标反算出 α_{AB} 及 D_{AB}。

2. 利用余弦定理求三角形各内角,再依前方交法公式(6-34)求出 P 点坐标。

(二)检核计算

因测边交会没有多余观测,因此一般加测第三边(见图 6-13 中 D_3 边),以资检核。

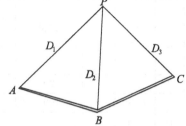

图 6-13　测边交会

四、后方交会

后方交会是在未知点上设站观测需要的角度来求算待求点坐标的一种加密方法,它布设灵活(图 6-14),设站少,应用广泛。

后方交会布设形式灵活,但选点时应避免 A、B、C、P 四点共圆,即 $\alpha+\beta+\angle ABC$ 不能接近 $180°$,以提高 P 点之点位精度(若 $\alpha+\beta+\angle ABC=180°$,则 P 点坐标值不定)。另外在外业观测中一般要求观测四个方向,以资校核。

后方交会的计算方法较多,这里介绍一种适用性较广的计算公式(证明省略):

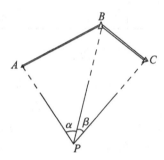

图 6-14　后方交会

已知 x_A、y_A、x_B、y_B、x_C、y_C,外业观测 α、β 角,则 P 点坐标为:

$$\left.\begin{array}{l} x_P = x_B + \Delta x_{BP} \\ y_P = y_B + \Delta y_{BP} \end{array}\right\} \tag{6-36}$$

$$\Delta x_{BP} = \frac{\Delta y_{BA} \cdot \cot\alpha + \Delta x_{BA} - k(\Delta x_{BA} \cdot \cot\alpha - \Delta y_{BA})}{1 + k^2}$$

式中:$\Delta y_{BP} = \Delta x_{BP} \cdot k$。其中:

$$k = \frac{\Delta y_{BA} \cdot \cot\alpha + \Delta x_{BA} + \Delta y_{BC} \cdot \cot\beta - \Delta x_{BC}}{\Delta x_{BA} \cdot \cot\alpha - \Delta y_{BA} + \Delta x_{BC} \cdot \cot\beta + \Delta y_{BC}}$$

利用上述公式计算时,各符号、点号应与图 6-14 顺序一致。算例见表 6-11。

表 6-11　后方交会计算表

x_A	34347.24	y_A	11538.41	α	113°10′16″	
x_B	32129.26	y_B	8154.32	β	92°05′09″	图略
x_C	35735.18	y_C	2161.25			
x_P	34498.48	y_P	9369.87			

第六节　高程控制测量

一、三、四等水准测量

工程上利用 DS3 水准仪和双面水准尺施测三、四等水准路线以建立高程的控制网。作业前应按《国家水准测量规范》对仪器和标尺进行检验。三、四等水准测量的技术要求和限差要求见表 6-12。

表 6-12　三、四等水准测量技术和限差要求

等级	前后视距不等差		红黑面读数差(mm)	红黑面高差之差(mm)	视线长度(m)	视线离地面高度	平地闭合差(mm)	山地闭合差(mm)
	每站(m)	累积(m)						
三	≤2	≤5	≤2	≤3	≤75	三丝能读数	$\pm12\sqrt{L}$	$\pm4\sqrt{n}$
四	≤3	≤10	≤3	≤5	≤80	三丝能读数	$\pm20\sqrt{L}$	$\pm6\sqrt{n}$

注:L 为路线长度,以 km 为单位;n 为路线测站数。

(一)三、四等水准测量的观测

下面仅介绍双面尺法,每一站的观测顺序为(表 6-13):

照准后视标尺黑面,读取下丝(1)、上丝(2)、中丝(3)三个读数(括号中的数表示观测和记录顺序);

照准前视标尺黑面,读取下丝(4)、上丝(5)、中丝(6);

照准前视标尺红面,读取中丝(7);

照准后视标尺红面,读取中丝(8);

这样的观测顺序为"后——前——前——后"或"黑——黑——红——红",这种顺序可以削弱仪器和标尺下沉对观测成果的影响。

(二)计算与校核

1.视距计算

后视距离(9)=(1)-(2),1027-0678=34.9(m)

前视距离(10)=(4)-(5),1560-1196=36.4(m)

前后视距差(11)=(9)-(10),34.9-36.4=-1.5(m)

前后视距累积差(12)=前一站(12)+本站(11),-1.5+2.3=+0.8(m)

2.红、黑面高差的计算

黑面(15)=(3)-(6),0852-1377=-0525

红面(16)=(8)-(7),5538-6163=-0625

由于两标尺红面常数分别为 4687 和 4787,(15)和(16)两数值之差应为 100mm(在没有误差的情况下),若第偶数(奇数)测站相差+100mm,第奇(偶)数测站一定相差-100mm;为抵消标尺零点差对观测结果的影响,规范规定四等及以上等级水准测量时,每测段测站总数必须为偶数。

3.平均高差的计算

$$(18)=\frac{1}{2}[(15)+(16)\pm100];\qquad \frac{1}{2}(-0525-0625+100)=-0525$$

4.校核

后视距离总和减前视距离总和应等于末站视距累积差,即 $\sum(9)-\sum(10)=$ 末站(12),

如 156.9—153.8＝3.1(m)。

同一标尺红黑面中丝之差应小于 3mm；即 $K+$黑$-$红≤3，即

(13)＝(6)＋K－(7)，1377＋4787－6163＝＋1

(14)＝(3)＋K－(8)，0852＋4687－5538＝＋1

(17)作为测站校核数据：

表 6-13　四等水准测量成果记录

测自 BM_A 至 BM_C 　　　　　　　　　　　　　　2013 年 6 月 15 日

时刻　始 7 时 32 分　　　　　　　　　　　　　　天气　晴

　　　末 10 时 08 分　　　　　　　　　　　　　　呈象　清晰

测站编号	后尺 下丝 上丝 后距 视距差 d	前尺 下丝 上丝 前距 Σd	方及尺向号	标尺读数 黑面	标尺读数 红面	K+黑减红	高差中数	备考
	(1)	(4)	后	(3)	(8)	(14)		
	(2)	(5)	前	(6)	(7)	(13)		
	(9)	(10)	后－前	(15)	(16)	(17)	(18)	
	(11)	(12)						
1	1027	1560	后	0852	5538	＋1		BM_A
	0678	1196	前	1377	6163	＋1		
	34.9	36.4	后－前	－0525	－0625	0	－0525	
	－1.5	－1.5						
2	0434	1392	后	0291	5079	－1		
	0149	1130	前	1260	5948	－1		
	28.5	26.2	后－前	－0969	－0869	0	－0969	
	＋2.3	＋0.8						
3	1257	1873	后	1108	5794	＋1		
	0958	1581	前	1728	6514	＋1		
	29.9	29.2	后－前	－0620	－0720	0	－0620	
	＋0.7	＋1.5						
4	0998	1873	后	0860	5649	－2		
	0722	1600	前	1735	6422	0		
	27.6	27.3	后－前	－0875	－0773	－2	－0874	
	＋0.3	＋1.8						
5	0914	0564	后	0735	5423	－1		
	0554	0217	前	0391	5178	0		
	36.0	34.7	后－前	＋0344	＋0245	－1	＋0344	
	＋1.3	＋3.1						
Σ	4630	7266	后	3846	27483	－2		BM_C
	3061	5724	前	6491	30225	＋1		
	156.9	153.8	后－前	－2645	－2742	－3	－2644	
	＋3.1							

(17)＝(14)－(13)

$$(17)=(15)\sim(16)\pm100$$

测站检核完成后,在每一条测段上应把各测站相同栏目数据汇总求和,填在手簿中相应位置(如表 6-13 中∑栏),对测段进行检核。

(三)成果整理

三、四等水准测量成果整理步骤和方法同普通水准测量(详见第二章)。

二、三角高程测量

在地形起伏较大的地区,或因特殊情况不便施测水准时,可用三角高程测量的方法测定两点间的高差,从而求出点的高程。

(一)三角高程测量原理

三角高程测量是依据地面两点间的水平距离和竖直角来计算两点间的高差。见图 6-15,已知 A、B 两点间的水平距离为 D,仪器安置于 A 点,测得 B 点目标顶竖直角为 α,则高差 h_{AB} 为:

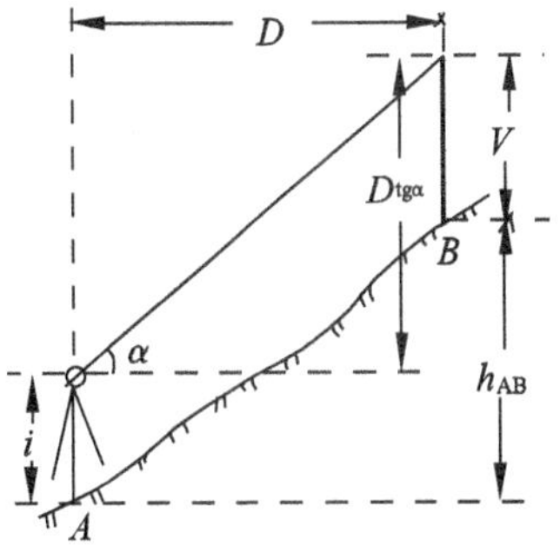

$$h_{AB}=D \cdot \tan\alpha+i-\upsilon \qquad (6-37)$$

图 6-15　三角高程测量

式中:i 为仪器高;υ 为觇标高。

根据 A 点高程 H_A 可求出 B 点高程 H_B:

$$H_B=H_A+h_{AB} \qquad (6-38)$$

由于地球表面曲率变化及大气密度的不均匀,在三角高程测量时必须考虑地球曲率差(简称球差)和大气折射差(简称气差)对其结果的影响。见图 6-16,设 O 为地球球心,R 为其半径;A、B 为地面两点,其水平距离为 D。安置仪器于 A 点,观测 B 点目标,由于地球曲率影响,水平视线 JF 不能与水准面 JE 重合而产生球差 c。另外,当竖直角为 α 时,望远镜视准轴在 JM' 方向,而视线通过不同密度的大气层产生折射后,实际上看到目标 M 点,即产生气差 r。c 与 r 值可用下式计算:

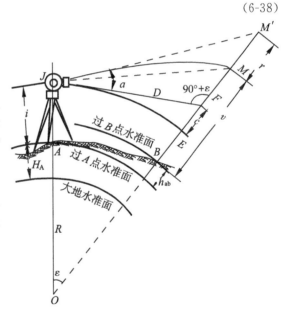

$$c=\frac{D^2}{2R}; \qquad r=\frac{D^2}{14R}$$

两差改正:

$$f=c-r\approx0.42\frac{D^2}{R} \qquad (6-39)$$

图 6-16　两差改正

由于 $D\ll R$,可以认为 $\angle JFM\approx90°$,再顾及两差改正,高差公式:

$$h_{AB}=i+c+D \cdot \tan\alpha-r-\upsilon$$

故

$$h_{AB}=D \cdot \tan\alpha+i-\upsilon+f \qquad (6-40)$$

(二)观测和计算

在进行图根三角高程测量时,竖角 α 用 J6 经纬仪测一测回,仪器高 i 和觇标高量至厘米,为检核观测成果,抵消两差影响,按规定进行双向观测(也称对向观测或往返观测)每条边,其高差差值不应超过 $\Delta h_允 = \pm 0.04D(m)$($D$ 以百米为单位)。合格后,取其绝对值的中数作为最后高差值,符号一般取往测符号,算例见表 6-14。

当三角高程线路形成闭合或附合路线时,路线高差闭合差 $f_{h允} = \pm 0.1\sqrt{n}$ m(n 为边数),配赋方法参照第二章水准路线闭合差配赋改正之。

表 6-14   三角高程计算表

起算点	A	
待求点	B	
觇法	往	返
水平距离 D	380.67	
竖直角 α	$+3°42'20''$	$-3°24'30''$
$D\tan\alpha$	$+24.65$	-22.67
仪器高 i	1.56	1.60
觇标高 υ	2.10	3.00
两差改正 f	$+0.006$	$+0.006$
高差 h	$+24.13$	-24.06
平均高差	$+24.09$	

 复习思考题

1. 平面控制测量有哪些方法?各种方法的优缺点和适用情况如何?

2. 简述经纬仪导线测量的外业工作。

3. 高程控制测量有哪些办法?哪一种精度最高?

4. 三角高程测量为什么要采取对向观测?

5. 普通(等外)水准测量与四等水准测量有什么区别?

6. 小三角测量的外业工作与导线测量的外业工作有什么不同的地方?

7. 根据图 6-17 中的已知数据,计算闭合导线各点的坐标。

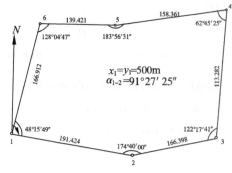

图 6-17   闭合导线

8. 根据图 6-18,计算二条基线的小三角锁各点的坐标。已知 $x_A = 500.00$m, $y_A = 500.000$m, $a_1 = 53°21'43''$, $a_2 = 60°33'20''$, $a_3 = 43°29'43''$; $b_1 = 64°59'26''$, $b_2 = 41°33'10''$, $b_3 = 62°20'08''$; $c_1 = 61°38'48''$, $c_2 = 77°53'31''$, $c_3 = 74°10'07''$, $d_0 = 216.637$, $d_n = 195.705$m, $a_{AB} = 162°44'16''$。

9. 根据图 6-19 中的已知数据,用加权平均值法计算单结点导线的结边方位角和结点坐标(结边概略方位角和结点推算坐标见图)。

10. 根据图 6-20,计算前方交会点的坐标,已知 $x_A = y_A = 500.00$m, $x_B = 484.70$m, $y_B = 866.73$m, $x_C = 914.82$m, $y_C = 929.92$m, $\alpha = 72°23'24''$, $\gamma = 36°50'36''$, $\theta = 77°50'09''$。

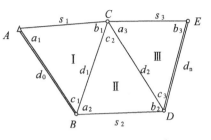

图 6-18　小三角锁

11. 根据图 6-21,计算后方交会点 P 的坐标,并校核计算。已知 $x_A = y_A = 500.00$m, $x_B = 556.546$m, $y_B = 505.680$m, $x_C = 584.863$m, $y_C = 547.888$m, $x_D = 552.090$m, $y_D = 599.593$m, $\alpha = 56°21'20''$, $\beta = 43°32'00''$, $\gamma = 61°12'15''$。

12. 根据图 6-22,计算中点多边形各点的坐标。已知 $x_A = y_A = 500.00$m, $a_{AB} = 359°00'00''$, $b_1 = 51°50'18''$, $c_1 = 78°59'00''$, $a_1 = 49°10'48''$, $b_2 = 49°28'12''$, $c_2 = 67°18'18''$, $a_2 = 63°13'30''$, $b_3 = 74°50'24''$, $c_3 = 49°03'36''$, $a_3 = 56°06'12''$, $b_4 = 54°06'30''$, $c_4 = 72°58'23''$, $a_4 = 52°54'59''$, $b_5 = 42°56'54''$, $c_5 = 91°40'42''$, $a_5 = 45°22'12''$, $s_{AB} = 300.00$m。

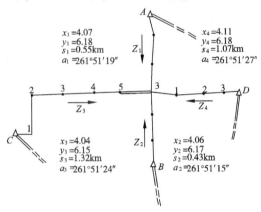

图 6-19　单结点导线

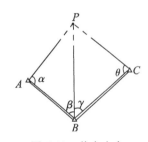

图 6-20　前方交会

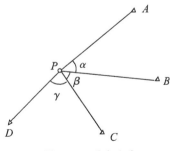

图 6-21　后方交会

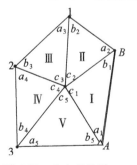

图 6-22　中点多边形

根据表 6-15 的已知数据，计算待定点 B 的高程。

表 6-15

待求点	B	
起算点	A	
方向	正向	反向
水平距离 D	290.68	
竖直角 α	$+11°38'30''$	$-11°24'00''$
$D \cdot \tan\alpha$		
仪器高 i，觇标高 U	1.44，2.50	1.50，1.80
改正数 f		
高差 h		
平均高差		
起算点高程	25.83	
待求点高程		

第7章 GPS 技术及应用

**重点提示**

首先简要介绍了导航定位系统的发展现状,然后重点讲述了全球定位系统(GPS)的组成、原理、绝对定位和相对定位方法,GPS 的定位方式和定位模式,GPS 网的布设形式等内容,最后详细讲述了南方 N9600 型静态单频 GPS 接收机和华星 A6 RTK 测量系统的应用。

为了满足军事及民用部门对连续实时三维导航的需求,1973 年美国国防部开始研究建立新一代卫星导航系统——导航卫星定时测距全球定位系统(Navigation Timing and Ranging Global Positioning System),简称全球定位系统(GPS),它是一种可以定时和测距的空间交会点的导航系统;还可用于情报搜集、核爆监测、应急通信和卫星定位等一些军事目的。GPS 发展计划包括三个阶段实施:第一、1974 年－1978 年,原理可行性验证阶段;第二、1979 年－1987 年,系统的研制与试验阶段;第三、1988 年－1993 年,工程发展与完成阶段。整个计划耗资 200 亿美元以上。GPS 卫星星座如图 7-1 所示。

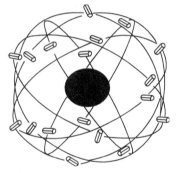

图 7-1 GPS 卫星星座   图 7-2 GLONASS 工作卫星星座

GPS 系统的广泛应用,引起了各国科学家的关注和研究。苏联、西欧以及我国的科学家,在积极开发利用 GPS 信号资源的同时,还致力于研究各自的卫星导航定位系统。

苏联自 1982 年 10 月开始,陆续发射第二代导航卫星,目标是建成自己的第二代卫星导航定位系统——GLONASS(格洛纳斯)全球卫星导航系统。计划在 1995 年前建成 GLONASS 工作卫星星座,与 GPS 工作卫星星座一样,该系统包括 21 颗工作卫星和 3 颗备用卫星,均匀分布在 3 个轨道平面内,如图 7-2 所示。卫星高度 19100km,轨道平面倾角 64.8°,卫星运行周期 11 小时 15 分(恒星时),卫星信号频率 1.6×10^3 MHz 和 1.2×10^3 MHz。GLONASS 系统是在吸取 GPS 系统成功经验的基础上发展起来的,因此和 GPS 系统极其类似。1982 年－1987 年,苏联共发射了 27 颗 GLONASS 试验卫星。

欧盟自 2002 年起筹建一种民用卫星导航系统,称为 Galileo(伽里略)卫星导航系统。包括 30 颗 Galileo 卫星,其中 27 颗工作卫星,3 颗在轨备用卫星,均匀分布在 3 条轨道上,卫星轨道高度 23616km,轨道倾角 56°,如图 7-3 所示。该系统于 2008 年建成,总投资约 32 亿~ 36 亿欧元,其中 11 亿欧元为起动经费,21 亿~25 亿欧元为系统开发经费。Galileo 系统卫星数量多,轨道位置高、轨道面少。Galileo 卫星信号包括公开、安全、商业、政府 4 种服务模式,其定位精度优于 GPS 信号。

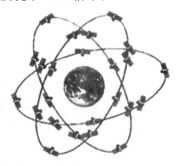

图 7-3　Galileo 工作卫星星座

图 7-4　北斗卫星星座

北斗卫星导航系统〔 BeiDou(COMPASS)Navigation Satellite System 〕是中国正在实施的自主研发、独立运行的全球卫星导航系统,缩写为 BDS,与美国的 GPS、俄罗斯的 GLO-NASS、欧盟的 Galileo 系统兼容共用的全球卫星导航系统,并称全球四大卫星导航系统。北斗卫星星座如图 7-4 所示。

我国结合国情,科学、合理地提出并制定自主研制实施"北斗"卫星导航系统建设的"三步走"规划:

第一步是 2000 年建成北斗卫星导航试验系统,即用少量卫星利用地球同步静止轨道来完成试验任务,为"北斗"卫星导航系统建设积累技术经验、培养人才,研制一些地面应用基础设施设备等;

第二步是建设北斗卫星导航系统,到 2012 年,计划发射 10 多颗卫星,建成覆盖亚太区域的"北斗"卫星导航定位系统(即"北斗二号"区域系统);

第三步是到 2020 年,建成由 5 颗地球静止轨道和 30 颗地球非静止轨道卫星组网而成的全球卫星导航系统。

"北斗"卫星导航试验系统(也称"双星定位导航系统")为我国"九五"列项,工程代号取名为"北斗一号",其方案于 1983 年提出。2000 年 10 月 31 日我国第一颗自行研制的导航定位卫星(北斗导航试验卫星)在西昌发射成功,同年 12 月 21 日第二颗北斗导航试验卫星正确进入轨道,这标志我国已拥有自主研制的卫星导航定位系统,称为北斗导航定位系统。早在 1983 年,我国科学家就提出了创建北斗导航定位系统的设想,该系统由两颗位于我国上空的地球同步卫星(GEO),以及地面控制中心与用户终端三部分组成。目前,北斗导航定位系统具有快速实时定位(精度与 GPS 相当)、简短通信(可一次传送 120 个汉字的短文),精密授时(可提供 20ns 的时间同步精度)等功能,覆盖区域为中国及其周边国家和地区,无通信盲区,提供 24 小时全天候服务。

GPS 测量相对于经典大地测量有如下特点:

(1)测站之间勿要通视。GPS 测量时不要求站间相互通视,这样使点位的选择变得更为灵活。但需注意测站上空应开阔,以使接收 GPS 卫星的信号不受干扰。

（2）观测时间短,定位精度高。目前 GPS 相对定位精度对于小于 50km 的基线可达 1～2ppm(1ppm＝10^{-6}mm),100～500km 的基线可达 1～0.1ppm,而观测时间仅需约 1 小时。

（3）提供三维坐标。GPS 测量在精确测定测站平面位置的同时,可以精确测定测站高程。这为研究大地水准面的形状和确定地面点高程开辟了新途径。

（4）操作简便。GPS 测量操作自动化程度高,作业员只须安置仪器、开机关机、输入有关参数、量取仪器高、监视仪器工作状态,其他工作全部由仪器自动完成。

（5）全天候作业。GPS 测量工作可在地面上任何地方、任何时间连续作业,一般不受天气状况的影响。

GPS 的发展是对传统测量技术的一次巨大冲击,一方面使传统的测量方法面临变革;另一方面将进一步加强测量学科与其他学科之间相互渗透,从而促进测绘科学技术的现代化发展。

第一节　GPS 系统的组成

GPS 系统主要由三部分组成(见图 7-5):即空间星座部分、地面监控部分和用户设备部分。

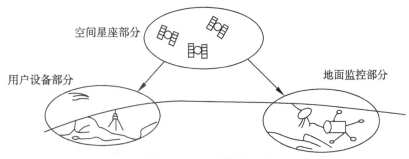

图 7-5　GPS 系统的组成

一、空间星座部分

1. GPS 卫星星座的构成　GPS 系统的空间卫星星座,由 24 颗卫星(3 颗备用卫星)组成,如图 7-1 所示。卫星分布在 6 个轨道面内,每条轨道上分布有 4 颗卫星。卫星轨道面相对地球赤道面的倾角约为 55°,各轨道平面升交点的赤经相差 60°。在相邻轨道上,卫星的升交距相差 30°。轨道平均高度约为 20200km,卫星运行周期为 11h 58min。因此,同一测站上,每天出现的卫星分布图形相同,只是每天提前 4min。每颗卫星每天约有 5h 在地平线以上,位于地平线上的卫星数目,随时间和地点而异,最少为 4,最多可达 11 颗。在地球上任何地点、任何时刻至少可同时观测 4 颗卫星,加之卫星信号的传播和接收不受天气的影响,因此 GPS 是一种全球性、全天候的连续实时定位系统。

2. GPS 卫星及其功能　GPS 卫星的主体呈圆柱形,直径约为 1.5m,重约 774kg,两侧设有两块双叶太阳能板,能自动对日定向,以保证卫星正常工作用电。

每颗卫星装有 4 台高精度原子钟(2 台铷钟和 2 台铯钟),这是卫星的核心设备。它发射标准频率信号,为 GPS 定位提供高精度的时间标准。

GPS 卫星的基本功能是:接收和储存由地面监控站发来的导航信息,并执行监控站的控制指令;卫星上装有微处理机,能进行部分必要的数据处理工作;通过星载的高精度铯钟和铷钟能提供精密的时间标准;向用户发送定位信息;在地面监控站的指令下,通过推进器调整卫星的姿态和启用备用卫星。

一般来说,在卫星大地测量学和大地重力学中,或者把人造地球卫星作为一个高空观测目标,通过测定用户接收机与卫星之间的距离或距离差来完成定位任务;或者把卫星作为一个传感器,通过观测卫星运行轨道的摄动,来研究地球重力场的影响和模型。不过,对于后一种应用,通常要求卫星轨道较低,而 GPS 卫星的轨道高度平均达 20200km,对地球重力异常的反应灵敏度较低。所以它主要是作为具有精确位置信息的高空目标,被广泛地用于导航和测量。

二、地面监控部分

GPS 的地面监控部分是由 5 个监测站、1 个主控站和 3 个注入站及通信、辅助系统组成。如图 7-6 所示。

图 7-6　GPS 地面监控站的分布

1. 监测站　监测站是在主控站直接控制下的数据自动采集中心。站内设有双频 GPS 接收机、高精度原子钟、计算机各一台和若干台环境数据传感器。接收机对 GPS 卫星进行连续观测,以采集数据和监测卫星工作状况。原子钟提供时间标准,而环境传感器收集有关当地的气象数据。所有观测资料由计算机进行初步处理,并储存和传送到主控站,用以确定卫星的轨道信息。

2. 主控站　主控站 1 个,设在美国本土科罗拉多·斯平士(Colorado Springs)的联合空间执行中心(CSOC)。主控站除协调和管理地面监控系统工作外,其主要任务是:根据本站和其他监测站的所有观测资料,推算编制各卫星的星历、卫星钟差和大气层的修正参数等,并把这些数据传送到注入站;提供全球定位系统的时间基准。各测站和 GPS 卫星的原子钟,均应与主控站的原子钟同步,或测出其间的钟差,并把这些钟差信息编入导航电文,送到注入站;调整偏离轨道的卫星,使之沿预定的轨道运行;启用备用卫星,以代替失效的工作卫星。

3.注入站　注入站现有 3 个,分别设在印度洋的迪戈加西亚(Diego Garcia)、南大西洋的阿森松岛(Ascencion)和南太平洋的卡瓦加竺(Kwajalein)。注入站的主要设备为一台直径为 3.6m 的天线、一台 C 波段发射机和一台计算机。其主要任务是在主控站的控制下将主控站推算和编制的卫星星历、钟差、导航电文和其他控制指令等注入到相应卫星的存储系统,并检测注入星系的正确性。

整个 GPS 的地面监控部分,除主控站外均无人值守。各站间用通信网络联系起来,在原子钟和计算机的驱动和精确控制下,各项工作实现了高度的自动化和标准化。

三、用户设备部分

全球定位系统的空间部分和地面监控部分,是用户进行定位的基础,而用户只有通过用户设备,才能实现应用 GPS 定位的目的。

根据 GPS 用户的不同要求,所需的接收设备各异。随着 GPS 定位技术的迅速发展和应用领域的日益扩大,许多国家都在积极研制、开发适用于不同要求的 GPS 接收机及相应的数据处理软件。

用户设备主要由 GPS 接收机硬件和数据处理软件,以及微处理机及其终端设备组成,而 GPS 接收机的硬件,一般包括主机、天线和电源,主要功能是接收 GPS 卫星发射的信号,以获得必要的导航和定位信息,并经简单数据处理而实现实时导航和定位。GPS 软件部分是指各种后处理软件包,其主要作用是对观测数据进行加工,以便获得精密定位结果。

由于 GPS 用户的要求不同,GPS 接收机也有许多不同的类型,一般可分为导航型、测量型和授时型。

第二节　GPS 定位技术

一、GPS 定位原理

1.基本原理　地面接收机可以在任何地点、任何时间、任何气象条件下进行连续观测,并且在时钟控制下,测定出卫星信号到达接收机的时间,进而确定卫星与接收机之间的距离。

2.伪距法定位原理　卫星根据自己的星载时钟所发出含有测距码的调制信号,经过一时间间隔传播后到达接收机,此时接收机的伪随机噪声码发生器,在本机时钟的控制下,又产生一个与卫星发射的测距码结构完全相同的"复制码"。通过机内的可调延时器将复制码延迟时间,使得复制码与接收到的测距码"对齐"。在理想的情况下,时延就等于卫星信号的传播时间,将传播速度乘以传播时间,就可以求得卫星至接收机的距离。

3.载波相位测量法定位原理　若将卫星信号中的载波当作测距信号,量测出载波在接收机处的相位和卫星处的相位,并求出相位差(均以周数为单位),那么卫星至接收机的距离就等于波长乘以相位差。

二、GPS 定位方式与定位模式

(一)GPS 定位方式分类

1. 按参考点的不同位置分类

(1)绝对定位(Point Positioning):亦称单点定位,使用一台 GPS 接收机通过观测至少四颗以上卫星的测码伪距或伪距与相位的历元差分以及其他传感器的观测量,确定用户接收机天线在协议地球坐标系 WGS-84 中的绝对坐标。

(2)相对定位(Relative Positioning):利用两台接收机分别安置在基线的两端。同步观测相同的 GPS 卫星,利用所获得的测码伪距或载波相位观测量,确定出基线两端点在协议地球坐标系中的相对位置或基线向量。

因为在两个或多个测站上同步观测相同的卫星,卫星的轨道误差、卫星钟差(包括 SA 影响)、接收机钟差以及大气折射等对观测量的影响都具有一定的相关性,所以利用这些观测量的不同组合进行相对定位,可有效地消除或减弱上述误差的影响。故相对定位是目前 GPS 测量中精度最高的,也是最常用的一种定位方式。

2. 按用户接收机天线在测量中所处的状态分类

(1)静态定位(Static Positioning):即用户接收机相对地固坐标系保持不变。

(2)动态定位(Kinematic Positioning):即用户接收机相对地固坐标系不断改变位置。

(二)GPS 定位模式

在实际工作中,应按照工程需要,尽量提高定位精度和作业效率,根据具体情况选择适当的定位模式。

1. 静态单点定位 在接收机天线处于静止状态的情况下,用以确定观测站绝对坐标的方法。这是由于可以连续地测定卫星至测站的伪距和相位,可获得充分的多余观测量,故可达到较高的定位精度。

2. 动态单点定位 当用户接收机安置在运动的载体上而处于动态的情况下,确定载体瞬间绝对位置的方法。此时一般只能得到没有(或很少)多余观测的实时解,视所用观测量精度及美国政府政策的影响,精度可达 10~100m。这种方法多用于飞机、船舶及陆地车辆等运动物体的导航。

3. 静态相对定位(Static Relative Positioning) 是指设置在基线两端点的接收机是固定不动的,这样可通过重复观测,取得足够的多余观测数据,以提高定位精度(如图 7-7 所示)静态相对定位一般均采用载波相位观测值为基本观测量,它是目前 GPS 测量中精度最高的一种定位方法,广泛应用于大地测量、精密工程测量和地球动力学研究等工作。大量实践证明,对中等长度的基线(100~500km),其相对定位精度可达 10^{-6} ~ 10^{-7},甚至更好些。所以,在精度要求较高的工作中,普

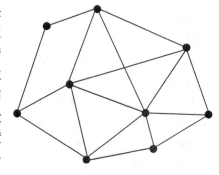

图 7-7 静态相对定位

遍采用这一方法。

4.快速静态相对定位(Rapid Static Relative Positioning)　其特点是充分利用初次平差(浮动双差解)中所提供的信息。根据统计原理,采用这种方法进行短基线定位时,利用双频接收机,只需观测 1 分钟,利用单频接收机观测 7～8 颗卫星也能在几分钟内确定整周模糊度,从而显著地提高了静态定位效率,如图 7-8 所示。

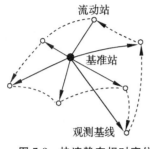

图 7-8　快速静态相对定位

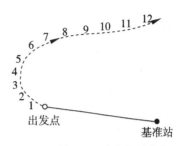

图 7-9　动态相对定位

5.动态相对定位(Kinematic Relative Positioning)　是将一台接收机安置在已知参考点或者未知参考点上固定不动。另一台接收机设置在运动载体上(亦称流动接收机)。两台接收机同步观测相同的卫星。以实时确定运动点相对于参考点的位置,如图 7-9 所示。目前广泛应用于测绘中的 RTK 技术就是采用这种定位模式。

第三节　GPS 定位技术的实施

应用 GPS 卫星定位技术建立的控制网称为 GPS 网。

GPS 控制网按服务对象可以分成两大类:一类是国家或区域性的高精度的 GPS 控制网,这类 GPS 网中相邻点的距离通常是从数百千米至数千米,其主要任务是作为高精度三维国家大地测量控制网,以求定国家大地坐标系与世界大地坐标系的转换参数,为地学和空间科学等方面的科学研究工作服务;或者是对 GPS 控制网进行重复观测,用以研究地区性的板块运动或地壳形变规律等问题。另一类是局部性的 GPS 控制网,包括城市或矿区 GPS 控制网,或其他工程 GPS 控制网。这类网中相邻点间的距离为几千米至几十千米,其主要任务是直接为城市建设或工程建设服务。

GPS 控制网按其工作性质可以分成:外业工作和内业工作两大部分。外业工作主要包括选点、建立测站标志、野外观测作业等;内业工作主要包括 GPS 控制网的技术设计、数据处理和技术总结等。

GPS 控制网按其工作程序可以分成:GPS 控制网的技术设计、仪器检验、选点与建造标志、外业观测与成果检核、GPS 网的平差计算以及技术总结等若干个阶段。

一、GPS 控制网布设原则

(1)GPS 网一般应通过独立观测边构成闭合图形,以增加检核条件,提高网的可靠性。

(2)GPS 网点应尽量与原有地面控制点相重合。重合点一般不应少于 3 个(不足时应联测)且在网中应分布均匀,以便可靠地确定 GPS 网与地面网之间的转换参数。

（3）GPS网点应考虑与部分水准点相重合，以便为大地水准面的研究提供资料。

（4）为了便于观测和水准联测，GPS网点一般应设在视野开阔和容易到达的地方。

（5）为了便于用经典方法联测或扩展，可在网点附近布设一通视良好的方位点，以建立联测方向。方位点与观测站的距离，一般应大于300m。

二、GPS测量精度分级

国家测绘局1992年制定的我国第一部"全球定位系统（GPS）测量规范"将GPS的测量精度分为A、B、C、D、E五级。其中A、B两级一般是国家GPS控制网。我国的国家GPS网就是按照这一精度标准设计的，其中A级网有29个点，B级网有819个点。C、D、E三级是针对局部性GPS网规定的。主要技术要求见表7-1。

表7-1 GPS网技术要求

测量分级	固定误差 a(mm)	比例误差 b(10^{-6}mm)	相邻点平均距离(km)
A	≤5	≤0.1	300
B	≤8	≤1	70
C	≤10	≤5	15～10
D	≤10	≤10	10～5
E	≤10	≤20	5～2

为了适应生产建设的需要，有关部门制定了"全球定位系统城市测量技术规程"，按城市或工程GPS网中相邻点的平均距离和精度划分为二、三、四等和一、二级，在布网时可以逐级布设、越级布设或布设同级全面网。主要技术要求见表7-2。

表7-2 工程GPS网技术要求

测量分级	固定误差 a(mm)	比例误差 b(ppm)	相邻点平均距离(km)
二等	≤10	≤2	9
三等	≤10	≤5	5
四等	≤10	≤10	2
一级	≤10	≤10	1
二级	≤15	≤20	<1

三、GPS网限差规定

1.GPS基线向量解算的限差规定

（1）重复观测边的检核。对于重复观测边的任意两个时段的成果互差，均应小于相应等级规定精度（按平均边长计算）的 $2\sqrt{2}$ 倍。

（2）同步观测环的检核：

$$w_x \leqslant \frac{\sqrt{3}}{5}\delta$$

$$w_y \leqslant \frac{\sqrt{3}}{5}\delta$$

$$w_z \leqslant \frac{\sqrt{3}}{5}\delta$$

$$w_s = \sqrt{w_x^2 + w_y^2 + w_z^2} \leqslant \frac{3}{5}\delta$$

$$\delta = \sqrt{a^2 + (bd)^2} \tag{7-1}$$

式中：δ 为 GPS 基线向量的弦长中误差(mm)，亦即等效距离误差；a 为相应级别规定的固定误差(mm)；b 为相应级别规定的比例误差；d 为 GPS 网中相邻点间的距离(km)。

(3)异步观测环的检核：

$$w_x \leqslant 2\delta\sqrt{n}$$

$$w_y \leqslant 2\delta\sqrt{n}$$

$$w_z \leqslant 2\delta\sqrt{n}$$

$$w_s \leqslant \sqrt{w_x^2 + w_y^2 + w_z^2} \leqslant 2\delta\sqrt{3n} \tag{7-2}$$

式中：n 为闭合环中的边数。

2.GPS 网平差的限差规定

(1)无约束平差中，基线向量的改正数($v_{\Delta x}$、$v_{\Delta y}$、$v_{\Delta z}$)绝对值应满足下式要求：

$$v_{\Delta x} \leqslant 3\delta$$

$$v_{\Delta y} \leqslant 3\delta$$

$$v_{\Delta z} \leqslant 3\delta \tag{7-3}$$

(2)约束平差中，基线向量的改正数与剔除粗差后的无约束平差结果的同名基线相应改正数的较差($dv_{\Delta x}$、$dv_{\Delta y}$、$dv_{\Delta z}$)应符合下式要求：

$$dv_{\Delta x} \leqslant 2\delta$$

$$dv_{\Delta y} \leqslant 2\delta$$

$$dv_{\Delta z} \leqslant 2\delta \tag{7-4}$$

四、GPS 控制网施测步骤

1.测区概况　介绍测区地理位置、交通情况、控制点分布情况、居民点分布情况及当地风俗民情等。收集测区已有地形图、控制点成果、地质、气象等方面的资料。

2.作业依据

(1)全球定位系统(GPS)测量规范(CH 2001－92)，1992 年 10 月 1 日实施；

(2)全球定位系统城市测量技术规程(CJJ 73－97)，1997 年 10 月 1 日实施；

(3)技术设计说明书。

3.起始数据与坐标系统　GPS 测量得到的是 GPS 基线向量，是属于 WGS-84 坐标系的三维坐标差，而实用上需要得到属于国家坐标系或地方独立坐标系的坐标。因此，必须说明 GPS 网的成果所采用的坐标系统和起算数据所采用的坐标系统。

4.GPS 的网形设计　GPS 网图形的基本布设形式有：

(1)三角形网，如图 7-10 所示；

(2)星形网，如图 7-11 所示；

(3)环形网，如图 7-12 所示。

图 7-10　三角形网

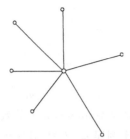

图 7-11　星形网

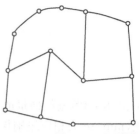

图 7-12　环形网

三角形网和环形网,附合条件多,精度较高,是大地测量和精密工程测量中普遍采用的两种基本图形。星形网几何图形简单,一般不构成闭合图形,其检验和发现粗差的能力差。其优点是在观测中通常只需要两台 GPS 接收机,作业简单,被广泛地应用于工程放样、边界测量、地籍测量和碎部测量中。

5.选点和埋石　由于 GPS 观测站之间不要求相互通视,所以选点工作较常规测量要简便得多。但是要考虑到 GPS 点位的选择,对 GPS 观测工作的顺利进行并得到可靠的效果有重要影响,所以,应根据测量任务、目的、测区范围对点位精度和密度的要求,充分收集和了解测区的地理情况,及原有控制点的分布和保存情况,以便恰当地选定 GPS 点的点位。

点位选定后,不论是新点或旧点,均应按规定绘制点之记,选点工作结束后,还应编写工作总结。

6.GPS 外业观测

(1)选择作业模式。为了保证 GPS 测量的精度,在测量上通常采用载波相位相对定位的方法。GPS 测量作业模式与 GPS 接收设备的硬件和软件有关,主要有:静态相对定位模式、快速静态相对定位模式、动态相对定位模式等。

(2)天线安置。测站应远离大面积平静水面,也不宜选择在山坡、山谷和盆地内,测站及附近上空不应有高层建筑物、广告牌等物(即所谓的净空)。选择反射能力较差的粗糙地面为宜,以减少多路径误差。另外,延长观测时间,选择配有抑径板的接收天线都可减少多路径误差。选择适当的截止高度角,既可限制电离层、对流层延迟影响,又能尽量多接收卫星,增加多余观测数,改善几何图形。天线安置后,应在各观测时段的前后各量取一次天线高。

(3)观测作业。观测作业的主要任务,是捕获 GPS 卫星信号对其进行跟踪、接收和处理,以获取所需的定位和观测数据。

(4)观测记录与测量手簿。观测记录由 GPS 接收机自动形成,测量手薄是在观测过程中由观测人员填写,不得测后补记。

7.GPS 基线向量的计算及检核　GPS 测量外业观测过程中,必须每天将观测数据输入到计算机中,并计算 GPS 基线向量。这一计算工作通常是应用仪器厂家提供的软件完成,也可以应用国内研制的软件完成。并及时对同步环闭合差,异步环闭合差以及重复边闭合差进行检查计算,闭合差应符合规范要求。

8.GPS 网平差　GPS 控制网也就是由 GPS 基线向量构成的测量控制网,GPS 网平差也就是以构成 GPS 向量的 WGS-84 坐标系的三维坐标差作为观测值进行平差。也可以在国家坐标系中或地方坐标系中进行约束平差。

9.提交成果　提交成果包括:技术设计说明书、卫星可见性预报表和观测计划、GPS 网示意图、GPS 观测数据、GPS 基线解算结果、GPS 基点的 WGS-84 坐标、GPS 基点在国家坐标系中坐标或地方坐标系中坐标等。

第四节　GPS 接收机应用

本节主要介绍南方北极星-9600 型静态单频 GPS 接收机和华星 A6 RTK 测量系统应用。

一、南方北极星-9600 型静态单频 GPS 接收机使用

(一)9600 型 GPS 接收机的组成

图 7-13　9600GPS 主机

南方北极星 9600 型(见图 7-13)是智能一体化的 GPS 接收机,没有电缆,没有外接电池,没有天线,任何东西都已内置在一个小小的主机壳里,宽大的液晶显示屏还可以在采集数据时查看星历情况、卫星分布。该机子适合于不同层次用户,既可当傻瓜机使用,也可以内置采集器来进行 GPS 数据采集工作。另外,采用双电源系统,可以自动切换到另一块电池中供电,从而保证不间断测量工作。9600 型 GPS 接收机内存高达 16M,能连续存储约 20 天的采集数据。

为达到高精度的大地测量要求,9600 型 GPS 测量系统采用静态相对定位模式,外业工作需两台或两台以上 GPS 接收机,为提高野外作业的效率,在条件许可下配置更多 GPS 接收机。

9600 型 GPS 测量系统主要由两个部分组成:硬件和软件。

1.硬件

(1)9600 型 GPS 接收机(内置测量型天线及抑制多路径板)原装进口 OEM 版和 CPU;

(2)9600 型 GPS 接收机单片机内置采集器(内置采集软件);

(3)可充电电池及充电器;

(4)铝或木三脚架;

(5)数据传输电缆。

2.软件　软件即可用南方公司提供的 GPS 数据后处理软件,也可用其他数据处理软件。软件功能主要包括:数据传输(计算机与 9600 主机通信)、基线向量解算、平差处理、成果报告以及图形输出等功能。

(二)9600 型 GPS 测量系统的主要技术参数

(1)12 个并行的独立通道,可同时接收 12 颗卫星;

(2)L_1 载波相位、C/A 码伪距,1575.42MHz;

(3)静态相对定位精度:①静态基线:(5mm+1ppm)②高程:(10mm+2ppm);

(4)同步观测时间:一般为 45min 左右,当距离达到 20km 以上时观测时间段长度必须有两个小时以上,还与要求达到的精度有关。

(三)9600 型 GPS 接收机野外数据采集

1.前期准备工作

(1)选点和埋石。

（2）静态基站安置

①在测量点架设仪器，对点器严格对中、整平；

②量取天线高。

用 GPS 专用钢卷尺钩住量高环边缘到地面测量点的距离，量取仪器高三次，各次间差值不超过 3mm，取中数。

（3）打开接收机完成设置，搜寻卫星，接收机将开始数据采集。

打开主机电源后，初始界面有三种采集工作方式选择，可根据实际情况和方便性来选择不同的工作方式。每一次只能用一种工作方式来采集数据。

2. 数据采集方式的操作

（1）智能模式采集

①数据的采集。在 9600 主机电源打开后，在初始界面下选 F1 键进入"智能模式"。进入该模式下，软件自动判断卫星定位状态和 PDOP 值，PDOP 值满足后进入采集数据状态，这时在右项框中能看到采集时间在递增，表明 9600 主机已正在记录 GPS 数据，可以给记录的数据取一个文件名，若不取文件名，软件会默认文件名为"＊＊＊＊"。

②给记录的数据取一个文件名：a. 按 F3 键"测量"进入测量功能界面（可看到接收机状态，单点经纬度坐标，定位状态、精度因子）。b. 按 F3 键"点名"进入点名输入功能界面，给正在记录的数据起一个文件名、输入时段号及测站天线高。

注意：智能模式与人工模式采集的区别在于：智能模式下接收机已经开始记录数据或正在记录数据，然后给这个正记录的数据起一个文件名。而人工模式下接收机还没有记录数据，你给定文件名后才让接收机采集记录数据。

③退出数据记录：a. 退回到主界面，然后长按 PWR 键关机。b. 在任何界面下同时按下 F1＋F4 快捷键关机，即可退出采集，且不会丢失数据。

（2）人工模式采集

①数据的采集：在 9600 主机电源打开后，在初始界面下选 F2 键进入"人工模式"。

在该种模式下工作，采集过程不会自动进行，需要我们人为判断目前接收机状态是否满足采集条件（PDOP＜6，定位状态为 3D），当满足条件时，请按下 F3 键"测量"数据采集界面。

②给记录的数据取一个文件名：当满足条件时，请按下 F3 键"采集"进入文件名输入界面。输入完文件名、时段号、天线高后，按 F4 键"确定"，接收机就开始记录数据。

③退出数据记录：操作同"智能模式"。

（3）节电模式采集

本方式操作最简单实用，完全"傻瓜式"操作，进入该方式后，等采集时间足够时就可将接收机搬站。

①数据的采集：在 9600 主机电源打开后，在初始界面下选 F3 键进入"节电模式"。节电模式一进入之后就自动关闭液晶显示屏，仅靠指示灯来显示卫星状态和采集状态。

显示屏上方三个指示灯依次为电源灯、卫星灯、信息灯。a. 电源灯的工作情况：若正在使用 A 电池，则电源灯为绿灯；若正在使用 B 电池，则电源灯为黄灯；若 A、B 电池均不足，则电源灯变为红色，此时应更换电池。b. 卫星灯和信息灯的工作情况：未进入 3D 状态时，信息灯每闪烁 N 次红灯，则卫星灯闪烁一次红灯（N 表示可视的卫星数）；进入 3D 状态后，开始记录,此时信息灯闪烁 M 次绿灯,卫星灯闪烁一次绿灯(M 表示采集间隔,即每隔 M 秒记录一次数据)。节电模式能被任意键激活显示屏而进入智能模式。

②退出数据记录:在任何界面下同时按下 F1+F4 快捷键关机,即可退出采集。

"节电模式"的优点:节电模式适合在北方严寒地区使用,以克服液晶显示屏可能低温情况下无法正常显示。

(三)数据处理

此内容必须应用后数据处理软件,使用相应功能可以获得 GPS 接收机站点的平面坐标和高程等数据资料。在此不介绍,如需了解,可以参考相关文献资料。

二、华星 A6 RTK 测量系统使用

(一)RTK 定位技术

RTK(Real Time Kinematic)是指实时动态定位。利用 GPS 载波相位观测值实现厘米级的实时动态定位。这种 RTK 技术是建立在流动站与基准站误差强烈地相类似这一假设的基础上的。随着基准站和流动站间距离的增加,误差类似性越来越差,定位精度就越来越低,数据通信也受作用距离拉长而干扰因素增多的影响,因此这种 RTK 技术作用距离有限(不超过 15km)。人们为了拓展 RTK 技术的应用,网络 RTK 技术便应运而生了。网络 RTK 也叫基准站 RTK,是近年来在常规 RTK 和差分 GPS 的基础上建立起来的一种新技术。

(二)RTK 测量系统的设备配置

实时动态(RTK)测量系统的构成,主要包括 GPS 接收设备、数据传输系统和软件系统三部分,如图 7-14 所示。

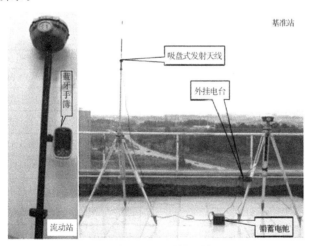

图 7-14　RTK 测量系统图

1.GPS 接收设备　该系统中至少应包含两台 GPS 接收机,其中一台安置在基准站上,另一台或若干台分别安置在不同的流动用户站上。基准站应设在坐标已知的点或者未知的点上,且观测条件较好。作业期间,基准站的接收机应连续跟踪全部可见 GPS 卫星,并将观测数据通过数据传输系统,实时地发送给用户站。GPS 接收机可以是单频或双频,当系统中包含多个用户接收机时,基准站上的接收机宜采用双频接收机。

2.数据传输系统 基准站与用户站之间的联系是由数据传输系统(数据链)完成的,数据传输设备是实现实时动态测量的关键设备之一,由调制解调器和无线电台组成。在基准站上,调制解调器将有关的数据进行编码和调制,然后由无线电发射台发射出去。用户站上的无线电接收台将其接收下来,并由解调器将数据解调还原,送入用户站上的 GPS 接收机中。

3.实时动态测量的软件系统 软件系统的质量与功能,对于保障实时动态测量的可行性、测量结果的精确性与可靠性,具有决定性的意义。软件系统一般都由厂商免费提供。

(三)华星 A6 RTK 主要技术参数(见表 7-3)

表 7-3 A6 RTK 主要技术参数

A6	定位精度	静态	平面	$\pm(2.5mm+1\times10^{-6}D)$
			高程	$\pm(5mm+1\times10^{-6}D)$
		快速静态	平面	$\pm(5mm+1\times10^{-6}D)$
			高程	$\pm(10mm+1\times10^{-6}D)$
		RTK	平面	$\pm(10mm+1\times10^{-6}D)$
			高程	$\pm(20mm+1\times10^{-6}D)$
	内存			64M
	数据通信	传输模式		2 种
		内置 UHF 电台		接收
		内置网络传输		GPRS
		外置 URS 数据中转站		选配
		外置 UHF 电台		选配
	主机重量(含电池)			1.1kg
	内置电池			2 个共 2800Ah 锂电池,不间断转换
	连续工作时间			8~10h
	主机功耗			2W
iHand10 手簿	GPS 特性			20 通道 GPS
				16 通道 L1+载波相位 GPS
				支持 SBAS(WAAS,EGNOS,MSAS)
				内置高灵敏度抗干扰 GPS 天线
				首次定位时间:30s(典型)
	通讯接口			内置蓝牙、USB 接口,支持 WIFI
				内置 3G 通信 SIM 卡插槽(选购)
				内置密封 Micro SD 卡槽,可无限扩展
	电源性能			内置 7.6V 锂电池,2000mAh
				可连续工作 10h 以上,支持在线充电

(四)华星 RTK GPS 测量操作

操作流程如图 7-15 所示。

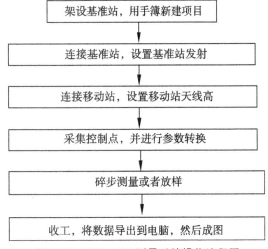

図 7-15　RTK GPS 测量系统操作流程图

具体步骤如下:

1.仪器设置

1)基准站设置

(1)基准站安置:基准站选择架设在视野比较开阔、周围环境比较空旷、地势比较高的地方;避免架在高压输变电设备附近(50m 以内)、无线电通信设备收发天线旁边(200m 内)、树阴下以及水边,因为这些环境对 GPS 信号的接收以及无线电信号的发射会造成不同程度的影响。

(2)建立项目:打开手簿,双击启动"中华星 GPS 采集程序",出现 9 方格的菜单主界面,见图 7-16 所示。

点【1.项目】菜单,进入<项目信息>界面,点"新建",输入要新建的项目名称,点"√"确认。然后选择<项目信息>——坐标系统,进入<坐标系统>界面,选择如下:

源椭球:WGS84

当地椭球:北京 54(有多种选择)

点"投影",设置相应的投影参数,主要是设置中央子午线,所有的设置完成后点"保存",退出界面,回到 9 方格的菜单主界面。

(3)点【2.GPS】菜单,进入<接收机信息>界面,点"连接 GPS",进入<GPS 连接设置>界面,设置如下:

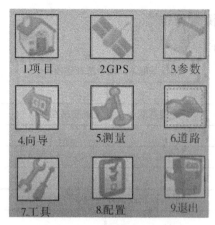

图 7-16　9 方格菜单主界面图

手簿型号:Qseries/GIS+/iHand

连接:蓝牙

端口:1

波特率:19200(可修改)

GPS 类型:V8/V9/V30/V50

点"连接",进入＜连接＞界面,如果菜单中没有 GPS 机身编号,则点搜索,搜索到后点停止,选中需要连接的 GPS 接收机编号,点连接,连接成功会显示 GPS 接收机号码。

(4)在＜接收机信息＞界面中,选择＜接收机信息＞——基准站设置,进入＜基准站设置＞界面,输入天线高,点"平滑",进行基准站平滑采集,注意采集坐标后面的中误差 σ 保持在较小的范围内,一般要求平面在 2cm 之内,高程在 3cm 之内,点击右上角"√",回到基准站设置界面,点下方"数据链",进行设置如下:

电文格式:RTCM3.0 或者 CMR

差分模式:RTK

截止角:10(可以修改)

点"确定",基准站设置成功后,电台收发灯一秒一闪。见图 7-17 所示(除了用手簿启动基准站外,还可以用自启动,自启动方法先按住 F 键,然后按开机,三个灯同时闪就松开开机键,接着松开 F 键)。

基准站设置成功后,断开手簿与基准站的连接,然后再进入下一步,接收机移动站设置。

2)移动站设置

打开移动站接收机电源,接上接收电台信号的接收天线,并固定在 2m 高的碳纤对中杆上面,量取天线高,一般斜高为 2.065m。

在＜接收机信息＞界面中,选择＜接收机信息＞——移动站设置,进入＜移动站设置＞界面,设置如下:

数据链:内置电台

频道:(一定与电台显示的频道相同)

点"其他",设置下列信息,

差分电文格式:RTCM3.0 或 CMR

高度截止角:10(与基准站相同)

天线高:输入 2.065m

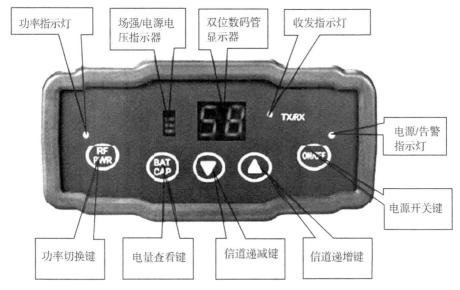

图 7-17　电台显示图

点下方"应用",回到<移动站设置>界面,点"确定"。移动站连接成功后,在数据采集界面左上角会显示固定解,此时可以开始数据采集。

2. 控制点采集与参数转换　在 9 方格菜单主界面中,点【5.测量】菜单,进入<测量>界面,屏幕左上部显示固定,右下部中误差显示在允许范围之内就可以进行采集,点击倒数第二个图标∑/n,进行控制点采集,输入正确的天线高(2.065m),点"√"保存。采集足够多(至少 2 个)控制点后,点【3.参数】进入<参数计算>界面,点击左下角"添加"进入<控制点设置>界面,设置如下:

源点:可以调用刚才采集过的碎部点坐标,也可以在控制点上点击 🌂 图标进行采集。

目标:输入该点已知坐标,也可以选择提取输入到记录点库中的坐标。

点"保存"。按相同的方法操作所有的控制点后,回到<参数计算>界面,点击"解算"得出参数结果,参考"缩放"数值接近 1 精度最好,点"运用",进入到<坐标系统>界面,点"保存",提示"中国一坐标系统已经存在,确定覆盖吗",点"确定"。然后点"√",提示是否更行点库,选"是"。回到参数计算界面,点"×"退出,参数结算完毕。

3. 碎部测量　在 9 方格菜单主界面中,点【5.测量】菜单,进入<测量>界面,点" 🚩 "进行碎步测量,测完后出现<记录点信息>界面:

点名:(输入)

里程:(输入)

天线高(米):(输入,一般为 2.065)

注记:(输入)

不需要输入的信息可以默认选项,点'√',该碎部点自动保存于记录点库中,继续下一个碎部点测量。

在碎部测量过程中,可以随时打开左下角 ☰ 记录点库图标进行点信息修改,如删除和测错的点修改点名等。

4.点放样与线放样

1)点放样:进入＜测量＞界面,点击左上角菜单选择——点放样,进入点放样模式,点击左下角"➡"箭头,进入＜点放样＞界面,输入该点坐标,或者选择已保存于记录点库中的点坐标,然后点右上角"√"。根据下方提示放样点的位置进行放样。按相同的操作放样下一点。

2)线放样:以直线为例,在＜测量＞界面中,点击左上角菜单进入——线放样,选择左下角图标▢进入线放样＜定义线段＞界面,输入起点和终点的坐标,或者点击▤图标调入线段的两个端点,然后点"√",回到＜线放样＞界面,点"➡",进入采样点设置,

里程:(输入)

增量(米):(输入)

边距:(选择)

增量(米):(输入),

在"启用"前面方块内打√,点右上角"√",开始逐点放样,每点一次"＞",里程就会按照增量增加一个数值,直到放样完整条直线。

5.数据导出　野外碎部测量结束后,碎部点信息保存于记录点库中,数据导出的目的是将记录点库中的数据导入到桌面电脑,进行后续绘图或者其他的内业计算。数据导出有下面两种方法:

1)通过数据线将手簿与桌面电脑连接传输:此方法需要安装购买仪器时配备的数据软件,按照提示步骤完成。具体内容参考相应资料。

2)打开手簿启动"中华星 GPS 采集程序",打开野外测量时使用的项目文件,点【1.项目】菜单,进入＜项目信息＞界面,选择＜项目信息＞——记录点库,进入＜记录点库＞界面,点击右下角图标▤,选择需要的数据格式,一般为南方 cass(* . dat)格式,输入文件名,点击左下角"确定",将数据文件导出至选定的目录下。然后把刚刚导出的数据文件拷贝到已经插入至手簿里的 TF 卡里,取出 TF 卡,借助读卡器再拷贝到桌面电脑,即完成数据导出。

(五)数据应用(以地形测图为例)

获取野外测量的数据文件后,就可以在室内进行数字成图,此过程必须应用相应的数字成图软件才能完成,如南方 cass 地籍成图软件,具体应用可以参考相关资料。

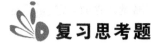 **复习思考题**

1.GPS 系统的主要组成部分包括哪些? 各部分的作用是什么?

2.GPS 定位方式和定位模式有哪几种? 各适用于什么情况?

3.GPS 控制网布设形式有哪些?

4.简述 RTK 定位系统原理。

5.简述 RTK 野外操作过程。

第8章 地形图的基本知识及应用

重点提示

本章重点掌握地形图的判读与一般应用。除此之外，读者还应掌握地形图的表示方式与地形图的应用，地形图的高级应用根据专业需要掌握相应内容。

第一节 地物地貌在地形图上的表示

按一定的比例尺依规定图式符号，表示地物、地貌平面位置和高程的正射投影图，称为地形图。

一、地物在地形图上的表示

地物一般可分为两大类：一类是自然地物，如河流、湖泊、森林、草地等；另一类是人工地物，如铁路、公路、房物等。由于地物种类繁多、形状不一，在图上表示时应按一定的要求和比例尺进行综合取舍，并遵照国家测绘局制定的《地形图图式》的要求执行。表8-1是比例尺为1：500、1：1000、1：2000 地形图图式中的一部分。

地形图式中的地物符号分为依比例符号、不依比例符号、半依比例符号及配置注记符号四种。

1. 依比例符号　地形图上的城镇、湖泊、河流等地物，一般是依测图比例尺缩绘并采用铅垂投影的方法表示到图上的，它既表示出地物的位置，又表明了地物的形状和面积大小，这类地物符号称为依比例符号（又称轮廓符号）。

2. 不依比例符号　当地物轮廓很小时，依比例缩绘在图上无法反映，而此类地物又必须在图上表示，只有采用特定的符号来表示，这种符号称为不依比例符号（又称点状符号）。如电杆、烟囱、路标等。这些符号只表示地物的位置，而不能反映地物的形状、大小。

3. 半依比例符号　凡线状地物，如铁路、水渠等，其长度能依比例缩绘，但其宽度不能缩绘，这种符号称为半比例符号（又称线状符号）。这些符号能准确地表示地物的位置、长度，但不能表示其宽度。

表示线状地物的符号有时是随比例尺的改变而变化的，如道路、河流在小比例尺地形图上是用半比例符号，但在大比例尺图上可以缩绘其宽度，这时就成为比例符号。

4. 配置注记符号　地形图上用文字、数字、图形标明的地名、高程、楼房层数、植被种类等叫配置注记符号。它能表示出地物的某些不能用图式符号表示的信息来。

表 8-1　地图图式选编

编号	符号名称	图例	编号	符号名称	图例
01	公路	0.5 / 0.5 ——— 沥 : 砾 ———	14	汽车站	2.0 / 3.0 □ 1.0 / 0.7
02	简易公路	0.15 ——— / 0.3 —碎石—			
03	大车路	— : 8.0 : — 2.0	15	灌木丛（大面积的）	0.5 / 1.0
04	小路	4.0　1.0 / 0.3 ———			
05	独立树 1.阔叶 2.针叶 3.果树	1.5 / 3.0 ☆ 0.7 / 3.0 ♣ 0.7 / 3.0 ♠ 0.7	16	行树	10.0　1.0
06	宣传橱窗、标语牌	1.0 ⊏▭⊐ 2.0	17	等高级及其注记 1.直曲线 2.计曲线 3.间曲线	0.15 —— 87 / 0.3 —— 85 / 0.15 —6.0— / 1.0
07	彩门、牌坊、牌楼	1.0　0.5 / ▫□▫ ▫□▫ / 1.0	18	示坡线	0.8
08	水塔	2.0 / 3.0 ⊕ 1.0 / 1.2	19	高程点及其注记	0.5 • 163.2　▲ 75.4
09	烟囱	3.5 ⊙ / 1.0	20	陡崖 1.土质的 2.石质的	1　　　2
10	消火栓	1.5 / 1.5 ⊖ 2.0			
11	阀门	1.5 / 1.5 ⊘ 2.0	21	梯田坎（加固的）	1.3 / 84.2
12	水龙头	3.5 ⊥ 2.0 / 1.2	22	冲沟	
13	路灯	♂ 3.5 / 1.0			

二、地貌在地形图上的表示

地球表面高低起伏的形态称为地貌。地貌在地形图上一般用等高线表示。等高线是水准面与地面的交线。

见图 8-1,分别用高程为 100m、95m、90m、85m 等水准面与山峰相切,这些水准面与山峰表面有相交曲线,将这一系列曲线铅垂投影到同一水平面 MN 上,在 MN 平面上便形成一系列闭合的等高线,然后把这些等高线按测图比例缩绘到图纸上,就是地形图表示地貌的等高线。根据上述原理,不同的地貌有不同形式的等高线,见图 8-2。

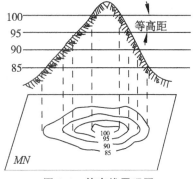

图 8-1　等高线原理图

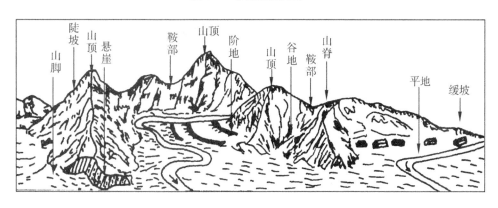

(a)

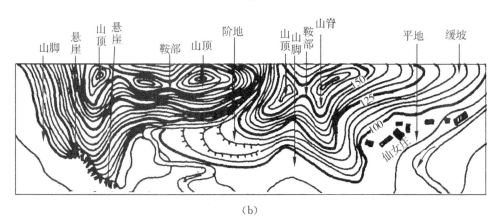

(b)

图 8-2　地貌的综合表示方法

等高线有如下特点:

(1)在同一等高线上的各点,其高程必相等。

(2)每一根等高线,必是闭合曲线,不在图幅内闭合,就一定在图幅外闭合。

(3)等高线一般不相交,也不重叠。

(4)山丘和盆地的等高线形状相似,一般用示坡线(垂直于等高线的短线)或注记高程的方法区别;示坡线向外(里)表示山丘(盆地);高程里(外)高外(里)低表示山丘(盆地),见图8-3。

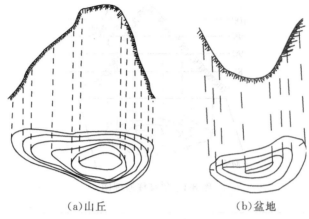

(a)山丘 　　　　　　　　(b)盆地

图8-3　山丘和盆地的区别

(5)山谷和山脊的等高线都是向一个方向突出,其区别是山脊等高线由高向低突出,反之,则为山谷,见图8-4。

(6)鞍部(也叫垭口)的等高线是两组相对的山谷和山脊高线的对称组合,见图8-4。

(7)等高线密集表示地势陡峭,稀疏表示地势平缓。

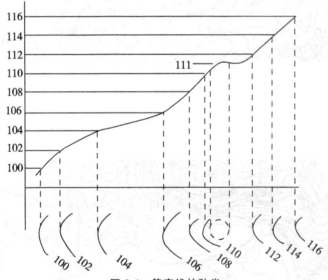

图8-4　等高线的种类

高程不相等的两相邻等高线在水平面上的距离称为等高线平距。高程不相等的两相邻等高线的高差称为等高距。用等高线表示地貌的详细程度直接与等高距的大小有关,等高距越小,在图上的等高线就越密,因而更能详尽地反映地貌状况。但对地形图测绘而言,等高距越小,测绘工作量就越大,图面负荷亦越重,图面清晰度亦越差。所以在测绘地形图时,一般依地表类别(地形复杂程度)和测图比例尺合理地选择等高距,一般按表8-2执行。

表 8-2　等高距选择范围规定

比例尺 基本等高距（m） 地形	1∶500	1∶1000	1∶2000	1∶5000
平原地区	0.5	0.5	0.5 或 1.0	1.0
丘陵地区	0.5	0.5 或 1.0	1.0	2.0
山　　地	0.5 或 1.0	1.0	2.0	5.0
高 山 地	1.0	1.0 或 2.0	2.0	5.0

用上述基本等高距描绘的等高线称为首曲线（基本等高线）。首曲线用粗 0.15mm 的实线表示。为便于地形图的阅读和使用，把 5 倍（或 4 倍）等高距的首曲线加粗，注上高程，称为计曲线；计曲线用 0.3mm 的粗实线表示。有时为了更清晰地反映地貌的细部特征，地形图上还会出现间曲线。间曲线是按 1/2 等高距描绘的等高线。间曲线用粗 0.15mm、长 6mm 间隔 1mm 的虚线表示。如图 8-4 中，基本等高距是 2m，基本等高线为 100m、102m、104m、106m、108m、110m、112m、114m、116m，计曲线有 100m、110m，间曲线有 111m。

第二节　地形图分幅与编号

我国幅员辽阔，各种比例尺地形图数以万计，为了便于地形图的测绘、拼接、使用和管理，需要按适当大小面积划分图幅，并给予固定编号。我国地形图的分幅方式有两种：一种是按经纬线分幅的梯形分幅法，又称国际分幅法，用于国家基本地形图的分幅；另一种是按坐标格网分幅的矩形分幅法，用于城市或工程上的大比例尺地形图的分幅。

一、梯形分幅与编号

地形图梯形分幅法是按一定经纬差的经纬线来划分图幅的，由经纬线构成每幅地形图内图廓。因各条经线向南北极收敛而使分割的每个图幅均略呈梯形，故称为梯形分幅法。梯形分幅法的编号方式有两种，1992 年"国家技术监督局"发布了《国家基本比例尺地形图分幅与编号》(GB/T13989—1992)，自 1993 年 3 月 1 日起实施，此分幅编号称新梯形分幅与编号；在此标准实施前采用的分幅编号方式称旧梯形分幅与编号。2012 年 6 月，国家质量监督检验检疫总局及国家标准化管理委员会发布了《国家基本比例尺地形图分幅与编号》(GB/T13989—2012)，此规范自 2012 年 10 月 1 日起实施，代替了 1992 年规范。相比 1992 年规范，新规范主要针对 1∶2000、1∶1000、1∶500 地形图的分幅提出了经、纬度分幅、编号和正方形、矩形分幅和编号两种方案，并且推荐使用经、纬度分幅、编号方案。采用 1∶2000、1∶1000、1∶500 地形图的经、纬度分幅，不仅使 1∶2000、1∶1000、1∶500 地形图的分幅和编号与 1∶5000 至 1∶100 万基本比例尺地形图的分幅、编号方式相统一，而且使得大比例地图的编号具有唯一性，更加有利于数据的管理、共享和应用，基本上可以解决大比例地形图在分幅方面存在的问题。

1.旧梯形分幅与编号

(1)1∶100 万地形图分幅与编号：全球 1∶100 万地形图实行统一分幅与编号，由 180°

子午线起自西向东每隔经差 6°划分一纵列,将全球分成 60 纵列,依次用数字 1～60 表示;同时从赤道起分别向南向北按纬差 4°划分一横行,直至纬度 88°止,共分为 22 横行,依次用字母 A～V 表示,以南北极为中心,纬度 88°为界的圆为极圈,用 Z 标明。为区分南半球和北半球,在横行号前常冠以 N 和 S。我国地处北半球,故图号前 N 全部省略。每幅 1∶100 万地形图的编号是横行号在前,纵列号在后,中间用短横线连接。如某地的经度为东经 115°49′43″,纬度为 28°45′58″。其所在 1∶100 万比例尺地形图(绘有阴影)的图号为 H—50,如图 8-5 所示。

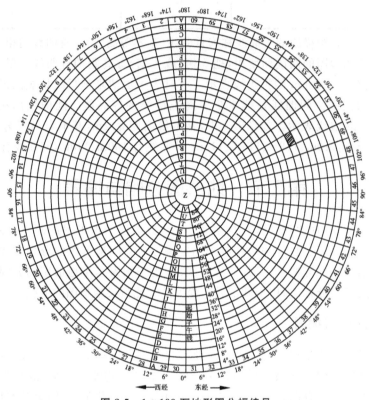

图 8-5　1∶100 万地形图分幅编号

由于经线向两极收敛,随着纬度升高地图面积迅速缩小,所以规定在纬度 60°～76°双幅合并,每幅图经差为 12°,纬差 4°。在纬度 76°～88°四幅合并,每幅图经差 24°,纬差 4°。我国位于纬度 60°以内,故没有合幅的问题。

如果知道某地的经纬度,可根据下式计算其所在 1∶100 万地形图图幅的编号。

$$\begin{cases} 横行号 = \dfrac{纬度}{4°}(取整商数)+1 \\[2mm] 纵列号 = \dfrac{经度}{6°}(取整商数)+31 \end{cases}$$ (8-1)

比例尺大于 1∶100 万地形图的分幅与编号是以 1∶100 万地形图为基础,逐级划分,编号均采用从上到下,从左到右的顺序进行编号,具体划分与编号情况如图 8-6 所示。

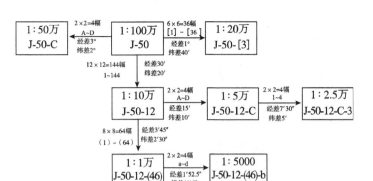

图 8-6　各种比例尺地形图分幅编号

（2）1：50 万、1：20 万、1：10 万地形图分幅与编号：1：50 万、1：20 万和 1：10 万地形图的分幅与编号是以 1：100 万地形图为基础进行划分，编号是在 1：100 万地形图编号后用短横线连接自己的序号。具体分幅与编号如下：

1：50 万地形图是将一幅 1：100 万地形图分成 2 行 2 列共 4 幅，图幅经差 3°，纬差 2°，分别用 A、B、C、D 序号表示。如图 8-7 所示：H－50－C。

1：20 万地形图是将一幅 1：100 万地形图分成 6 行 6 列共 36 幅，图幅经差 1°，纬差 40′，分别用[1]～[36]序号表示。如图 8-8 所示：H－50－[26]。

1：10 万地形图是将一幅 1：100 万地形图分成 12 行 12 列共 144 幅，图幅经差 30′，纬差 20′，分别用 1～144 序号表示。如图 8-7 所示：H－50－112。

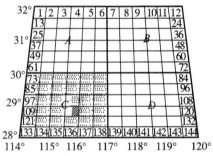

图 8-7　1：50 万和 1：10 万地形图分幅编号

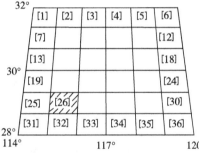

图 8-8　1：20 万地形图分幅编号

（3）1：5 万、1：2.5、1：1 万地形图分幅与编号：1：5 万和 1：1 万地形图的分幅与编号是以 1：10 万地形图为基础进行划分，编号是在 1：10 万地形图编号后用短横线连接自己的序号。而 1：2.5 万地形图是以 1：5 万地形图为基础进行划分，编号是在 1：5 万地形图编号后用短横线连接自己的序号。具体分幅与编号如下：

1：5 万地形图是将一幅 1：10 万地形图分为 4 幅，图幅经差 15′，纬差 10′，分别用 A、B、C、D 表示。如图 8-9 所示，H－50－112－D。

1：2.5 万地形图的分幅是将一幅 1：5 万地形图分成 4 幅，图幅经差 7′30″，纬差 5′，分别用 1、2、3、4 序号表示。如图 8-10 所示，H－50－112－D－1。

1：1 万地形图的分幅是将一幅 1：10 万地形图分成 64 幅，图幅经差 3′45″，纬差 2′30″，分别用（1）～（64）表示。如图 8-9 所示，H－50－112－（46）。

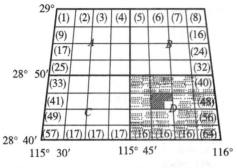

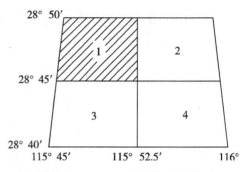

图 8-9　1：5 和 1：1 万地形图分幅编号　　　　图 8-10　1：2.5 万地形图分幅编号

2. 新的国家基本比例尺地形图分幅与编号

（1）新的分幅编号标准的特点：新的分幅编号标准对照上述的分幅编号有以下一些特点：

①1：5000 地形图被列入我国国家基本比例尺地形图系列，这样就扩大了原先的分幅编号的范围。②分幅仍以 1：100 万比例尺地形图为基础，所有其他比例尺地形图全部由 1：100 万比例尺地形图加密划分而成。③编号仍以 1：100 万比例尺地形图为基础，后接比例尺代码，再接相应比例图幅的行、列代码构成。因此，所有 1：5000～1：50 万比例尺地形图的图号均由五个元素 10 位码组成。编码系列统一为一个根部，编码长度相同，便于计算机处理。

（2）地形图分幅：1：100 万比例尺地形图的分幅按国际 1：100 万地形图分幅的标准进行，其他比例尺地形图均直接以 1：100 万图幅为基础划分，经差和纬差与旧分幅方式相同，等分为若干行列。如图 8-11 所示为一幅 1：100 万地形图划分为其他比例尺地形图的分幅情况。

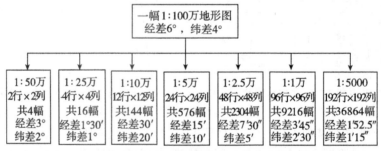

图 8-11　一幅 1：100 万地形图划分为其他比例尺地形图

（3）地形图的编号：①1：100 万地形图的编号仍由该图所在的行号（字符码）与列号（数字码）组合而成。如某地所在的 1：100 万地形图图号为 H50。②1：5000～1：50 万地形图的编号均以 1：100 万地形图编号为基础，采用行列编号方法。即将 1：100 万地形图按所含各比例尺地形图的经差和纬差划分成若干行和列，横行从上到下，纵列从左到右按顺序分别用阿拉伯数字编号。表示图幅编号的行、列代码均采用三位数字表示（不足三位时前面补零），取行号在前、列号在后的排列形式标记。为了使各种比例尺不至混淆，分别采用不同的字符作为各种比例尺的代码（见表 8-3）。

表 8-3　各种比例尺地形图的比例尺代码

比例尺	1∶50 万	1∶25 万	1∶10 万	1∶5 万	1∶2.5 万	1∶1 万	1∶5000
代　码	B	C	D	E	F	G	H

1∶5000～1∶50 万比例尺地形图的编号均由 5 个元素 10 位码构成。即在 1∶100 万图幅编号后，依次追加比例尺代码、所在比例尺图幅的行号和列号，形式如表 8-4 所示。例如某幅地形图的编号为 H50D005006。

表 8-4　1∶5000～1∶50 万地形图编号

1∶100 万行号(1 位)	1∶100 万列号(2 位)	比例尺代码(1 位)	横行号(3 位数)	纵列号(3 位数)

二、矩形分幅与编号

在工程设计和施工中使用的大比例尺地形图通常采用矩形分幅，图幅大小包括 40cm×50cm 和 50cm×50cm 两种。每个小方格边长 10cm，以整千米（或百米）坐标进行分幅。如果测区为狭长带状，为了减少图幅和接图，也可采用任意分幅。

如果测区范围较大，全测区需测绘多幅地形图，在进行测图前应先绘制分幅图，如图 8-12 为某测区进行 1∶1000 比例尺测图时的分幅图。

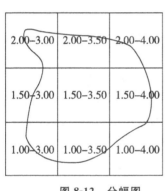

图 8-12　分幅图

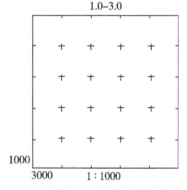

图 8-13　矩形分幅编号

矩形分幅中，各种比例尺地形图的图号均用该图图廓西南角的坐标以千米为单位表示，x 坐标在前，y 坐标在后，中间用一短横线连接。如图 8-13 为某 1∶1000 比例尺地形图的图幅，图的西南角的坐标为 $x=1000$m、$y=3000$m，故其图幅编号为 1.0—3.0。

地形图分幅、编号的目的是为了图件的管理、拼接和使用。因此，对于小面积地区的工程设计施工用图的分幅编号，也可用各种代号、流水号等进行编号。总之，要本着从实际出发，根据用图单位的要求和意见，结合作业的方便灵活处理。

第三节　地形图的识读

地形图阅读是地形图综合利用的主要内容。通过阅读可以全面了解区域的地理状况，认识各要素的数量、质量和特征，通过分析，找出要素间的相互关系，从而为考察、设计、规划提供基础资料。

阅读地形图的一般顺序是先了解全区的基本情况,然后再进一步分区分要素详细阅读。地形图阅读是地形图应用的前提和基础。

一、地形图图廓外要素识读

1.图名、图号和接图表　图名即本幅图的名称,注记在本幅图北图廓上方正中央位置。一般用本幅图内最有名的地名、突出的地物地貌或单位名称来命名。

图号就是本幅图的编号,注记在图名下方。

接图表绘制在北图廓左上方,由 9 个小长方格组成,用于表明本幅图与四邻图幅的关系。中间绘斜线的小方格代表本幅图,四邻分别注明相应的图名或图号,以供查索相邻图幅时使用。此外,中比例尺图还把相邻图幅的图号分别注在东、西、南、北图廓线中间,进一步表明与四邻图幅的相互关系。

2.比例尺　比例尺指图上某直线长度与地面上相应线段的水平长度之比。包括数字比例尺和图示比例尺两种。数字比例尺注记在每幅图南图廓外的中央位置;中小比例尺地形图在数字比例尺下方还绘有图示比例尺,利用图示比例尺可以丈量图上的直线距离,或将实地距离换算成图上距离。

3.坡度尺　地面上两点的坡度就是两点间的高差与其水平距离之比,用 i 表示。

即
$$i=\tan\alpha=\frac{h}{d\cdot M}\qquad(8-2)$$

式中:i 为地面两点坡度;α 为坡度角;h 为地面两点高差;d 为地面两点图上水平距离;M 为比例尺分母。坡度 i 一般用百分率或千分率表示。从公式(8-2)中可以看出,当高差一定时,只要量出水平距离,就可以求出坡度和坡度角。坡度尺即按此原理绘制而成。

4.地形图图廓　图廓是图幅四周的范围线。大比例尺地形图图廓包括内图廓和外图廓。内图廓就是地形图的边界线,并在内图廓上绘有坐标格网短线;外图廓平行于内图廓加粗绘制,仅起装饰作用。

中小比例尺地形图中,在内外图廓之间经纬线方向每隔 1′ 都绘有分划线,称为分度线或分度带。如果用直线连接相应的同名分数尺,即构成由子午线和纬度圈组成的梯形经纬线格网。绘于内图廓内部纵横交错的直线网格为平面直角坐标格网(又称公里网),并注有高斯平面直角坐标系的通用坐标。其中横坐标的前两位表示该图所在投影带的带号。

5.三北方向线　在中小比例尺地形图的南图廓下方绘有三北方向关系图。它是指真子午线方向、磁子午线方向和坐标纵轴线方向之间的角度关系。为地形图定向等提供依据,并能实现图上任意一点真方位角、磁方位角和坐标方位角的相互换算。

6.图廓线外注记　外图廓线下方注记包括:测图时间、测图方法、坐标系、高程系、等高距、图式版本、测图单位等。

测图时间:确定地形图反映的是何时的地物地貌。

测图方法:测图方法有多种,根据测图方法可以确定成图精度。

坐标系统:说明本幅图采用的坐标系统。常用的坐标系有 1954 年北京坐标系、1980 年国家大地坐标系、2000 地心坐标系及城市坐标系等。

高程系统:高程系有两种基准,即 1956 年黄海高程系和 1985 国家高程基准。对于独立测区也可采用假定高程。

等高距:根据成图比例尺和地貌的实际情况,每幅图等高距选用不同。

图式版本:不同版本的图式,个别地物的表示方式会有所不同。

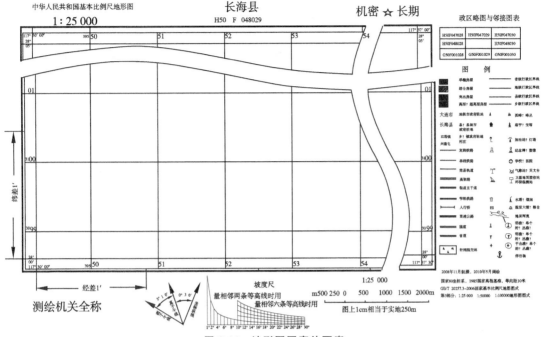

图 8-14　地形图图廓外要素

二、地形图地理要素识读

1.地物判读　地形图上地物符号是用《地形图图式》规定的符号绘制的。但地物种类繁多,往往很难认全所有地物。故进行地形图判读时,我们应熟悉《地形图图式》,并能认识一些常用的地物符号。除此之外,我们还可以通过以下方式帮助判读。

(1)借助注记符号帮助判读。地形图上很多地形要素都绘有注记符号,如堤坝注记"$\frac{72.5}{95}$水泥",表示坝长 95m,坝顶高程 72.5m,坝体建筑材料为水泥。

(2)利用地物地貌间的逻辑关系帮助判读。如横跨河流的双线为桥梁。

(3)对于多色图可利用颜色帮助判读。通常用蓝色表示水系,绿色表示植被。

(4)通过上述方法仍不能判读时,可借助地形图图式对照判读。

(5)实地对照进行判读。在室内无法判读的情况下,应去现场实地对照判读。

通过判读,我们可以了解图内主要地物的分布情况,如村庄名称、公路走向、河流分布、地面植被、农田等。

2.地貌判读　地貌在地形图上主要用等高线表示。地貌的判读就是根据地貌注记符号(如高程注记)对等高线进行判读。故地貌的判读必须掌握:(1)等高线定义;(2)等高线特性;(3)熟悉各种典型地貌的等高线形态;(4)找出地性线,掌握地貌规律。如由山脊线可看出山脉连绵;由山谷线可看出水系分布;由山峰、鞍部、洼地和特殊地貌可看出地貌变化。

第四节　地形图的一般应用

一、求算点的平面位置

如图 8-15 所示,欲求图上任一点 A 的平面直角坐标 $A(x,y)$,可根据图上坐标格网求得 A 点所在格网 $abcd$ 的西南角 a 点的坐标值,过 A 点作平行于 X 轴和 Y 轴的两条直线 Ae 和 Af,然后用直尺量出 ae、af 的图上距离,按下式计算 A 点坐标:

$$\left.\begin{array}{l} x_A = x_a + af \cdot M \\ y_A = y_a + ae \cdot M \end{array}\right\} \tag{8-3}$$

式中:M 为地形图比例尺分母。

如果图纸保存较久,需校核并考虑图纸伸缩影响时,可在量取 ae 和 af 长度的同时再量取 ab 和 ac 的长度,按下式计算 A 点的坐标值:

$$\left.\begin{array}{l} x_A = x_a + \dfrac{af}{ab} l \cdot M \\ y_A = y_a + \dfrac{ae}{ac} l \cdot M \end{array}\right\} \tag{8-4}$$

式中:l 为坐标格网边长(一般为 10cm),M 为地形图比例尺分母。

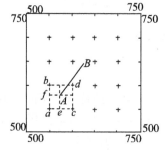

图 8-15　坐标和坐标方位角量算

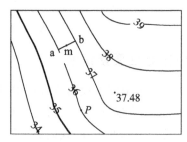

图 8-16　高程量算

另外,在中小比例尺地形图上,根据图廓间注记的经纬度也可求解图上任意一点的地理坐标。

二、求图上某点高程

求地面点的高程,要根据等高线的高程注记、示坡线方向以及该图的等高距推算。若所求点恰好落在某一条等高线上,则此点的高程就等于该条等高线的高程,如图 8-16 所示,P 点高程为 36m。若所求点 M 在等高线之间时,则可采用内插法求高程。方法是过 M 做一大概垂直相邻等高线的短线,交等高线于 A、B 两点,量取 AM、AB 的长度。则 AM 的高差为:

$$h_{AM} = \dfrac{AM}{AB} \times h \tag{8-5}$$

式中:h 为等高距。M 点的高程等于 A 点所在等高线高程与 AM 的高差之和。

另外,当待求点不在等高线上,也不在等高线之间时,要量测待测点的高程可按测图的过程来反求。如测图时一块稻田通常测量并注记一个高程点表示本块稻田的高程,所以当待求点落在此区域时,稻田中标注的高程就可当作待求点的高程。

三、求两点间的距离

在地形图应用中,经常要对某段距离进行测量,我们既可量测两点间的水平直线距离,亦可量测两点间的曲线距离。

1. 直线距离量测　两点间水平直线距离的测量可用图解法或解析法。图解法是用三棱比例尺(图示比例尺)直接量取;或用直尺量出图上长度,再乘以比例尺分母。解析法是先求得直线两端点 A、B 的平面直角坐标,再利用坐标反算公式计算两点间的水平距离,即:

$$D_{AB} = \sqrt{(x_B - x_A)^2 + (y_B - y_A)^2} \tag{8-6}$$

2. 曲线距离量测　地形图应用中如果要测量一段弯曲曲线(如河流、道路)的长度,可先用一细线拟合弯曲曲线,在端点做好标记,拉直细线,再用图解法量测曲线距离。

四、求直线的坐标方位角

如图 8-15 所示,欲求直线 AB 的坐标方位角 α_{AB},可采用两种方法。如果 AB 在同一幅图内,可分别过 A、B 两点作平行于纵轴的直线,用量角器分别量出 α_{AB} 和 α_{BA},应满足 $\alpha_{AB} = \alpha_{BA} \pm 180°$;如果 AB 不在同一幅图内,可先求出 A、B 两点的平面直角坐标,然后按坐标反算公式计算直线 AB 的坐标方位角,即:

$$\alpha_{AB} = \arctan\left(\frac{y_B - y_A}{x_B - x_A}\right) \tag{8-7}$$

有些地形图附有三北方向图,在求得直线的坐标方位角后,可根据三北方向图换算求出磁方位角和真方位角。

五、求图上两点间的坡度和坡度角

求图上两点间的坡度和坡度角可根据坡度的定义计算,也可根据随图绘制的坡度尺进行量算。如图 8-17 所示,要量取等高线上 A、B 两点的坡度,将两脚规分开,对准欲测坡度的等高线上 A、B 两点,然后把两脚规的一脚放在坡度尺的水平线上,另一脚放在坡度尺垂线或其延长线上,平行移动,当两脚开度正好和对应的等高线条数的某垂线长度相吻合时,则该垂线下方的度数和坡度,即为欲求的坡度角和坡度。坡度尺可量测相邻 2～6 条等高线之间的坡度。

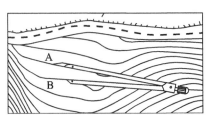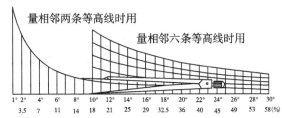

图 8-17　坡度量测

第五节　地形图的高级应用

一、勾绘汇水界线

当修建水库或研究水文状况时,要知道有多大范围的降水向谷地汇集。为了确定汇水区,要画出谷地周围的分水线,这条分水线通常沿山脊线,通过相邻山顶、鞍部而连成闭合曲线。勾绘汇水边界线时,汇水边界线应处处与等高线垂直。

如水库区汇水界线的绘制,如图 8-18 所示,从河口或河道指定的断面 AB 开始,沿山脊线、山顶和鞍部的最高点作连线直至断面的另一端,就是汇水界线(如图中的虚线)。

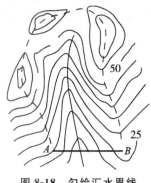

图 8-18　勾绘汇水界线

二、绘制某一方向剖面图

为了更直观地了解和判断已知方向上某一区间的地势起伏状况,通常需要绘制该方向的剖面图。

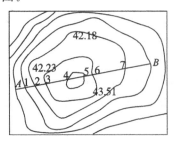 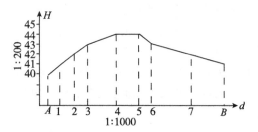

图 8-19　断面图

如图 8-19 所示,欲根据地形图绘制 AB 方向的剖面图,其步骤如下:

在地形图上绘制直线 AB 交等高线于 1、2、3、…、7 点;然后在一方格纸上绘制一相互垂直的坐标系,横轴表示水平距离 d,纵轴表示高程 H;将直线与等高线相交的各点 A、1、2、…、7、B 按交点到起点 A 的距离和交点的高程展会到坐标系中。各展点连成平滑的曲线,注出水平比例尺和垂直比例尺,即成剖面图。为了较明显地表示地面起伏状况,通常规定垂直比例尺为水平比例尺的 5～10 倍。

三、按限定坡度确定最短路线

在道路和管线设计时，往往要求线路在坡度一定的条件下选择一条最经济合理的路线。如图 8-20 所示，要从 A 点选择一条设计坡度 $i \leqslant 5\%$ 的路线到山顶 B 点，当地形图比例尺为 1：1000，等高线间的等高距为 1m 时，则路线通过等高线的最短水平距离为：

$$d = \frac{h}{i \times M} = \frac{1}{0.05 \times 1000} = 2(\text{cm})$$

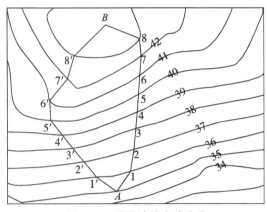

图 8-20　按设计坡度选路线

首先以 A 点为圆心，以 d 为半径作圆弧交 31m 等高线于 1、2 两点，再分别以 1、2 为圆心，d 为半径作圆弧交 32m 等高线于 3、4 两点，以此类推，直至山顶。然后将各点连起来，即为按限定坡度 i 选择的路线。最后根据实地条件选择一条最佳路线。如果等高线间的平距大于 d，则不能与等高线相交，说明这个地面坡度小于设计坡度，则可按等高线间最短距离确定路线走向。

四、面积量算

面积测量系指水平面积测量。在国民经济建设中常常涉及疆域面积、用地面积和房屋建筑面积等的测量和统计，通常可根据图量或实测获得相关数据计算其面积。

1. 规则几何图形面积量算　规则的平面几何图形包括矩形、三角形、梯形、菱形、圆形、扇形、弓形、椭圆形、正多边形、任意多边形（可分解成几个简单的几何图形）等。他们都可以从图上量取相应元素值，用几何公式计算该图形的面积。如果图形分布在多幅图内，可计算每幅图中图形的面积，总面积等于各面积之和。

任意多边形面积量算还可先求出多边形各顶点的坐标，然后根据顶点坐标计算图形面积。方法如下：

如图 8-21 所示，已知多边形 $ABCD$ 各顶点坐标为 (x_A, y_A)、(x_B, y_B)、(x_C, y_C)、(x_D, y_D)，把多边形各顶点 $ABCD$ 沿 x 轴平行方向投影到 y 轴上，则多边形 $ABCD$ 的面积为：

$$P_{ABCD} = P_{A_0ABCC_0} - P_{A_0ADCC_0} = (P_{A_0ABB_0} + P_{B_0BCC_0}) - (P_{C_0CDD_0} + P_{D_0DAA_0})$$

$$= \frac{1}{2}[(x_A + x_B)(y_B - y_A) + (x_B + x_C)(y_C - y_B) + (x_C + x_D)(y_D - y_C) + (x_D + x_A)(y_A - y_D)]$$

$$=\frac{1}{2}\left[x_A(y_B-y_D)+x_B(y_C-y_A)+x_C(y_D-y_B)+x_D(y_A-y_C)\right] \tag{8-8}$$

上式可推广到任意 n 边形,若多边形顶点按顺时针编号,则多边形面积的通用计算公式为:

$$P=\frac{1}{2}\sum_{i=1}^{n}x_i(y_{i+1}-y_{i-1}) \tag{8-9}$$

若把多边形投影到 x 轴上,则多边形面积的通用计算公式为:

$$P=\frac{1}{2}\sum_{i=1}^{n}y_i(x_{i+1}-x_{i-1}) \tag{8-10}$$

式中:当 $i-1=0$ 时,$x_0=x_n$;当 $i+1=n+1$ 时,$x_{n+1}=x_1$ 时。计算多边形面积时应按公式(8-9)和(8-10)各计算一次,用于检核。

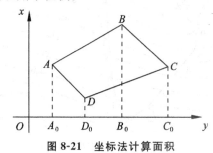

图 8-21 坐标法计算面积

2.不规则图形的面积量算 当被量测图形的边界是任意曲线时,可采用透明方格纸法、梯形法和求积仪法。

(1)透明方格纸法。利用透明的方格纸(通常大方格 1cm,小方格 1mm)覆盖在待量面积的图形上面,统计此面积内所包含的大方格数 n 及小方格数 p;再估读(估读至 0.1 格)被图形边线分割了的非整格数 q,乘以大方格和小方格各所代表的实地面积,所有方格代表的实地面积之和即为所求图形面积,如图 8-22 所示。

$$S_{总面积}=[n\cdot a+(p+q)\cdot b]\times M^2 \tag{8-11}$$

式中:a 为大方格的面积,b 为小方格的面积,M 为比例尺分母。

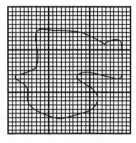

图 8-22 方格网法量算面积

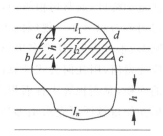

图 8-23 梯形法量算面积

(2)梯形法。用绘有等距平行线的透明膜片覆盖在欲量测的图形上,使图形上下边缘的两点位于膜片的平行线中间,则整个图形可近似看成许多等高梯形。如图 8-23 所示,图中阴影部分 $abcd$ 近似看成梯形,l_1、l_2、$\cdots$、l_n 为梯形中线。量取各条中线长度,则各梯形面积为:

$$S_i=l_i\cdot h \tag{8-12}$$

总面积为：

$$S = S_1 + S_2 + \cdots + S_n = h \cdot \sum_{i=1}^{n} l_i \qquad (8\text{-}13)$$

求得图上面积后，根据比例尺即可换算为实地面积。

五、体积量算

在工程设计中，经常遇到求算湖泊、水库的库容和山丘体积等问题。此时可以根据等高线求算体积。

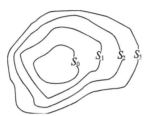

图 8-24　利用等高线求体积

如图 8-24 所示，欲求一山丘的体积，可以把表示山丘的每一条等高线看作分割山丘成多层水平面的分割线，每一层都可视为一个正截锥体，把顶部视为圆锥体的一部分，然后分层计算各部分的体积，其和即为总体积。每一层的体积 V_i 为：

$$V_i = \frac{S_{i-1} + S_i}{2} \cdot h \qquad (8\text{-}14)$$

式中：S_{i-1} 和 S_i 为上下两底的面积，可用前面介绍的方格网法、梯形法或求积仪法求得，h 为等高距。

顶部的体积为：

$$V_0 = \frac{h'}{3} S_0 \qquad (8\text{-}15)$$

式中：S_0 为最高一层等高线所围成的面积；h' 为顶点高程与最高层等高线的高差。则总体积 V 为：

$$V = V_0 + \sum_{i=1}^{n} V_i = \frac{h'}{3} S_0 + \frac{h}{2}(S_0 + 2S_1 + 2S_2 + \cdots + 2S_{n-1} + S_n) \qquad (8\text{-}16)$$

除此之外，计算体积还可以使用方格网法或 DTM 法等，具体计算方法见本章第六节内容。

六、工程设计及规划中的应用

地形图在各类工程设计及城市规划用地分析中有较为广泛的应用，往往设计及规划部门要根据设计规划区域内的植被、交通等各类地物的分布特点以及地形变化、地势起伏等地貌特征进行工程设计和规划。

1. **建筑设计中的地形图应用**　现代建筑设计总的原则是根据现场的地形特点，不剧烈改变地形的自然形态，使设计建筑物与周围景观环境比较自然地融为一体。这样不仅可以避免开挖大量的土方，节约建设资金，还可以保护周围的环境状态。

地形对建筑物布置的间接影响主要是自然通风和日照效果两方面。建筑通风的主要影响因素是地形和温差情况,在布置建筑物时,需结合地形并参照当地气象资料加以研究地形对建筑的通风效果造成的影响。比如,为达到良好的通风效果,在迎风坡,高建筑物应置于坡上;在背风坡,高建筑物应置于坡下。把建筑物斜列布置在鞍部两侧迎风坡面,可充分利用垭口风,以取得较好的自然通风效果。建筑物布列在山堡背风坡面两侧和正下坡,可利用绕流和涡流获得较好的通风效果。在平地,日照效果与地理位置、建筑物朝向和高度、建筑物间隔有关;而在山区,日照效果除了与上述因素有关外,还与周围地形、建筑物处于向阳坡或背阳坡、地面坡度大小等因素密切相关,因此,日照效果问题就比平地复杂得多,必须对每个建筑物进行个别的具体分析来决定。

在建筑设计中,既要珍惜良田好土,尽量利用薄地、荒地和空地,又要满足投资省、工程量少和使用合理等要求。如建筑物应适当集中布置,以节省农田,节约管线和道路;建筑物应结合地形灵活布置,以达到省地、省工、通风和日照效果均好的目的;公共建筑应布置在小区的中心;对不宜建筑的区域,要因地制宜地利用起来,如在陡坡、冲沟、空隙地和边缘山坡上建设公园和绿化地;自然形成或由采石、取土形成的大片洼地或坡地,因其高差较大,可用来布置运动场和露天剧场;高地可设置气象台和电视转播站;等等。建筑设计中所需要的上述地形信息,大部分都可以在地形图中找到。

2. 给排水工程设计中的地形图应用　选择自来水厂的厂址时,要根据地形图确定位置。如厂址设在河流附近,则要考虑到厂址在洪水期内不会被水淹没,在枯水期内又能有足够的水量。水源离供水区不应太远,供水区的高差不应太大。

在 0.5‰～1‰ 地面坡度的地段,比较容易排除雨水。在地面坡度较大的地区内,要根据地形分区排水。由于雨水和污水的排除是靠重力在沟管内自流的,因此,沟管应有适当的坡度,在布设排水管网时,要充分利用自然地形,如雨水干沟应尽量设在地形低处或山谷线处,这样,既能使雨水和污水畅通自流,又能使施工的土方量最小。

在防洪、排涝、涵洞和涵管等工程设计中,经常需要在地形图上确定汇水面积作为设计的依据。

3. 城市规划用地分析中的地形图应用　在作城镇规划设计之前,首先要按城镇各项建设对地形的要求,进行用地的地形分析,以便充分合理地利用和改造原有地形。地形分析工作包括在地形图上标明规划区内的分水线、集水线、地面水流方向,确定汇水面积,划分不同坡度地段,表示特殊地段等。

城市各项工程建设与设施对用地都有一定的要求,为此,必须在规划之前,将用地地区划分出各种不同坡度的地段。可以在地形图上应用各种符号或不同颜色表示出 2‰ 以下、2‰～5‰、5‰～8‰ 和 8‰ 以上等不同地面坡度的地段。城市各项建设适用坡度可参考表 8-5。

表 8-5　城市各项建设适用坡度

项　目	坡　度	项　目	坡　度
工业水平运输	0.5‰～2‰	铁路站场	0‰～0.25‰
居住建筑	0.3‰～10‰	对外主要公路	0.4‰～3‰
主要道路	0.3‰～6‰	机场用地	0.5‰～1‰
次要道路	0.3‰～8‰	绿化用地	任何坡度

地形的特殊地段包括坎地、冲沟、沼泽地等,是否可作为建设用地,必须作进一步调查,结合有关地质,水文等资料进行分析,才能确定上述特殊地段的性质和用途。

特殊地段的地形可以考虑作如下处理和利用:

(1)较大的冲沟,在不妨碍城市卫生条件下,可作废土、垃圾的处理场。填平后作公共绿化地,但要注意解决排水问题。

(2)坡度缓而较浅的冲沟,可沿其边缘修筑居住区内道路。较高处布置建筑物,沟坎底作绿化,夏天可改善居住区的小气候。

(3)自然形成或因采石、取土而形成的大片洼地或坡地,高差较大,可略加改造,布置运动场或露天剧场等。

(4)高地上布置建筑物时,可结合使用条件,布置气象站或旅游小品等建筑。

第六节 地形图的野外应用

地形图是野外调查的重要工具,野外使用地形图时,要将地形图上的地物地貌与实地相对照。实地地物有变化,则要进行补测或修测。地形图上设计好的点、线、面等成果也要按测量方法拓展到实地,以满足不同的工作需要。

一、地形图定向

地形图定向就是使地形图的方向与实地方向一致,以便读图和用图。地形图定向方法主要有下面两种。

1.根据地物地貌定向 先根据站立点附近的地物(如房屋、道路交叉点、桥梁)确定站立点位置,在地面上较远处寻找另一明显特征点(如水塔、独立树、烟囱等)为目标点,把图纸展平在站立点上,并使图纸的南北方向与实地南北方向大致一致。然后在地形图上找到站立点和目标点,用三棱比例尺的边缘对准图上站立点与目标点的连线,转动地形图,从图上沿站立点至目标点看三棱比例尺的上棱边,使上棱边照准地面上的目标点。则图纸的方向就确定了。

2.根据罗盘定向 如果地形图上绘有三北方向线,或者绘有坐标格网和磁子午线标记及分度带,我们可以根据罗盘定向。

(1)按磁子午线定向:如果地形图上有磁子午线标记,即地形图南北内图廓线上注有磁南和磁北(或 P 与 P'),两点的连线即为磁子午线。将罗针度盘上的南北线与图中磁子午线平行或重合,转动地形图,使磁针南北端与度盘南北端的连线一致,则地形图方向就和实地一致了,如图 8-25(a)所示。

(2)按坐标纵线定向:在地形图的三北方向图上查得坐标纵线与磁子午线之间的夹角 α,使罗盘上的度盘南北线与坐标纵线平行或重合,慢慢转动地形图,当磁针北端读数为 α 时,则地形图的方向与实地一致,如图 8-25(b)所示。

(3)按真子午线定向:使罗盘上的度盘南北线与东西方向内图廓(经线)线平行或重合,慢慢转动地形图,当磁针北端读数为磁偏角时,则地形图的方向与实地一致,如图 8-25(c)所示。

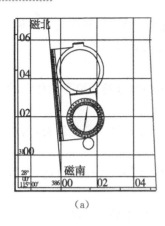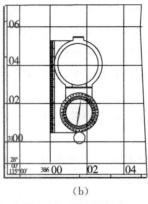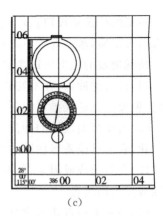

图 8-25 罗盘仪定向

二、实地对照读图

实地对照读图可按由左向右、由近及远的顺序进行；读图时尽量把站立点选在高处，先对照主要明显的地物地貌，再以它为基础根据相互位置关系对照其他的地物地貌。对照时要根据方位和距离仔细区分相似地形。

例如进行地物对照时，可先对照主要居民地、道路和河流等，再按这些地物的分布情况和相关位置逐步对照其他地物；而进行地貌对照时，可先对照明显的山顶、鞍部，然后从山顶沿山脊、山谷向山脚方向进行对照。

三、野外填图

野外填图就是将调查内容用规定的符号和注记填绘在地形图上。将地面上各种形状的地物地貌填绘到图纸上，只需确定地物地貌特征点在图上的位置。确定地面特征点位置常采用以下几种方法。

1. 目估判定法　当待定点精度要求不高时，可根据待定点与其周围的明显地物地貌特征点的位置关系，直接确定待定点在图上的位置。

2. 极坐标法　如图 8-26 所示，在两幢房屋的房角点连线上确定 A 点位置，根据 A 点到房角的距离，在图上按成图比例尺找到相对应的 a 点。将仪器安置在地面的 A 点上，以远处的另一房角为定向点，采用极坐标法即可测定待定点 P 的位置。

3. 距离交会法　根据地面上两个明显特征点到待定点的距离，在图上交会出点位。如图 8-27 所示，先在地面上量出待定点 P 与房角 A 和路灯 B 的距离 D_{AP} 和 D_{BP}，然后在图纸上分别以 A 和 B 为圆心，以 D_{AP} 和 D_{BP} 的图面距离为半径划弧，两弧交点即为待定点 P 的位置。

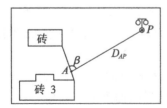

图 8-26　极坐标法确定地面点位置

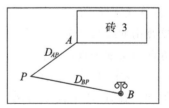

图 8-27　距离交会法确定地面点位置

第七节 数字地形图的应用

随着科技的发展,目前测绘的地形图大多都是数字地形图。数字地形图必须借助计算机软件进行显示,故数字地形图的应用依赖于所使用的软件。本节以南方 CASS9.1 成图系统为例,介绍数字地形图在南方 CASS9.1 成图系统中能实现的功能。

一、查询点的坐标

单击"工程应用"菜单下的"查询指定点坐标"子菜单,命令行提示:

指定查询点:用鼠标在屏幕上指定要查询的点。

测量坐标:X=XXX. XX 米 Y=XXX. XX 米 H=XXX. XX 米。

当查询点是有高程数据的已知点时,能显示高程数据;当查询点不是已知点,只能查询平面坐标,高程值均为 0。

二、查询点的高程

查询图面上任一点的坐标及高程。单击"等高线"菜单下的"查询指定点的高程"子菜单,系统弹出对话框要求输入高程数据文件,选择查询点所在的高程数据文件范围,命令行提示:

是否在图上注记? (1)是(2)否<1>   根据情况选择。

指定点: 用鼠标在屏幕上指定要查询的点。

指定点坐标:X=XXX. XX 米,Y=XXX. XX 米,H=XXX. XX 米。

指定点: 命令行会反复提示,直至查询完所有待查询点。可回车结束。

"查询指定点坐标"与"查询指定点高程"不同。"查询指定点坐标"只能查询到已知高程点的高程,未知点高程值全为 0;而此"查询指定点高程"不但能查询已知点高程,还能通过插值查询未知点高程。

三、查询两点距离和方向

单击"工程应用"菜单下的"查询两点距离及方位"子菜单,命令行提示:

第一点: 用鼠标指定第一点,也可直接输入第一点坐标。

第二点: 用鼠标指定第二点,也可直接输入第二点坐标。

两点间实地距离=XXX. XX 米,图上距离=XXX. XX 毫米,方位角=XX 度 XX 分 XX. XX 秒。

四、查询线长

在实际应用中经常要查询某条道路、水系等的长度,此时可采用查询线长功能。单击"工程应用"菜单下的"查询线长"子菜单,命令行提示:

请选择要查询的线状实体:

选择对象:用鼠标选取对象。

选择对象:用鼠标选择其他对象,或回车结束选择。

共有 X 条线状实体

实体总长度为 XXX. XX 米

查询后会弹出如图 8-28 所示对话框,显示线体信息。

图 8-28 线体信息

五、面积查询与计算

面积查询可通过"工程应用"菜单下的"查询实体面积""计算指定范围面积"和"指定点所围成的面积"三个子菜单进行查询。可根据实际需要选择不同功能进行面积查询与计算。

1.查询实体面积 单击"工程应用"菜单下的"查询实体面积"子菜单,命令行提示:

(1)选取实体边线(2)点取实体内部点<1> 如选 2,则提示如下。

输入区域内一点: 鼠标在待查询区域内点取一点。

区域是否正确?(Y\N)<Y> 看待查询区是否是高亮显示区域,如果是,直接回车;如果不是待查询区,则输入 N 退出,重新查询。

是否注记?(Y\N)<N> 是否在查询区域注记查询的面积,注记输 Y,不注记直接回车。

实体面积为 XXX. XX 平方米。

2.计算指定范围的面积 计算由复合线构成的封闭区域的面积,计算结果注记在区域的重心上。单击"工程应用"菜单下的"计算指定范围的面积"子菜单,命令行提示:

1.选目标\2.选图层\3.选指定图层的目标<1>若选 1,用户需指定要计算面积的封闭边界,可用窗选,点选等方式。若选 2,用户需输入图层名,系统将计算该图层所有封闭复合线的面积。若选 3,用户需先输入图层,再选择目标,系统将计算指定图层上被选中的封闭复合线的面积。

选择对象: 用鼠标在屏幕上选取待计算面积的对象。

选择对象: 反复提示选择对象,直至回车结束。

是否对统计区域加青色阴影线?<Y>系统默认为"是",如果不需要加阴影线,可输入 N 回车即可。

总面积＝XXXXX. XX 平方米。

3.指定点所围成的面积

计算由鼠标指定的点所围成区域的面积,单击"工程应用"菜单下的"指定点所围成的面积"子菜单,命令行提示:

指定点: 用鼠标按顺序在屏幕上指定待求面积的区域各个顶点(命令行反复提示直至回车结束)。

指定点所围成的面积＝XXXX. XX 平方米。

六、计算表面积

在实际工作中经常会要求计算实体的表面积。计算表面积的方法有三种：一是根据坐标文件计算；二是根据图上的高程点计算；三是根据三角网计算。

1. 根据坐标文件计算　点击"工程应用\计算表面积\根据坐标文件"菜单，命令行提示：

选择计算区域边界线　用鼠标选取封闭边界，弹出输入坐标文件对话框，选择坐标文件。

请输入边界插值间隔（米）：＜20＞　默认 20 米，可根据需要调整。

表面积＝XXX.XX 平方米，详见 surface.log 文件。

2. 根据图上高程计算　点击"工程应用\计算表面积\根据图上高程"菜单，命令行提示：

选择计算区域边界线　用鼠标选取封闭边界。

请输入边界插值间隔（米）：＜20＞　默认 20 米，可根据需要调整。

表面积＝XXX.XX 平方米，详见 surface.log 文件。

3. 根据三角网计算　根据三角网计算时需先对图面构建 DTM。然后再根据已构建的三角网计算表面积。构建好三角网后点击"工程应用\计算表面积\根据三角网"菜单，命令行提示：

请选择三角网：　选择需要计算表面积的三角网。

选择对象：　用鼠标选取，可点选、框选。

选择对象：　反复选取，直至选完所有需计算表面积的三角网。回车。

表面积＝XXX.XX 平方米，详见 surface.log 文件

以上三种方法计算完成后，系统都会在图面上构建三角网并对三角网中每个三角形进行编号，每个三角形的表面积可通过 surface.log 文件查询。

七、土方计算

1. 方格网法土方计算　方格网法计算土方量是根据实地测量的地面点坐标(x,y,z)和设计高程，通过生成方格网来计算每一个小方格内的填挖方量，最后累计得到指定范围内填方和挖方的土方量，并绘出填挖方分界线。

方格网法土方计算的原理是：系统首先将方格的四个角上的高程相加（如果角上没有高程点，通过周围高程点内插得出其高程），取平均值与设计高程相减，其值作为填挖的高度 h；然后通过指定的方格边长求得每个方格的面积 S；再用长方体的体积计算公式 $V=S \cdot h$ 求得填挖方量。这种方法因其算法的局限性，计算结果精度受到限制，但土方计算本身对精度要求不是很高，而方格网法又简便直观，易于操作，故这一方法在实际工作中应用非常广泛。

用方格网法计算土方量，设计面可以是平面、斜面或三角网。

（1）设计面是平面时的土方计算：首先用封闭的复合线圈出所要计算土方的区域，一定要闭合，但是尽量不要拟合。

选择"工程应用\方格网法土方计算"菜单。命令行提示：

选择计算区域边界线　选择用复合线绘制的边界线，系统弹出方格网土方计算对话框，如图 8-29 所示。在对话框中选择所需的坐标文件；在"设计面"栏选择"平面"，并输入目标高程；在"方格宽度"栏输入方格网的宽度；选择输出格网点坐标文件及计算方法；如果计算方法选择细分格网，则还需输入细分格网的宽度，细分格网宽度越小，计算所需的时间也

越久,土方计算精度也越高,但并不是细分格网越小越好,当细分格网的宽度小于采集点的密度时,再细分就没有多少意义了。全部输入后点击"确定"按钮,命令行提示:

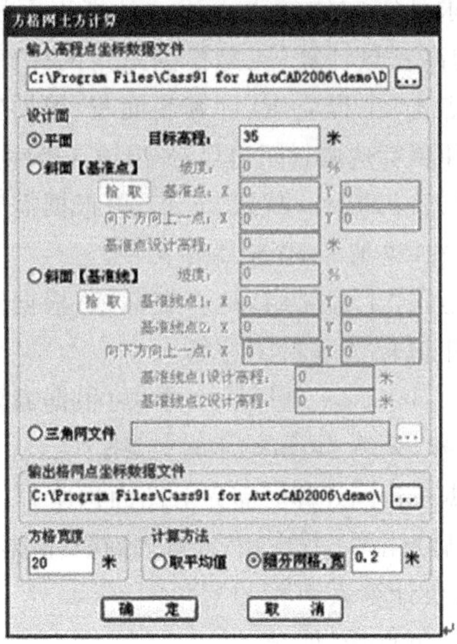

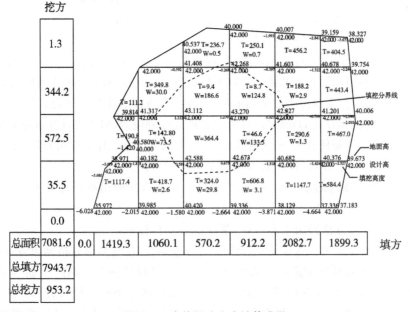

图 8-29　方格网土方计算对话框

最小高程＝XX.XXX,最大高程＝XX.XXX

请确定方格起始位置:＜缺省位置＞　根据需要选取方格网的起始位置。

请指定方格倾斜方向:＜不倾斜＞　确定方格网的绘制方向。默认为水平绘制。

总填方＝XXXX.X 立方米,总挖方＝XXX.X 立方米

同时图上绘出所分析的方格网,填挖方的分界线(图中虚线),并给出每个方格的填挖方量,每行的挖方和每列的填方。结果如图 8-30 所示。

图 8-30　方格网法土方计算成果

（2）设计面是斜面时的土方计算：设计面是斜面时的土方计算步骤与设计面是平面时的计算步骤基本相同，区别在于在方格网土方计算对话框中"设计面"栏选择"斜面【基准点】"或"斜面【基准线】"。根据选择的设计面设置好各项参数后单击"确定"按钮，即可进行方格网土方计算。

（3）设计面是三角网文件时的土方计算：设计面为三角网文件时的土方计算步骤与设计面是平面时的计算步骤也大致相同，区别在于在"设计面"栏选择"三角网文件"，并点击其后的 ... 图标，选择预先生成的三角网文件。设置好各项参数后点击"确定"按钮，即可进行方格网土方计算。

2.断面法土方计算　断面法土方计算主要用在公路土方计算和区域土方计算上，对于特别复杂的地方可以用任意断面设计方法。断面法土方计算主要有：道路断面、场地断面和任意断面三种计算土方量的方法。这里只介绍道路断面土方计算，步骤如下：

（1）生成里程文件：里程文件是用离散的方法描述了实际地形。土方计算的所有工作都是分析里程文件数据完成的。

南方CASS9.1软件生成里程文件有五种方法，分别是：由纵断面线生成、由复合线生成、由等高线生成、由三角网生成及由坐标文件生成。其中由复合线生成、由等高线生成和由三角网生成三种方法只能生成纵断面里程文件，而由坐标文件生成必须对生成里程文件的简码数据文件比较熟悉。本节只介绍由断面线生成里程文件的方法。

在生成里程文件之前，要事先用复合线绘制出纵断面线。再用鼠标点取"工程应用\生成里程文件\由纵断面生成\新建"子菜单。屏幕提示：

请选取纵断面线：用鼠标点取所绘纵断面线，弹出如图 8-31 所示对话框：

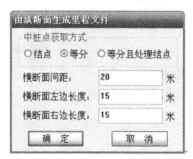

图 8-31　由纵断面生成里程文件对话框

根据实际情况选取中桩点获取方式并填写横断面间距及横断面左右长度，单击"确定"后系统自动沿纵断面线生成横断面线。如图 8-32 所示。

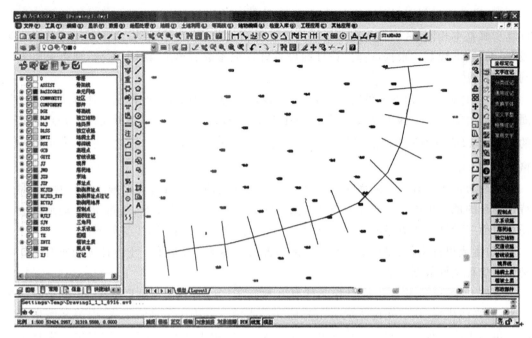

图 8-32　由纵断面生成横断面

如果生成的横断面不符合要求需要修改,我们还可以通过"工程应用\生成里程文件\由纵断面生成\"下的"添加、变长、剪切和设计"等编辑功能对横断面进行修改。

当横断面设计完成后,点击"工程应用\生成里程文件\由纵断面生成\生成"菜单,系统弹出生成里程文件对话框,在对话框中,选择已知坐标获取方式、里程文件名称和存放位置等参数,点击"确定",即可生成里程文件。如图 8-33 所示。

图 8-33　生成里程文件对话框

图 8-34　断面设计参数输入对话框

(2)选择土方计算类型并给定断面设计参数:用鼠标点取"工程应用\断面法土方计算\道路断面"子菜单。弹出如图 8-34 所示对话框。

①选择里程文件:点击"确定"左侧的图标 $\boxed{...}$,出现"选择里程文件名"对话框。选定前面生成的里程文件。

②道路断面的设计参数可以通过断面设计文件获得;也可以直接在对话框中输入各设

计初始参数。

横断面设计文件需预先编辑。单击"工程应用/断面法土方计算/道路设计参数文件"子菜单,弹出如图 8-35 所示对话框,直接在对话框中输入各设计参数并保存,计算土方时直接调用该文件即可。

图 8-35　编辑道路设计参数文件

如果不使用道路设计参数文件,则在图 8-34 中直接输入各初始设计参数。此参数将应用到所有设计面,若某设计面参数不同,可在生成断面后进行修改。点"确定"按钮后,弹出对话框 8-36,选择断面图绘制位置及绘制样式。系统根据给定的比例尺,在图上绘出道路的纵横断面图,如图 8-37 所示。

图 8-36　绘制纵断面图设置

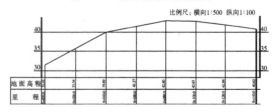

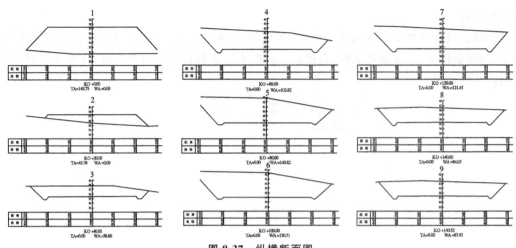

图 8-37　纵横断面图

如果生成的部分断面需要修改设计参数,可通过"工程应用\断面法土方计算\"下的"修改设计参数、编辑断面线、修改断面里程"等子菜单进行修改。

(3)计算工程量:用鼠标点取"工程应用\断面法土方计算\图面土方计算"子菜单,命令行提示:

选择要计算土方的断面图:拖框选择所有参与计算的道路横断面图。

指定土石方计算表左上角位置:在屏幕适当位置指定表格绘制位置。

系统自动在图上绘出土石方计算表,如图 8-38 所示。并在命令行提示:

总挖方＝XXXX 立方米,总填方＝XXXX 立方米

土 石 方 数 量 计 算 表

量　程	中心高（m）		横断面积（m²）		平均面积（m²）		距离（m）	总数量（m³）	
	填	挖	填	挖	填	挖		填	挖
k0+0.00	6.09		148.73	0.00					
					96.24	0.00	20.00	1924.89	0.00
k0+20.00	2.16		43.76	0.00					
					21.88	28.30	20.00	437.57	565.99
k0+40.00		2.39	0.00	56.60					
					0.00	79.71	20.00	0.00	1594.24
k0+60.00		3.77	0.00	102.82					
					0.00	121.82	20.00	0.00	2436.41
k0+80.00		5.30	0.00	140.82					
					0.00	135.67	20.00	0.00	2713.32
k0+100.00		5.15	0.00	130.51					
					0.00	125.98	20.00	0.00	2519.62
k0+120.00		4.34	0.00	121.45					
					0.00	102.75	20.00	0.00	2055.02
k0+140.00		3.12	0.00	84.05					
					0.00	83.49	0.52	0.00	43.67
k0+140.52		3.08	0.00	82.92					
合　计								2362.5	11928.3

图 8-38　土石方计算表

3. DTM 法土方计算　DTM 法土方计算是根据实地测量的地面点坐标(x,y,z)和设计高程,通过生成三角网来计算每一个三棱锥的填挖方量,最后累计得到指定范围内填方和挖方的土方量,并绘出填挖方分界线。

DTM 法土方计算包括根据坐标文件、根据图上高程点和根据图上三角网三种计算方法。前两种算法包含重新建立三角网的过程,第三种方法直接采用图上已有的三角网,不再重建三角网。下面分述三种方法的操作过程。

(1)根据坐标文件计算:先用封闭的复合线圈出所要计算土方的区域,然后用鼠标点取"工程应用\DTM 法土方计算\根据坐标文件"子菜单。命令行提示:

选择边界线　用鼠标点取所画的封闭复合线,弹出如图 8-39 所示的土方计算参数设置对话框。在对话框中输入平场标高(设计高)和边界采样间隔。如需考虑边坡,还需勾选处理边坡复选框,并对边坡进行设置。

图 8-39　土方计算参数设置

单击"确定"后屏幕上显示填挖方的提示框,并在命令行显示:

挖方量＝XXXX.X 立方米,填方量＝XXXX.X 立方米

同时图上绘出所分析的三角网、填挖方的分界线。如图 8-40 所示。关闭对话框后系统提示:

请指定表格左下角位置:<直接回车不绘表格>用鼠标在图上指定表格绘制位置。如图 8-41 所示。

图 8-40　填挖方提示框图

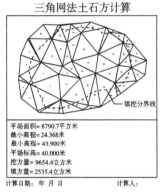

8-41　填挖方量计算结果表格

(2)根据图上高程点计算:先在图上展绘高程点,然后用封闭的复合线圈出所要计算土方的区域。

用鼠标点取"工程应用\DTM 法土方计算\根据图上高程点"子菜单,命令行提示:

选择边界线　用鼠标点取所画的封闭复合线。弹出如图 8-39 所示的"土方计算参数设置"对话框,余下步骤与"根据坐标文件计算"步骤一样。

(3)根据图上三角网计算:当地貌特殊,为使三角网模拟的与实际地形更接近,需对三角网进行修改,在修改后的三角网上进行土方计算可选择"根据图上三角网"方法计算。

用鼠标点取"工程应用\DTM法土方计算\根据图上三角网"子菜单。命令行提示:

平场标高(米):输入平整的目标高程。

请在图上选取三角网:用鼠标在图上选取三角形,可逐个选取也可拉框批量选取。

回车后屏幕上显示填挖方量的提示框,并在图上绘出填挖方的分界线。

除此之外,南方CASS9.1还能计算两期间土方量,具体实现步骤这里不再赘述。

4. 等高线法土方计算   有些地形图因各种原因没有高程数据文件,这时如果要计算等高线间土方量,就可使用"等高线法土方计算"功能。此功能可计算任意两条等高线之间的土方量。

点取"工程应用\等高线法土方计算"菜单,命令行提示:

选择参与计算的封闭等高线

选择对象:可逐个点取参与计算的等高线,也可拖框选取。回车。

输入最高点高程:<直接回车不考虑最高点>

回车后:屏幕弹出如图8-42所示的总方量消息框,单击确定后命令行继续提示:

请指定表格左上角位置:<直接回车不绘制表格>在图上空白区域点击鼠标左键,系统将在该点绘出计算成果表格,如图8-43所示。

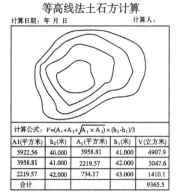

等高线法土石方计算

计算日期: 年 月 日   计算人:

计算公式: $V = (A_1 + A_2 + \sqrt{A_1 \times A_2}) \times (h_2 - h_1)/3$				
A1(平方米)	h₂(米)	A₂(平方米)	h₁(米)	V(立方米)
5922.56	40.000	3958.81	41.000	4907.9
3958.81	41.000	2219.57	42.000	3047.6
2219.57	42.000	734.17	43.000	1410.1
合计				9365.5

图 8-43   等高线法土方计算

AutoCAD 信息

总方量 = 65226.180 立方米

确定

图 8-42   等高线法土方计算总方量消息框

5. 区域土方量平衡   在场地平整中,为了减少土方运输工程量和费用,人们常希望使场地中填方方量和挖方方量相等,这就可以使用区域土方平衡的功能加以实现。通过区域土方平衡可以计算出平场标高,并绘制填挖方边界线指导施工。区域土方量平衡可根据坐标数据文件计算,也可根据图上高程点计算。两种计算方法类似。具体实现步骤如下:

首先在图上展出高程点,并用封闭的复合线绘出需要进行土方平衡计算的边界线。

单击"工程应用\区域土方量平衡\根据坐标文件(根据图上高程)"菜单。命令行提示:

选择计算区域边界线   用鼠标选取事先画好的封闭复合线(如果前面选择根据坐标文件计算,此时会弹出输入高程点数据文件对话框,选择需要的坐标文件)。

请输入边界插值间隔(米):<20>   默认为20米,可根据需要调整。

回车后弹出如图8-44所示的对话框,同时命令行出现提示:

土方平衡高度=XXX.X米,挖方量=XXXX.X立方米,填方量=XXXX.X立方米

点击对话框的"确定"按钮,命令行提示:

请指定表格左下角位置：＜直接回车不绘表格＞在图上合适位置点击鼠标左键绘出计算结果表格，如图8-45所示。

三角网法土石计算

图8-44　土方量平衡

平场面积=7193.6平方米
最小高程=24.368米
最大高程=43.900米
土方平衡高度=39.664米
挖方量=6128立方米
挖方量=6127立方米

计算日期：　年　月　日　　　　　计算人：

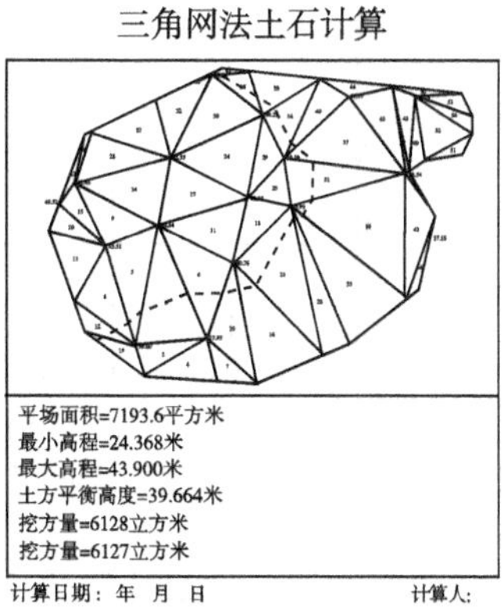

图8-45　区域土方量平衡

八、断面图绘制

断面图绘制方法有四种：根据已知坐标、根据里程文件、根据等高线和根据三角网绘制。

1. 由已知坐标生成　已知坐标包括已展会到图面的高程点和野外采集的包含高程的点文件。绘制步骤如下：

先沿设计线位置画一条复合线，然后点取"工程应用\绘断面图\根据已知坐标"子菜单。命令行提示：

选择断面线　用鼠标点取上步所绘复合线。屏幕上弹出"断面线上取值"的对话框，如图8-46所示。根据实际情况选择获取已知坐标方式，如果选择"由数据文件生成"，则在"坐标数据文件名"栏中选择高程点数据文件。

图8-46　根据已知坐标绘断面图

图8-47　绘制纵断面图对话框

输入采样点的间距，系统默认值为20米。

输入起始里程＜0.0＞系统默认起始里程为0。

点击"确定"后，屏幕弹出绘制纵断面图对话框，如图8-47所示。

输入相关参数,并指定断面图绘制位置。点击"确定"后,屏幕上出现所选断面线的断面图,如图 8-48 所示。

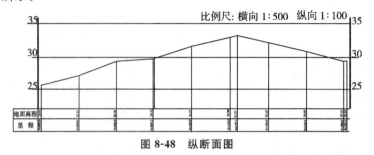

图 8-48　纵断面图

2.根据里程文件　里程文件可通过"工程应用\生成里程文件"菜单生成,或用记事本进行编辑。

选择"工程应用\纵断面图\根据里程文件"子菜单,弹出对话框,选择里程文件,点击"确定"按钮后在弹出的绘制纵断面对话框中设置参数,如图 8-47 所示。系统会根据里程文件按里程生成断面图。

3.根据等高线　如果图面存在等高线,则可以根据断面线与等高线的交点来绘制纵断面图。

选择"工程应用\绘断面图\根据等高线"子菜单,命令行提示:

请选取断面线:选择要绘制断面图的断面线,可事先用复合线绘制。

屏幕弹出绘制纵断面图对话框,如图 8-47 所示。设置各参数即可在指定位置绘制断面图。

4.根据三角网　如果图面存在三角网,则可以根据断面线与三角网的交点来绘制纵断面图。

选择"工程应用\绘断面图\根据三角网"子菜单,命令行提示:

请选取断面线:选择要绘制断面图的断面线,可事先用复合线绘制。

屏幕弹出绘制纵断面图对话框,如图 8-47 所示;设置各参数即可在指定位置绘制断面图。

九、三维显示

数字地形图不但能以二维平面图的形式显示,还能以三维立体方式逼真地再现空间地形结构,这是传统的纸质地形图无法做到的。三维建模的步骤如下:

单击"等高线\三维模型\绘制三维模型"子菜单,在弹出的对话框中输入高程点数据文件名。命令行提示:

输入高程乘系数<1.0>:系数越大,则高低的对比越大。系统自动内插各点高程,然后根据方格各节点高程建立三维曲面。

输入格网间距<8.0>:输入模拟的格网间隔。

是否拟合? (1)是(2)否<1>如果山的形状比较圆滑,输入"1",如果山的形状比较险峻,输入"2",完成后回车。则三维模型便建成,如图 8-49 所示。

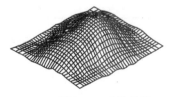

图 8-49　三维模型

图 8-50　三维模型着色后

三维模型建立后,我们还可以对模型进行着色,南方 CASS9.1 成图系统提供了低级着色方式和高级着色方式两种。进行高级着色后效果图如图 8-50 所示。

复习思考题

1.地形图的分幅与编号方法有哪些? 各自是怎样分幅和编号的?

2.已知某地位于北纬 $30°18'$、东经 $117°24'18''$,求该地所在 1∶1 万比例尺地形图的编号。若按新的分幅编号法,其编号是什么?

3.试述地形图的基本内容有哪些?

4.简述地形图判读的过程?

5.图 8-51 为 1∶2000 比例尺地形图,试确定:

(1)A、B、C 三点的坐标;

(2)A、B、C 三点的高程 H_A、H_B、H_C;

(3)用解析法和图解法分别求出距离 AB、AC,并进行比较;

(4)用解析法和图解法分别求出方位角 α_{BC}、α_{BA},并进行比较;

(5)求 AB、AC 连线的坡度 i_{BA} 和 i_{CA}。

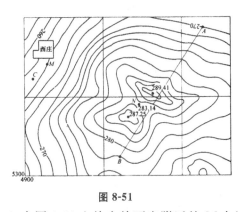

图 8-51　　　　　　　　　　　　　　　　　图 8-52

6.在图 8-51 上绘出从西庄附近的 M 出发至鞍部(垭口)N 的坡度不大于 8% 的路线。

7.如图 8-51,试沿 AB 方向绘制纵断面图(水平距离比例尺 1∶2000,高程比例尺 1∶200)。

8.如图 8-52,欲在 AB 处建水坝。试勾绘汇水界线。

9.不规则几何图形的面积量算可采用哪几种方法?

10.已知某独立坐标系中四边形的各顶点坐标依次为 A(1213.41,2248.62)、B(724.28,2261.14)、C(106.84,1652.81)、D(423.11,849.35),用解析法计算该地块面积。

11.数字地形图中计算土方有哪些方法? 各适用于什么情况?

第9章　数字测图

重点提示

本章介绍了大比例尺地面数字测图野外测图方法和利用南方 CASS9.1 成图软件内业绘制地形图的详细步骤。重点掌握平面图及等高线的绘制。

第一节　数字测图概述

数字化测图是近几年随着计算机、地面测量仪器、数字化测图软件的应用而迅速发展起来的全新内容,广泛用于测绘生产、土地管理、城市规划、环境保护和军事工程等部门。数字化测图作为一种全解析机助测图技术,与模拟测图相比具有显著优势和发展前景,是测绘发展的技术前沿。目前许多测绘部门已经形成了数字图的规模生产。作为反映测绘技术现代化水平的标志之一,数字测图技术将逐步取代人工模拟测图,成为地形测图的主流。数字测图技术的应用发展极大地促进了测绘行业的自动化和现代化进程,使测量的成果不仅有绘在纸上的地形图,还有方便传输、处理、共享的基础信息,即数字地图。

广义的数字测图包括:利用全站仪或 GPS RTK(Real-time kinematic)等测量仪器进行野外数字化测图;利用手扶数字化仪或扫描数字化仪对纸质地形图的数字化;以及利用航摄、遥感相片进行数字化测图等技术。利用上述技术将采集到的地形数据传输到计算机,由数字成图软件进行数据处理,经过编辑、图形处理,生成数字地形图。在实际工作中,大比例尺数字化测图主要指野外实地测量即地面数字测图,也称野外数字化测图。

数字化测图具有以下特点:

1.点位精度高　在数字化测图中,电子速测仪的测量数据作为电子信息可以自动记录、存储、处理和成图。在全过程中原始数据的精度毫无损失,从而获得高精度的测量成果。

2.改进了作业方式　传统的作业方式主要是通过手工操作,外业人工记录、人工绘制地形图。数字测图则使野外测量达到自动记录、自动解算处理、自动成图,并且提供了方便使用的数字地图。数字测图自动化的程度高,出错的概率小,能自动提取坐标、距离、方位和面积等。绘制的地形图精确、规范、美观。

3.图件更新方便　地面数字测图能克服大比例尺白纸测图连续更新的困难,只须输入有关的信息,经过数据处理就能方便地做到更新和修改,始终保持图面整体的可靠性和现势性。

4.增加了地图的表现力　计算机与显示器、打印机联机,可以显示或打印各种资料信息,绘制各种比例尺的地形图。也可以分层输出各类专题地图,满足不同用户的需要。

5.方便成果的深加工利用　数字化测图的成果是分层存放,不受图面负载量的限制,从而便于成果的加工利用,通过打开或关闭不同的图层得到所需的各类专题图,如管线图、水系图、道路图、房屋图等。

6.可作为 GIS 的重要信息源　地理信息系统具有方便的信息查询功能、空间分析功能以及辅助决策功能,在国民经济、办公自动化及人们日常生活中都有广泛的应用。数字化测图作为 GIS 的信息源,能及时地提供各类基础数据更新 GIS 的数据库。

第二节　测图前准备工作

与传统的平板测图一样,数字化测图也必须进行技术设计、实地踏勘、控制网布设、控制测量及碎步测量等。布设控制网也应遵循分级布网,逐级控制;应有足够的精度和密度的原则。数字测图准备工作如下:

1.测量仪器与资料

(1)测量仪器:全站仪数字化测图需要的仪器主要包括:全站仪、对讲机、备用电池、通信电缆、棱镜杆、反光棱镜、皮尺或钢尺等,除此之外,有条件的还可以配备电子手簿或便携机等。全站仪、对讲机应提前充电。而 RTK 数字化测图需要的仪器主要包括:GPS 接收机、发射电台、蓄电池、发射天线、脚架、对中杆、电子手簿及备用电池等。

(2)资料准备:控制点坐标及点之记、绘制草图时的工作底图等。绘制草图一般在专门准备的工作底图上进行。工作底图最好用旧地形图、平面图的晒蓝图或复印件制作,也可用航片放大影像图制作。

2.控制测量　采用全站仪布设控制网时,应该尽可能多选制高点,在规范或甲方允许范围内布设最大边长,以提高等级控制点的控制效率。完成等级控制测量后,可用辐射法布设图根点,点位及点之密度完全按需要而测设,灵活多变。

而采用 RTK 布设图根控制网方式更灵活,可以在 RTK 信号覆盖范围内根据需要布设任何图根控制点,而且相互控制点之间精度独立,不需平差。

3.测区分幅　为了便于多个作业组作业,在野外采集数据之前,通常要对测区进行“作业区”划分。平板测图是把测区按标准图幅划分成若干幅图,再分幅测绘。数字化测图一般以沟渠、河流、道路、山脊等明显线状地形将测区划分为若干个作业区,以自然地块进行分块测绘。分区的原则是各区之间的地形尽可能地独立。

4.作业人员组织　为切实保证野外作业的顺利进行,出测前必须对作业组成员进行合理分工,根据各成员的业务水平、特点,选好观测员、绘草图领镜员、跑镜员等。合理的分工组织可大大提高野外作业效率。草图法成图时,一个作业小组一般配置观测员一人,草图员一人,跑尺员 1~2 人。

第三节 野外数据采集

地面数字测图主要采用全站仪测图和 RTK 测图,两种测图方式各有优劣。全站仪测图受通视条件限制,工作效率低,但能适用于各种地形;而 RTK 测图不受通视条件限制,工作效率高,但一般只能应用在开阔区域,对房屋及大树等卫星信号接收不理想的区域很难测量。如设备允许,野外进行数字测图时通常两种方法结合使用。

一、全站仪数据采集

全站仪数字化测图外业包括草图法、简码法及电子平板法。当地物比较规整时,可以采用"简码法"模式,在现场输入简码,室内自动成图。当地物比较杂乱时,最好采用"草图法"模式,现场绘制草图,室内用编码引导文件或用测点点号定位方法进行成图。本节介绍草图法。

作业员进入测区后,根据事先的分工,各司其职。绘图人员首先对测站周围的地物、地貌分布情况熟悉一下,便于开始观测后及时在图上标明所测碎部点的位置及点号。野外数据采集步骤如下:

1.测站安置

(1)仪器安置:架设仪器、开机、对中、整平,并量取仪器高、目标高等。

(2)新建项目,输入测站点坐标、高程、仪器高、目标高等。

(3)设置后视点方向或坐标值。

(4)仪器观测员指挥跑镜员到事先选好的已知点上立镜定向;瞄准后视棱镜杆,尽量瞄准底部进行定向。

(5)施测后视点或另一已知点,用来检核测量成果是否正确,检查无误后,通知持镜者开始跑点。

2.碎步测量 在平坦地区进行碎步测量时,立镜员可以由近及远,再由远及近立镜。而对山区的碎步测量,立镜员可沿山脊线、山谷线等地性线立镜;或沿等高线立镜,减少立镜疲劳。

测量地物时,一般选择地物特征点,当所测地物比较复杂,通视条件较差时,为了减少镜站数,提高效率,可适当采用皮尺丈量方法测量,室内用交互编辑方法成图。

测量地貌时,可以用多镜测量,一般在地性线上要采集足够密度的点,尽量多观测特征点。如在测量陡坎时,最好坎上坎下同时测点,这样生成的等高线才能真实地反映实际地貌。当测区起伏较大或通视条件较差时,可伸缩棱镜杆,改变棱镜高,用对讲机通知测站修改棱镜高。在其他地形变化不大的地方,可以适当放宽采点密度。跑尺员跑尺时,绘图员要标注出所测的是什么地物及记下所测点的点号,在测量过程中要和测量员及时联系,使草图上标注的点号和全站仪里记录的点号一致。

在一个测站上所有的碎部点测完后,还要找一个已知点重测,以检查施测过程中是否存在因误操作、仪器碰动或出故障等原因造成的错误。检查确定无误后,关机、搬站。到下一测站,重新按上述采集方法、步骤进行施测。

另外要特别注意的就是,草图的绘制要清晰、易读,相对位置尽量准确,对于地物过于密集地区,可在底图的空白区放大绘制。

二、GPS RTK 数据采集

下面以华星 A6 RTK 为例,介绍电台模式自建基站野外数据采集步骤。

(1)按要求安置基准站、移动站,连接电台。基准站一定要架设在视野开阔、周围环境空旷、地势较高的地方;避免架在高压输变电设备附近(50m 以内)、无线电通信设备收发天线旁边(200m 内)、树阴下以及水边,这些都对 GPS 信号的接收以及无线电信号的发射产生不同程度的影响。

(2)在手簿中新建项目,并设置坐标系和投影方式。

(3)点击"GPS"图标,用蓝牙连接手簿和基准站,点击"接收机信息/基准站设置"进入基准站设置界面。采集基准站坐标,设置数据链、电文格式、差分模式和截止角等。设置好后断开与基准站的连接。

(4)用蓝牙连接手簿和移动站,连接完成后进入移动站设置。选择正确的数据链类型、电台频道,设置电文格式,输入天线高度等。移动站设置需与基准站相对应。

(5)进入测量界面,进行控制点采集并保存。

(6)采集足够的控制点后,进入参数界面。点击"坐标系统/参数计算",添加控制点,采集足够的控制点后就可以进行参数解算。解算结果主要看缩放,一般数值非常接近 1 精度就比较好。符合要求后点"运用"即可。

(7)进入测量界面,点击最右侧的小红旗就可以进行碎步点采集。在地形复杂地区进行碎步测量时也应绘制工作草图。

除此之外,RTK 还可利用 CORS 网络进行数据采集等。利用 CORS 网络采集数据只需一台 GPS 接收机同时接受卫星信号和 CORS 基站发射的差分信号,通过信号处理计算出待测点坐标。

第四节　平面图绘制

数字化测图内业成图软件较多,比较成熟的有南方 CASS、清华山维等成图软件。本节介绍南方 CASS9.1 地形地籍成图系统。南方 CASS9.1 地形地籍成图系统主界面如图 9-1 所示。

图 9-1　南方 CASS9.1 成图系统主界面

一、绘图前准备工作

1. 数据传输　数据通信的作用是完成仪器(或手簿)与计算机两者之间的数据传输。

(1)全站仪与计算机的传输:用全站仪进行野外数据采集时,根据作业的方式不同,数据可以保存在全站仪内存卡内或电子手簿内。这里介绍与带内存的全站仪的通信。步骤如下:

①电脑和全站仪开机。

②将全站仪通过厂家匹配的通信电缆与微机连接好。

③插入 CASS 加密狗,双击 CASS9.1 快捷方式,进入 CASS 系统主界面。移动鼠标至"数据"菜单处按左键,便出现如图 9-2 所示的下拉菜单。

图 9-2　"数据"菜单

④单击"数据"菜单下的"读取全站仪数据"项,便出现如图 9-3 所示的对话框。

图 9-3　全站仪内存数据转换的对话框

⑤根据自己使用的仪器品牌和型号,在"仪器"下拉列表中找到对应的品牌和型号。然后检查参数是否设置正确。接着在对话框最下面的"CASS 坐标文件:"下的空栏里输入你想要保存的路径和文件名;或点击右侧的"选择文件"出现如图 9-4 所示的对话框,选择要保存的路径和文件名。点击保存,这时系统将文件保存在指定的路径里。

图 9-4　存储坐标文件对话框

图 9-5　计算机等待 E500 信号

⑥在全站仪里找到测量文件,选择输出状态,做好通信准备。

⑦移动鼠标至"转换"处,按左键便出现图 9-5 的提示。

⑧按提示先在微机上单击确定,再在全站仪上按确定键,即开始数据的传输,命令区便逐行显示点位坐标信息,直至通信结束。

⑨如果仪器选择错误会导致传到计算机中的数据文件格式不正确,这时会出现图 9-6 所示的对话框,

图 9-6　数据格式错误提示对话框

若出现"数据文件格式不对"提示时,有可能是数据通信的通路不通、通信参数设置不一

致或全站仪中传输的数据文件中没有包含坐标数据。

(2)RTK 与计算机的传输:随着数字技术的发展,计算机与 RTK 手簿的通信也越来越方便。可以通过数据线传输、蓝牙传输或内存卡传输。内存卡的传输比较简单,在手簿中把测量数据按需要的格式直接保存在内存卡中,电脑通过读卡器读入即可。其他传输方式可参阅仪器使用说明书。

2.加入 CASS 环境　加入 CASS 环境的目的是把 CASS 中的图层、图块、线型等加入在当前绘图环境中。操作步骤是:单击"文件"菜单,在弹出的子菜单中点击"加入 CASS 环境"即可。如图 9-7 所示。

图 9-7　"文件"菜单

3.CASS 参数配置　绘制地形图之前,都必须先进行此项配置。CASS9.1 参数配置对话框可设置各种参数,用户通过设置该菜单选项,可自定义多种常用设置。

操作:用鼠标左键点击"文件"菜单的"CASS 参数配置"项,系统会弹出一个对话框,如图 9-8 所示。在该对话框左侧目录树中根据需要选择相应参数进行设置。测绘地形图时通常需设置测量参数,其中包括地物绘制、电子平板和高级设置。

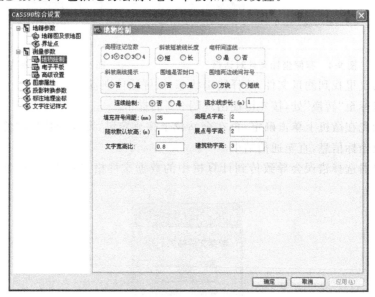

图 9-8　CASS9.1 参数设置对话框

4.定位方式选择　野外草图法采集的数据可采用点号定位、坐标定位和编码引导法绘制平面图。如图 9-9 所示,移动鼠标至屏幕右侧菜单区之"坐标定位"项,按左键,即可对定位方式进行选择。若选择点号定位则会弹出打开坐标文件的对话框,选择坐标文件即可。

图 9-9　右侧屏幕菜单

5.展野外测点点号　展野外测点点号的目的是把野外测量的数据点位和作业流水号按坐标展绘到屏幕上,供地形图绘制使用。单击"绘图处理"菜单下的子菜单"展野外测点点号",弹出一对话框,如图 9-10 所示。如果还没有输入绘图比例尺,则在弹出展点对话框前会在命令行提示输入绘图比例尺。通过对话框上部的查找下拉框找到需要展绘的野外点文件,单击打开,则野外测量的点位和点号即展绘在屏幕上。

图 9-10　展点对话框

二、平面图绘制

"坐标定位"法内业成图时,根据野外作业时绘制的草图,移动鼠标至屏幕右侧菜单区选择相应的地形图图式符号,然后在屏幕中将地形绘制出来。系统中所有地形图图式符号都是按照分类来划分的,例如所有表示测量控制点的符号都放在"控制点"这一类,所有表示独立地物的符号都放在"独立地物"这一类,所有表示植被的符号都放在"植被土质"这一类。平面图绘制顺序根据实际情况来选择。对地形符号,除等高线外,我们可以把它分为四类,比例符号、半比例符号、非比例符号和注记符号。前三种地形符号间也没有绝对的界限,根据测图比例尺不一样,他们之间经常可以相互转换,如道路在小比例尺中是半比例符号,而在大比例尺中就是比例符号。对每类符号,我们分别举两个典型例子介绍。

1.点状地形　在大比例尺地形图中,点状地物用非比例符号表示,通常包括控制点、路灯、窨井等。对非比例符号的绘制基本相同,下面举两个常用例子。

(1)控制点:单击右侧屏幕菜单中控制点菜单下的平面控制点,弹出平面控制点绘制对话框,如图 9-11 所示。菜单中各个子项的操作方法基本相同,以导线点为例说明其操作步骤。选择"导线点"图标,图标变亮表示该图标已被选中,点击"确定"按钮,命令行提示:

指定点:输入控制点点位,用鼠标指定或用键盘输入坐标。用鼠标指定时常需打开对象捕捉。

高　　程(m):输入控制点高程。

等级-点名:输入控制点点名。

系统将在相应位置上依图式绘制控制点的符号,并注记点名和高程值。

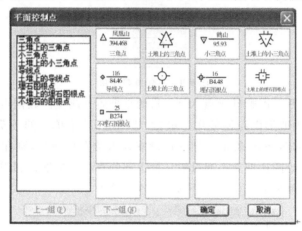

图 9-11　"控制点/平面控制点"图例

(2)不依比例独立地物的绘制:移动鼠标至右侧屏幕菜单"独立地物/其他设施"处按左键,这时系统便弹出如图 9-12 所示的对话框。移动鼠标到"路灯"的图标处按左键,然后单击"确定"按钮。这时命令区提示:

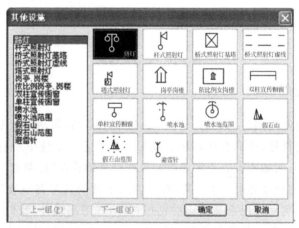

图 9-12　"独立地物/其他设施"图例

输入点:输入路灯点位,用鼠标指定或用键盘输入坐标;回车。

这时就在指定位置处绘好了一个路灯。

(3)地下窨井的绘制:移动鼠标至右侧屏幕菜单"市政部件/公用设施"处按左键,这时系统便弹出如图 9-13 所示的对话框。移动鼠标到"电信井盖"的图标处按左键,然后单击"确

定"按钮。这时命令区提示:

　　输入点:输入电信井盖点位,用鼠标指定或用键盘输入坐标;回车。

　　这时就在指定位置处绘好了一个电信井盖。

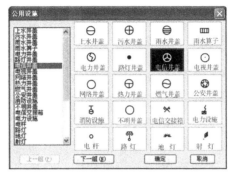

图 9-13　"市政部件/公用设施"图例

　　2.线状地形　线状地形大部分用半比例符号表示,通常包括单线道路、管线、坡坎等,现举例如下:

　　(1)单线道路的绘制:如小比例尺中高速公路绘制,移动鼠标至右侧屏幕菜单"交通设施/城际公路"处按左键,系统便弹出如图 9-14 所示的对话框。点击"高速公路"图标,然后单击"确定"按钮。这时命令区提示:

　　第一点:<跟踪 T/区间跟踪 N>用键盘输入或鼠标指定道路起点。

　　曲线 Q/边长交会 B/跟踪 T/区间跟踪 N/垂直距离 Z/平行线 X/两边距离 L/<指定点>按提示选择合适方式输入下一点位置。

　　曲线 Q/边长交会 B/跟踪 T/区间跟踪 N/垂直距离 Z/平行线 X/两边距离 L/隔一点 J/微导线 A/延伸 E/插点 I/回退 U/换向 H<指定点>按提示选择合适方式输入下一点位置。

　　曲线 Q/边长交会 B/跟踪 T/区间跟踪 N/垂直距离 Z/平行线 X/两边距离 L/闭合 C/隔一闭合 G/隔一点 J/微导线 A/延伸 E/插点 I/回退 U/换向 H<指定点>按提示选择合适方式输入下一点位置。此提示反复出现,直至回车结束。

　　"拟合线<N>?"当绘制完道路后,将出现这一提示,如不需拟合,直接回车即可,如需要拟合,键入 Y,然后回车。拟合的作用是对复合线进行圆滑。

图 9-14　"交通设施/城际公路"图例

(2)坡坎的绘制:先移动鼠标至右侧屏幕菜单"地貌土质/人工地貌"处按左键,这时系统弹出如图9-15所示的对话框。根据需要选择需绘制的地貌。如选择"未加固斜坡",命令行提示如下:

图9-15 "地貌土质/人工地貌"图例

第一点:<跟踪 T/区间跟踪 N>用鼠标或键盘输入第一点位置。

曲线 Q/边长交会 B/跟踪 T/区间跟踪 N/垂直距离 Z/平行线 X/两边距离 L/<指定点>按提示选择合适方式输入下一点位置。

曲线 Q/边长交会 B/跟踪 T/区间跟踪 N/垂直距离 Z/平行线 X/两边距离 L/隔一点 J/微导线 A/延伸 E/插点 I/回退 U/换向 H<指定点>按提示选择合适方式输入下一点位置。

曲线 Q/边长交会 B/跟踪 T/区间跟踪 N/垂直距离 Z/平行线 X/两边距离 L/闭合 C/隔一闭合 G/隔一点 J/微导线 A/延伸 E/插点 I/回退 U/换向 H<指定点>按提示选择合适方式输入下一点位置。此提示反复出现,直至回车结束。

"拟合线<N>?" 当绘制好了斜坡后,将出现这一提示,如不需拟合,直接回车即可,如需要拟合,键入 Y 然后回车。

斜坡的方向生成在绘图方向的左侧。

(3)管线的绘制:线状管线设施的绘制方法与多功能线的绘制相同。如电力线的绘制步骤如下:

单击右侧屏幕菜单"管线设施"下的"电力线"子菜单,弹出如图9-16所示的对话框,选择需要绘制的电力线种类。如选择"地面上的输电线",命令行提示:

第一点:<跟踪 T/区间跟踪 N>用鼠标或键盘输入第一点位置。

曲线 Q/边长交会 B/跟踪 T/区间跟踪 N/垂直距离 Z/平行线 X/两边距离 L/<指定点>按提示选择合适方式输入下一点位置。

曲线 Q/边长交会 B/跟踪 T/区间跟踪 N/垂直距离 Z/平行线 X/两边距离 L/隔一点 J/微导线 A/延伸 E/插点 I/回退 U/换向 H<指定点>按提示选择合适方式输入下一点位置。

曲线 Q/边长交会 B/跟踪 T/区间跟踪 N/垂直距离 Z/平行线 X/两边距离 L/闭合 C/隔一闭合 G/隔一点 J/微导线 A/延伸 E/插点 I/回退 U/换向 H<指定点>按提示选择合适方式输入下一点位置。此提示反复出现,直至回车结束。

请选择端点符号绘制方式:(1)绘制电杆和箭头(2)不绘制(3)只绘制箭头<1> 根据需要选择。

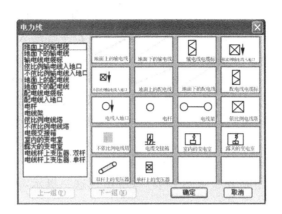

图 9-16　"管线设施/电力线"图例

3.面状地形

(1)依比例居民地的绘制:依比例居民地绘制包括房屋、楼梯台阶及围墙等。绘制方法大体相似。如四点房屋类绘制如下:

移动鼠标至右侧菜单"居民地/一般房屋"处按左键,系统弹出如图 9-17 所示的对话框。单击"四点房屋"图标,点击"确定"按钮后命令区提示:

<1>已知三点/<2>已知两点及宽度/<3>已知两点及对面一点/<4>已知四点

根据野外测量数据选择绘制方式。默认选 3。

获取第一点:用鼠标或键盘输入第一点的位置。

指定下一点:输入第二点位置。

指定下一点:LAYER 指定对面一点(可以不是特征点)。

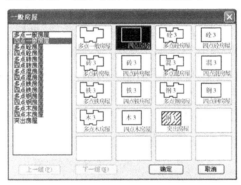

图 9-17　"居民地/一般房屋"图例

此时房屋绘制成功。绘制房屋时,输入的点号必须按顺时针或逆时针的顺序输入,否则绘出来的房屋就不对。当房子是不规则的图形时,可用"多点房屋"来绘制。

(2)依比例植被的绘制:依比例植被的绘制包括各种园地、林地、草地及耕地等。如草地的绘制如下:

移动鼠标至右侧菜单"植被土质/草地"处按左键,系统弹出如图 9-18 所示的对话框。再移动鼠标到"天然草地"的图标处按左键,单击"确定"后命令区提示:

请选择:(1)绘制区域边界(2)绘出单个符号(3)查找封闭区域(4)选择边界线<1>根据情况选择绘制方式,如选 1,命令区提示如下:

第一点:＜跟踪 T/区间跟踪 N＞用鼠标或键盘输入第一点的位置。

曲线 Q/边长交会 B/跟踪 T/区间跟踪 N/垂直距离 Z/平行线 X/两边距离 L/＜指定点＞按提示选择合适方式输入下一点位置。

曲线 Q/边长交会 B/跟踪 T/区间跟踪 N/垂直距离 Z/平行线 X/两边距离 L/隔一点 J/微导线 A/延伸 E/插点 I/回退 U/换向 H＜指定点＞按提示选择合适方式输入下一点位置。

曲线 Q/边长交会 B/跟踪 T/区间跟踪 N/垂直距离 Z/平行线 X/两边距离 L/闭合 C/隔一闭合 G/隔一点 J/微导线 A/延伸 E/插点 I/回退 U/换向 H＜指定点＞按提示选择合适方式输入下一点位置。此提示反复出现,直至回车结束。

"拟合线＜N＞?"当绘制好植被边界线后,将出现这一提示,如不需拟合,直接回车即可,如需要拟合,键入 Y 然后回车。

请选择:(1)保留边界(2)不保留边界＜1＞选择是否保留边界线。

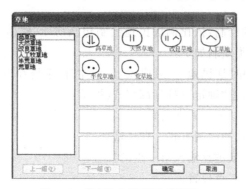

图 9-18 "植被土质/草地"图例

4.文字注记 地形图上除了地物地貌符号外,为了帮助地形图判读,通常还需标注注记符号。CASS9.1 也提供了强大的注记功能,包括文字注记、坐标注记和地坪高注记。

(1)文字注记:移动鼠标至右侧屏幕菜单的"文字注记/通用注记"处单击左键,系统弹出如图 9-19 所示的对话框。在"注记内容"中填写需要注记的内容,在"注记排列"栏选择文字排列方式,在"注记类型"栏选择注记所属的类型,这样注记的文字就会被保存在这个对应的类型层里。最后再确定文字大小及字头方向,点击确定后命令区提示:

请输入注记位置(中心点):在屏幕上选择文字注记的位置。

图 9-19 文字注记对话框

除了通过右侧屏幕菜单的文字注记功能外,还可使用"工具/文字"菜单或绘图工具条中的 **A** 工具进行文字注记。

(2)坐标坪高:坐标坪高注记可用于在图形屏幕上注记任意点的测量坐标和任意点的地坪高。单击右侧屏幕菜单"文字注记"下的"特殊注记",即弹出对话框如图 9-20 所示。根据需要选择注记坐标或注记坪高。

图 9-20　"文字注记/特殊注记"图例

①坐标注记命令行

指定注记点:[设置注记小数位(S)]用鼠标指定要注记的点,如果要精确定位,需打开对象捕捉或用键盘输入。

注记位置:指定注记位置。

系统将根据所设定的捕捉方式捕捉到合乎要求的点位,然后由注记点向注记位置引线并在注记位置处注记点的坐标。

②标高注记命令行

注记标高值:输入要注记的标高值。

注记位置:指定注记位置,如果要精确定位,需打开对象捕捉或用键盘输入。

5.地物编辑　CASS9.1 提供了强大的图形编辑功能,不但能对地形图外业测量中出现的漏测错测进行补测后的纠正,而且对大比例尺数字地形图的更新也非常方便,保证了地形图的精度和现势性。

CASS9.1 提供"编辑"和"地物编辑"两种下拉菜单。其中"编辑"菜单是由 AutoCAD 提供的编辑功能,包括:图元编辑、删除、断开、延伸、修剪、移动、旋转、比例缩放、复制、偏移、拷贝等,"地物编辑"是由南方 CASS 系统提供的地物编辑的功能,包括:线型换向、植被填充、土质填充、批量删剪、批量缩放、窗口内的图形存盘、多边形内图形存盘等。下面举例说明。

(1)线型换向:通过右侧屏幕菜单绘制陡坎、斜坡和栅栏各一个,如图 9-21(a)所示。由于连图顺序问题,这些坎向、坡向均与实际情况相反,此时要改变砍向和坡向只需进行线型换向。方法如下:

将鼠标移至"地物编辑"菜单项,点击左键,弹出下拉菜单,选择"线型换向"子菜单,命令区提示:

选择对象:　将转换为小方框的鼠标光标移至未加固陡坎的母线,点击左键。

这样,该条未加固陡坎即转变了坎的方向。用同样的方法可以对斜坡、栅栏等进行换向。结果如图9-22(b)所示。

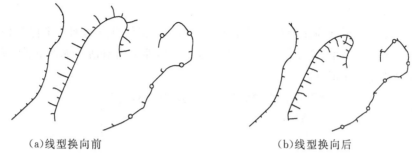

(a)线型换向前　　　　　　　　　　　　(b)线型换向后

图 9-21　线型换向

(2)修改坎高:通过"地貌土质"菜单里的"陡坎"符号绘制出来的陡坎坎高通常是一样的,而实际地貌中,陡坎上不同地方的坎高往往不一样,这对地形的三维建模及土方计算影响很大,这时就需要采用"地物编辑/修改坎高"功能,对陡坎上的每个结点的坎高进行修改。步骤如下:

将鼠标移至"地物编辑"菜单项,点击左键,弹出下拉菜单,选择"修改坎高",命令区提示:

选择陡坎线:用鼠标选择一条陡坎。

请选择修改坎高方式:(1)逐个修改(2)统一修改<1>　若选1,直接回车。

当前坎高=1.000m,输入新坎高<默认当前值>:输入新值,回车。

十字丝跳至下一个结点,命令区提示:

当前坎高=1.000m,输入新坎高<默认当前值>:输入新值,回车。

如此重复,直至最后一个结点结束。这样便将坎上每个结点的坎高进行了更改。

若在"选择修改坎高方式"中选择2,则提示:

请输入修改后的统一坎高:<1.000>输入要修改的目标坎高则将该陡坎的高程改为同一个值。

第五节　等高线绘制

在地形图中,除特殊地貌外,地貌的符号一般用等高线表示。CASS9.1绘制等高线有两种方式:手工绘制和自动绘制。手工绘制等高线主要用于白纸扫描数字化成图。本节主要介绍计算机自动绘制等高线。

由计算机自动化成图生成的等高线精度较高,且在绘制等高线时,CASS9.1充分考虑到等高线通过地性线和断裂线时情况的处理,如陡坎、陡涯等。CASS9.1能自动切除通过地物、注记、陡坎的等高线。在绘制等高线之前,必须先将野外测量的高程点建立数字地面模型(DTM),然后在数字地面模型上生成等高线。等高线绘制菜单如图9-22所示。

一、建立数字地面模型

数字地面模型(DTM)是在一定区域范围内规则格网点或三角网点的平面坐标(x,y)和其地物性质的数据集合,如果此地物性质是该点的高程Z,则此数字地面模型又称为数字高程模型(DEM)。这个数据集合从微分角度三维地描述了该区域地物地貌的空间分布。

DTM 作为新兴的一种数字产品,与传统的矢量数据相辅相成,各领风骚,在空间分析和决策方面发挥越来越大的作用。借助计算机和地理信息系统软件,DTM 数据可以用于建立各种各样的模型解决一些实际问题,主要的应用有:按用户设定的等高距生成等高线图、透视图、坡度图、断面图、渲染图、与数字正射影像 DOM 复合生成景观图,或者计算特定物体对象的体积、表面覆盖面积等,还可用于通视分析、表面分析、扩散分析等方面。

我们在使用 CASS9.1 自动生成等高线时,应先建立数字地面模型。建立步骤如下:

(1)移动鼠标至屏幕顶部"等高线"菜单,按左键,出现如图 9-22 所示的下拉菜单。

(2)移动鼠标至"建立 DTM"项,按左键,出现如图 9-23 所示对话窗。

图 9-22　"等高线"菜单

图 9-23　DTM 建立

首先选择建立 DTM 的方式,DTM 的建立可由数据文件生成或由图面高程点生成。如果选择由数据文件生成,则在"坐标数据文件名"中选择坐标数据文件;如果选择由图面高程点生成,则在绘图区会提示选择参加建立 DTM 的高程点。然后选择"结果显示","结果显示"包括三种:显示建三角网结果、显示建三角网过程和不显示三角网。最后选择在建立 DTM 的过程中是否考虑陡坎和地性线。点击确定后生成如图 9-24 所示的三角网。

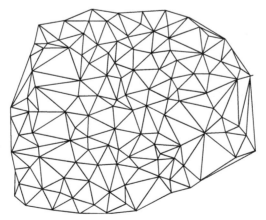

图 9-24　建立三角网

二、修改数字地面模型

三角网的构建直接影响到地形图绘制的真实程度,一般情况下,由于地形条件的限制在外业采集的碎部点很难一次性生成理想的等高线;另外还因现实地貌的多样性和复杂性,自动构成的数字地面模型与实际地貌不太一致,这时可以通过修改三角网来修改这些局部不合理的地方。

(1)删除三角形:如果在某局部内没有等高线通过的,则可将其局部内相关的三角形删除。删除三角形的操作方法是:先将要删除三角形的地方局部放大,再选择"等高线"下拉菜单的"删除三角形"项,命令区提示"选择对象",这时便可选择要删除的三角形,如果误删,可用"U"命令将误删的三角形恢复。删除三角形后如图 9-25 所示。

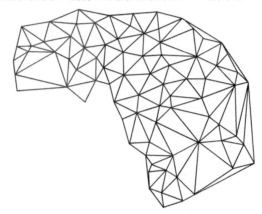

图 9-25　将左下角的三角形删除

(2)过滤三角形:CASS9.1 在建立三角网后如果出现无法绘制等高线情况,可根据用户设置的条件过滤掉部分形状特殊的三角形。设置条件包括三角形中最小角的度数和三角形中最大边长最多大于最小边长的倍数。另外,如果生成的等高线不光滑,也可以用此功能将不符合要求的三角形过滤掉再生成等高线。

(3)增加三角形:如果要增加三角形时,可选择"等高线"菜单中的"增加三角形"项,依照屏幕的提示在要增加三角形的地方用鼠标点取,如果点取的地方没有高程点,系统会提示输入高程。

(4)三角形内插点:选择此命令后,可根据提示输入要插入的点。在三角形中指定点(可输入坐标或用鼠标直接点取),提示高程(m)=时,输入此点高程。通过此功能可将此点与相邻的三角形顶点相连构成三角形,同时原三角形会自动被删除。

(5)删三角形顶点:用此功能可将所有由该点生成的三角形删除。因为一个点会与周围很多点构成三角形,如果手工删除三角形,不仅工作量较大而且容易出错。这个功能常用在发现某一点坐标错误时,要将它从三角网中剔除的情况。

(6)重组三角形:指定两相邻三角形的公共边,系统自动将两三角形删除,并将两三角形的另两点连接起来构成两个新的三角形,这样做可以改变不合理的三角形连接。如果因两三角形的形状特殊无法重组,会有出错提示。

(7)删三角网:生成等高线后就不再需要三角网了,这时如果要对等高线进行处理,三角网比较碍事,可以用此功能将整个三角网全部删除。

(8)修改结果存盘:通过以上命令修改了三角网后,选择"等高线"菜单中的"修改结果存盘"项,把修改后的数字地面模型存盘。这样,绘制的等高线不会内插到修改前的三角形内。

三、绘制等高线

等高线的绘制可以在绘平面图的基础上叠加,也可以在"新建图形"的状态下绘制。如在"新建图形"状态下绘制等高线,系统会提示你输入绘图比例尺。

用鼠标选择"等高线"下拉菜单的"绘制等高线"项,弹出如图 9-26 所示对话框。

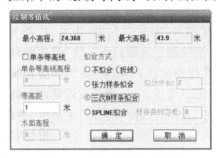

图 9-26　绘制等高线对话框

对话框中会显示参加生成 DTM 的高程点的最小高程和最大高程。如果只生成单条等高线,那么就在"单条等高线高程"中输入此条等高线的高程;如果生成多条等高线,则在"等高距"框中输入相邻两条等高线之间的等高距。最后选择等高线的拟合方式,总共有四种拟合方式:不拟合(折线)、张力样条拟合、三次 B 样条拟合和 SPLINE 拟合。一般选择三次 B 样条拟合方式进行拟合。单击确定,当命令区显示:绘制完成! 便完成等高线的绘制工作。如图 9-27 所示。

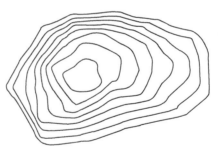

图 9-27　计算机自动绘制等高线

四、等高线的修饰

1.等高线修剪　尽管我们在构建地面模型时对三角网进行了修改,但因实际地形的复杂,绘制出来的等高线在局部还有可能与实际情况不符。这时我们就可以使用等高线修剪功能对等高线进行裁剪。等高线修剪有三种方式:批量修剪等高线、切除指定二线间等高线和切除指定区域内等高线。批量修剪步骤如下:

左键点击"等高线/等高线修剪/批量修剪等高线"子菜单,弹出如图 9-28 所示对话框。根据实际情况选择修剪方式,点击确定后会根据输入的条件修剪等高线。

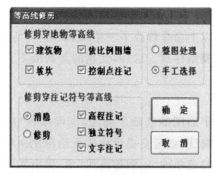

图 9-28　等高线修剪对话框

除了上面的等高线批量修剪外,对穿过公路、水系、广场等的等高线,我们还可以使用"切除指定二线间等高线"和"切除指定区域内等高线"等功能对等高线进行裁剪。

2.等高线高程注记　等高线高程注记有单个注记和沿直线批量注记高程两种。在批量注记高程时,常采用沿直线注记。先用 pline 命令在需要注记高程的方向从低往高绘制一条直线。单击"等高线/等高线注记/沿直线高程注记"子菜单,则命令行提示:

请选择:(1)只处理计曲线(2)处理所有等高线<1>根据实际需要进行选择后回车。

选取辅助直线(该直线应从低往高画):<回车结束>用手标选取一条需要注记高程位置的直线;若需要绘制在不同位置,可用鼠标继续选择其他直线。最后回车,则高程被注记在等高线旁。如图 9-29 所示。

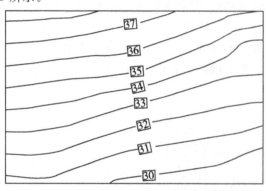

图 9-29　等高线高程注记

3.示坡线绘制　为便于读图,通常需在等高线上绘制示坡线,绘制示坡线的方法也有单个绘制和沿直线批量绘制。绘制的步骤与高程注记类似。

第六节　地形图分幅与整饰

在进行地形图分幅和整饰前,通常需检查 CASS 参数配置。点击"文件/CASS 参数配置"菜单,弹出如图 9-30 所示对话框,选中图廓属性选项卡,在图廓属性对话框中可以对图廓的属性进行设置,如单位名称、坐标系统、高程系统、图式版本、日期及文字的大小和图廓线划的粗细等。根据需要设置好后单击"确定"即可。

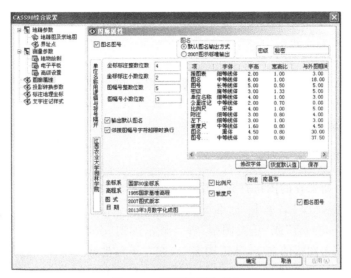

图 9-30　图框设置选项卡

一、地形图分幅

为了便于地形图的输出、保存和管理等,通常需对地形图进行分幅。如果测区范围较小,能在一张图纸上输出,则可不必分幅,直接对地形图进行整饰即可。若测区较大,则需先分幅,再对每幅图进行整饰。分幅需使用到的菜单如图 9-31 所示。

图 9-31　"绘图处理"菜单

在图形分幅前,你应了解图形数据文件中的最小坐标和最大坐标。确定图形大小。

(1)建方格网:将鼠标移至"绘图处理"菜单项,点击左键,弹出下拉菜单,选择"批量分幅/建方格网",命令区提示:

请选择图幅尺寸:(1)50＊50(2)50＊40(3)自定义尺寸＜1＞根据需要选择。

输入测区一角:在图形左下角选取一点作为图幅的起点,也可直接从键盘输入。

输入测区另一角:在图形右上角选取另一点与上一点构成矩形作为分幅边界。也可键盘输入。

请输入批量分幅的取整方式＜1＞取整到图幅＜2＞取整到十米＜3＞取整到米(1)根据需要选取,默认为1。选取取整方式时注意保证地形图在图幅内。

这样就按要求把地形图分成了很多幅图,并自动以各个分幅图左下角的北坐标和东坐标结合起来命名,如:"29.50-39.50""29.50-40.00"等。

(2)批量输出:选择"绘图处理/批量分幅/批量输出",在弹出的对话框中确定输出图幅的存储目录名,然后单击"确定"按钮即可批量输出图形到指定的目录。

二、图幅整饰

把图形分幅时所保存的图形打开。根据分幅时图幅的实际大小,选择"绘图处理"菜单中"标准图幅(50cm×50cm)""标准图幅(40cm×50cm)"或"任意图幅"项。显示如图 9-32 所示的对话框。输入图幅的名字、邻近图名等,在左下角坐标的"东""北"栏内输入相应坐标,或点击右侧的交叉按钮在图上选取。同时还需选择取整方式、是否删除图框外实体、十字丝取整、去除坐标带号等项。最后单击"确定"按扭即可。图 9-33 为添加了图廓并进行整饰后的效果图。

图 9-32 输入图幅信息对话框

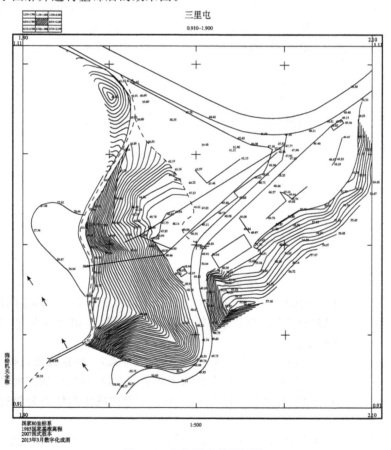

图 9-33 加入图廓的平面图

除此之外,还有工程图幅及小比例尺图幅分幅与整饰。在此不做详细介绍,请参阅相关使用说明。

第七节　地形图输出

地形图输出可采用多种形式,可通过图形存盘、图形改名存盘及电子传递等方式直接保存图形信息,也可将地形图通过绘图仪或打印机直接输出到图纸上,方便使用。

打印机输出地形图步骤如下:

选择"文件(F)"菜单下的"绘图输出"项,弹出如图 9-34 所示的对话框,对页面及打印机等进行设置。打印设置如下:

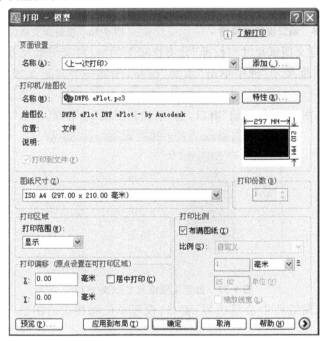

图 9-34　打印机对话框

一、普通选项

1.设置"打印机/绘图仪"框,如图 9-35 所示。

首先,在"打印机配置"框中的"名称(M):"一栏中选择相应的打印机,然后单击"特性"按钮,进入"打印机配置编辑器"。如图 9-35 所示。

1)在"端口"选项卡中选取"打印到下列端口(P)"单选按钮并选择相应的端口,如图 9-35 所示。

2)选中"设备和文档设置"选项卡,如图 9-36 所示。

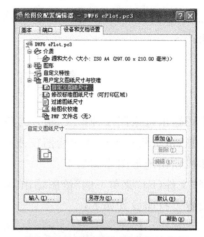

图 9-35 端口设置编辑器　　　　　图 9-36 设备和文档设置编辑器

（1）选择"用户定义图纸尺寸与校准"分支选项下的"自定义图纸尺寸"，如图 9-36 所示。在下方的"自定义图纸尺寸"框中单击"添加"按钮，添加一个自定义图纸尺寸。系统弹出 9-37 所示对话框。

①进入"自定义图纸尺寸-开始"窗口，选"创建新图纸"单选框，单击"下一步"按钮。

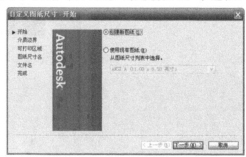

图 9-37　自定义图纸尺寸-开始窗口

②进入"自定义图纸尺寸-介质边界"窗口，设置单位和相应的图纸尺寸，单击"下一步"按钮。

③进入"自定义图纸尺寸-可打印区域"窗口，设置相应的图纸边距，单击"下一步"按钮。

④进入"自定义图纸尺寸-图纸尺寸名"，输入一个图纸名，单击"下一步"按钮。

⑤进入"自定义图纸尺寸-完成"，单击"打印测试页"按钮，打印一张测试页，检查是否合格，然后单击"完成"按钮。

（2）选择"介质"分支选项下的"源和大小＜…＞"。在下方的"介质源和大小"框中的"大小（Z）"栏中选择已定义过的图纸尺寸。

（3）选择"图形"分支选项下的"矢量图形＜…＞＜…＞"。在"分辨率和颜色深度"框中，把"颜色深度"框里的单选按钮框置为"单色（M）"，然后，把下拉列表的值设置为"2 级灰度"，单击最下面的"确定"按钮。这时出现"修改打印机配置文件"窗，在窗中选择"将修改保存到下列文件"单选钮。最后单击"确定"完成。返回到"打印"对话框。

2.把"图纸尺寸"框中的"图纸尺寸"下拉列表的值设置为先前创建的图纸尺寸设置。

3.把"打印区域"框中的下拉列表的值置为"窗口"，下拉框旁边会出现按钮"窗口"，单击

"窗口(0)＜"按钮,用鼠标指定打印窗口。

4.把"打印比例"框中的"比例(S):"下拉列表选项设置为"自定义",在"自定义:"文本框中输入"1"毫米＝"0.5"图形单位(1∶500 的图为"0.5"图形单位;1∶1000 的图为"1"图形单位,依此类推。)。

二、更多选项

点击"打印"对话框右下角的按钮"⊘",展开更多选项,如图 9-38 所示。

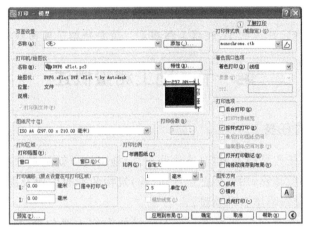

图 9-38　打印对话框(含更多选项)

1.在"打印样式表(笔指定)"框中把下拉列表框中的值置为"monochrom. cth"(打印黑白图)。

2.在"图形方向"框中选择相应的选项。

3.单击"预览(P)…"按钮对打印效果进行预览,预览效果满意后单击"确定"按钮打印。

复习思考题

1.简述数字化测图的作业流程?

2.地面数字化测图和普通的模拟测图在测图方法上有什么区别?

3.简述 CASS9.1 软件自动绘制等高线过程?

第 10 章　施工测量

 **重点提示**

本章重点介绍了施工测量的任务、原则和特点,水平距离、水平角度和高程以及点的平面位置的测设方法,建筑施工测量,线路工程测量。简要介绍了圆曲线测设原理与方法。

第一节　施工测量概述

一、施工测量的任务

施工测量的基本任务是施工放样(亦称测设)。施工放样就是根据控制点或原有建筑物按照设计的角度、距离、高程,用仪器把设计建(构)筑物的平面位置及高程在实地标定出来。放样精度的高低,直接影响施工的质量。

施工测量贯穿于整个施工过程中。施工测量的内容主要包括:施工控制测量、施工放样、竣工测量以及变形观测,本书主要介绍施工控制测量与施工放样等内容。

二、施工测量的程序

施工测量也要遵循"从整体到局部,由控制到细部"的基本原则。

(1)在施工场地上先建立统一的平面和高程控制网;

(2)根据控制点的点位来测设建筑物或构筑物的轴线;

(3)根据轴线测设各个细部(基础、墙、桩、梁、门窗等)

施工测量中的检校工作也很重要,必须采用各种不同方法随时对外业和内业工作进行检校,以保证施工质量。

三、施工测量的精度

施工测量的精度主要取决于建(构)筑物的大小、性质、用途、材料、施工方法等因素。施工控制网的精度一般高于测图控制网的精度,高层建筑物的测设精度高于底层建筑物,装配式建筑物的测设精度高于非装配式,连续性自动设备厂房的测设精度高于独立厂房,钢结构建筑物测设精度高于其他结构。与测图不同,建筑细部之间或细部相对建筑物主轴线位置的放样精度应高于建筑物主轴线相对于场地主轴线或它们之间的相对位置的精度要求。如果施工测量精度达不到,会造成质量事故,但是精度要求过高,又会导致人力、物力的浪费。所以,应选择合理的施工测量精度。

四、施工测量的特点

施工测量必须与施工组织计划相协调,以便直接为工程施工服务。测量人员应与设计、施工人员密切联系,了解设计内容、性质及对测量精度的要求,随时掌握工程进度及现场的变动,使施工测量的精度满足施工的需要。

由于施工现场堆放各种原料、材料、机器设备等以及各工序交叉作业,使得施工场地上的测量标志很容易被破坏,因此从布设控制点开始到细部测设必须采取防护措施,保护好点位,如有破坏,应及时恢复。同时,在施工测量过程中要特别注意人身和仪器安全。

施工测量中用到的测量仪器和工具都应事先进行检校,否则不能使用。

第二节　施工放样的基本工作

施工放样的基本工作包括已知水平距离的测设、已知水平角的测设和已知高程的测设。

一、测设水平距离

根据图纸上设计的两点间的长度,由指定的起点和方向在实地标定另一端点的工作就是水平距离的测设。

(一)用钢尺测设水平距离

1. 一般方法　当测设精度要求不高时,可从已知点开始,沿指定方向,用普通钢尺直接丈量出已知水平距离定出另一端点。为了检核,应往返丈量两次,取其平均值作最后结果。

2. 精确方法　当测设精度要求较高时,应对所量距离进行尺长、温度和倾斜改正,得到地面应量距离 D'。

$$D' = D - \Delta l_d - \Delta l_t - \Delta l_h \tag{10-1}$$

式中:D 为设计的水平距离;Δl_d、Δl_t、Δl_h 分别为尺长、温度和倾斜改正。

当测设的距离超过一整尺长时,见图 10-1。

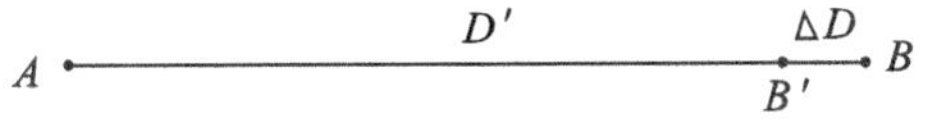

$$A \bullet\!\!\!-\!\!\!-\!\!\!-\!\!\!-\!\!\!-\!\!\!\overset{\textstyle D'}{-\!\!\!-\!\!\!-\!\!\!-}\!\!\!-\!\!\!-\!\!\!\overset{\textstyle \Delta D}{-\!\!\!-}\bullet B$$
$$B'$$

图 10-1　用钢尺测设水平角

先从已知点 A,按设计长度 D 用一般方 A 法定出 B 点,再反复精确丈量 AB,经上述三项改正后,求得 AB 的长度 D'。然后计算改正数 ΔD。

$$\Delta D = D' - D \tag{10-2}$$

最后沿 AB 直线方向,对 B 点进行改正,定出 B 点的正确位置 B'。若 ΔD 为零则无需改正;为正,向内改正;为负,向外改正。

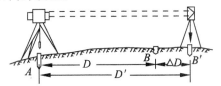

图 10-2　用光电测距仪测设水平距离

(二)用光电测距仪测设水平距离

见图 10-2,在已知点 A 安置测距仪,在已知 AB 方向上接近设计距离 D 处立镜,然后在 AB 方向上移动棱镜,进行跟踪测量(精度较低),当测距仪显示出略大于设计距离时,定出

B' 点，得距离 D''；然后用非跟踪测量的方式，再次对 AB' 测距和气象改正，求出 AB' 的精确值 D'，得 D' 与设计距离之差 $\Delta D=D'-D$，用钢尺丈量 ΔD 改正点位，定出 B 点，则 AB 即为设计距离 D。为了检校，应再测量 AB 的距离，若误差超限，应进行改正直至符合要求。

二、测设水平角

测设水平角是根据一个已知方向和角值，将该角值沿另一方向在地面上标定出来。

1. **一般方法**　精度要求不高时可采用此方法。见图 10-3 所示，点 O 是地面上控制点，点 A 为另一控制点，即 OA 为已知方向，需测设 $\angle AOB$，设 $\angle AOB=\beta$。在 O 点安置经纬仪，盘左位置瞄准 A 点，读取水平度盘读数，然后顺时针转动照准部，使度盘读数增加 β 角值，在视线方向定出 B_1 点；盘右位置，重复上述操作，再次定出 B_2 点。若 B_1、B_2 不重合，取其中点 B，则 $\angle AOB$ 即为测设的 β 角。

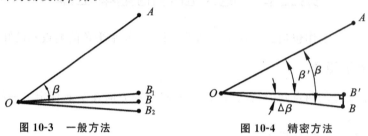

图 10-3　一般方法　　　　　　图 10-4　精密方法

2. **精确方法**　当精度要求较高时采用此法。见图 10-4，先按上述一般方法测设 β 角，定出 B' 点后，再对 $\angle AOB'$ 测几个测回，取平均值为 β'；若 $\beta'\neq\beta$，设 $\Delta\beta=\beta'-\beta<0$，则由 OB' 的长度和 $\Delta\beta$ 可计算 OB' 的垂直距离 $B'B$。

$$B'B=OB'\tan\Delta\beta=OB'\times\frac{\Delta\beta}{\rho''} \tag{10-3}$$

如果，$\Delta\beta<0$，从 B' 点沿与 OB' 垂直的方向向外量取 $B'B$，若 $\Delta\beta>0$，从 B' 点沿与 OB' 垂直的方向向内量取 $B'B$，定出 B 点，$\angle AOB$ 即为精确测设的 β 角。

三、测设高程

测设高程是根据已知水准点，在地面上标出建筑物的设计高程的工作。

（一）视线高法

见图 10-5，假设图纸上已确定某建筑物的地坪高程为 35.000m，已知离建筑物最近的水准点 BM_2 的高程为 34.680m。现在要求把该建筑物的地坪的高程测设到木桩 A 上，作为施工时控制高程的依据。其测设方法如下：

图 10-5　视线高法

（1）在 BM_2 和 A 之间安置水准仪，在 BM_2 上立尺得后视读数 $a=1.586$m，则视线高程为：

$$H_{视}=H_{BM_2}+a=34.680+1.586$$

根据高程测量原理以及 A 点的设计高程,可计算出待测设点 A 水准尺上的前视读数 b 应为:

$$b=H_{视}-H_{A设}$$
$$=34.680+1.586-35.000=1.266(m)$$

(2)在 A 点立尺,上下移动水准尺,使尺上读数为 1.266m。此时紧靠尺底,在木桩上画水平红线,即为 35.000m 的高程位置。若 A 为室内地坪,则在横线上标注±0。

(二)高程传递法

当水准尺的长度不够时,应在相应地面上先设置临时水准点,然后将已知点高程传递到临时水准点,再测设出所需高程。传递高程有从低处向高处传递和从高处往低处传递两种情况,其方法相同。现以高处向低处传递为例进行说明。

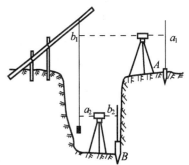

见图 10-6,欲根据地面水准点 A 测定建筑物地基的壕沟内临时水准点 B 的高程。可在沟边架设吊杆,杆顶吊挂一根零点朝下的钢尺,尺的下端挂上重约 10kg 的锤球,在地面和沟内各安置一台水准仪,在各尺上读数,则 B 点高程为

图 10-6　高程传递法

$$H_B=H_A+(a_1-b_1)+(a_2-b_2) \tag{10-4}$$

为了检核,可上下移动钢尺的位置,同法再测一次。测设好临时水准点 B 后,B 可以作为后视点,进行测设壕沟内的其他高程点。

四、测设已知坡度

在施工中,常会遇到斜坡的放样工作。假设施工场地上有一已知点 A,高程为 26.245m,A、B 间的水平距离 $D=100$m,要求从 A 点沿 AB 方向测设坡度为 $i_{AB}=-1\%$ 的直线。见图 10-7。

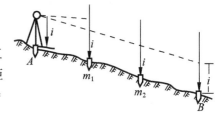

图 10-7　坡度放样

测设时,先根据 i_{AB} 和 D 计算 B 点的设计高程为:

$$H_B=H_A+i_{AB}D=26.245-1\%\times100=25.245(m)$$

再按水平距离和高程测设的方法测设出 B 点,此时 AB 直线即为设计的坡度线。若要在坡度线中间测设一些点 m_1、m_2 等,当地面坡度不大时,可用水准仪安置于 A 点,使一个脚螺旋在 AB 方向上,然后瞄准 B 点,转动 AB 方向的一个脚螺旋使尺上读数等于仪器高 i,此时视线坡度也为 -1%。在 m_1、m_2 点打入木桩,并分别立水准尺,使尺上读数都为 i,则各桩顶连线的坡度也是设计坡度 -1%。若设计坡度较大,测设时超出水准仪脚螺旋能调节的范围时,则可用经纬仪或全站仪进行测设。

五、测设点的平面位置方法

测设点的平面位置,应根据控制网的形式、实地情况、建筑物的特点和放样精度等,综合分析,利用测设水平距离和水平角的方法,选择不同的方法进行测设。

常用方法有以下几种:

（一）直角坐标法

当施工场地已布设了主轴线或格网线时,可以采用此方法。见图 10-8,OA 和 OB 为两条相互垂直的轴线,其坐标已知,P 点为待测设点,其坐标可从设计图上查取,设为(x_P,y_P)。先计算放样数据,即坐标增量 Δx 和 Δy;然后在 O 点安置经纬仪,瞄准 A 点,从 O 点沿 OA 方向测设 Δy 定出 C 点,再搬仪器至 C 点,瞄准 A 点或 O 点(以距离较远者为宜),盘左、盘右分别测设 $90°$ 角,沿此平均方向测设距离 Δx,即得 P 点平面位置。按此方法可以测设出建筑物的位置,根据设计数据应检查相应的边长是否符合要求。一般相对误差应达到 $1/2000\sim$ $1/5000$,在工业厂房和高层建筑放样中,精度要求更高。

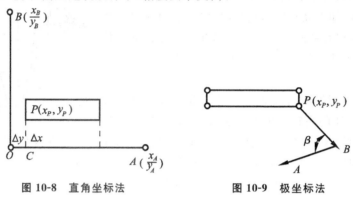

图 10-8　直角坐标法　　　　图 10-9　极坐标法

（二）极坐标法

当测设点的坐标已知,而控制网为导线时,可用此法。测设前需计算出测设角度和距离。见图 10-9,A、B 为已知的平面控制点,其坐标分别为(x_A,y_A)、(x_B,y_B),待测设点 P 的坐标为(x_P,y_P)。先计算放样数据:

$$D_{BP}=\sqrt{(x_P-x_A)^2-(y_P-y_A)^2}$$
$$a_{BA}=\tan^{-1}\frac{\Delta y_{BA}}{\Delta x_{BA}}=\tan^{-1}\frac{y_A-y_B}{x_A-x_B}$$
$$a_{BP}=\tan^{-1}\frac{\Delta y_{BP}}{\Delta x_{BP}}=\tan^{-1}\frac{y_P-y_B}{x_P-x_B}$$
$$\beta=a_{BP}-a_{BA}$$

(10-5)

然后在 B 点安置经纬仪,瞄准 A 点,根据角度 β 测设出 BP 方向后,沿此方向用钢尺测设水平距离 D_{BP},即得到 P 点平面位置。也可用全站仪测设。

（三）角度交会法

当实地不便量距时,可采用角度交会法测设点位。见图 10-10,地面上已有三个控制点 A、B、C,待测点 P 的坐标为(x_P,y_P)。此时,可先按坐标反算公式计算出 a_{AP}、a_{BP}、a_{CP},再按下式计算测设数据:

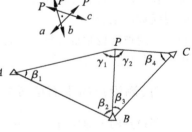

$$\begin{aligned}\beta_1&=a_{AB}-a_{AP}; & \beta_2&=a_{BP}-a_{BA}\\ \beta_3&=a_{BC}-a_{BP}; & \beta_4&=a_{CP}-a_{CB}\end{aligned}$$

(10-6)

图 10-10　角度交会法

测设方法:在控制点 A、B、C 各安置一台经纬仪,根据已知方向分别测设出所计算的角度,三方向交会出 P 点的概略位置,并在此位置打木桩。然后由仪器指挥,用铅笔在桩顶面上沿三个方向各标出两点,将同方向的两点连接起来,就得到三个方向线。由于测设误差的存在,三方向并不交于一点,而是构成一个示误三角形,当示误三角形最大边长不大于 4cm,内切圆半径不大于 1cm 时,取其重心作为测设点位。

在测设时,各方向应用盘左盘右敢平均值位置,另外交会角 y_1、y_2 应在 $30°\sim120°$。如果只有两个方面,应重复交会。

(四)距离交会

由两段已知距离交会出点的平面位置的方法就是距离交会法。见图 10-11,A、B 为已知控制点,P 为待测设点,由它们的坐标计算出控制点到测设点之间的距离 D_{AP}、D_{BP}。分别从 A、B 点用钢尺量取已计算出的距离,其交点即为所测设点 P 的位置。此法适用于长度不超过一整尺段,且量距方便的情况。

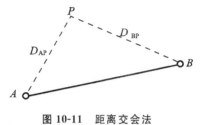

图 10-11 距离交会法

第三节 建筑施工测量

一、建筑场地的施工控制测量

施工测量是按图纸上设计和施工的要求,在地面上测设出建(构)筑物的平面位置和高程。要使各建筑物在建筑区内满足规定的相对位置要求,施工测量必须遵循"先控制后细部,从整体到局部"的工作原则,也就是先应在施工场地建立统一的平面和高程控制网,作为建筑物定位放线的依据,它往往也是变形观测、竣工测量的依据,有时也可利用于测图控制网。由于测图时一般无法考虑施工的需要,如控制点的分布、密度和精度等方面不能满足施工测量的要求,并且多数控制点不能保存,所以在施工前,应在建筑区建立专门的施工控制网。

施工控制网与测图控制网相比,施工控制网控制范围小,控制点的密度大,精度高,使用频繁,受干扰多;局部控网的精度往往高于整体控制网;施工控制网的精度取决于建筑物的大小、结构形式、建筑材料等因素。施工控制网的主要任务是测设建筑物的主轴线。它与测图控制网一样,分为平面控制网和高程控制网两种。

(一)平面控制网

平面控制网常采用三角网、导线网、建筑基线和建筑方格网几种形式。它的布设,应根据总平面图设计、地形和施工方案等条件而定。对于山区和丘陵地区,常采用三角网、三边网或边角网。控制面积较大时,常布设成两级,一级为基本网,它主要控制建筑物的主轴线;另一级为定线网又称测设网,它直接控制建筑物的辅助轴线及细部位置。对于地形平坦但通视困难的地区,可布设成导线网。对于平坦地区且建筑物分布又规则的场地,常采用建筑方格网。对于面积较小的建筑区,则布置一条或几条建筑基线组成简单图形。关于三角控制和导线控制的测量前面章节已讲解,下面仅介绍建筑方格网和建筑基线的测量方法。

1.建筑方格网

(1)建筑方格网的布设:在布设建筑方格网时,应根据建筑设计总平面图上的建、构筑物,道路及管线的布置情况,参照施工总平面设计图及施工组织计划,以选定建筑方格网主轴线,然后再布置方格网。方格网可布置成正方形或矩形网的施工控制网的形式。布置时应先选定方格网的主轴线(如图 10-12 中的 ACB、DCE),然后布置其他的方格点。布置方格网时还应遵循原则:方格网的

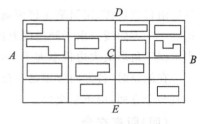

图 10-12   建筑方格网的布设

主轴线应与主要建筑物的基本轴线平行,并尽量选在整个场地的中部;纵、横轴线应严格垂直;方格网点之间应能长期保持通视;正方形格网边长一般为 $100\sim200\mathrm{m}$,短形格网边长视建筑物大小和分布而定,边长的相对精度视工程要求而定,一般为 1/1 万~1/2 万。

(2)施工坐标系与测量坐标系的换算:为了便于施工放样,在给建、构筑物定位时,常采用独立的直角坐标系,即施工坐标系,又称建筑坐标系。其坐标轴与建筑物主轴线一致或平行,坐标原点常设在总平面图的西南角。当施工坐标系和测量坐标系不一致时,应进行坐标换算,使坐标系统一。

见图 10-13,设 XOY 为测量坐标系,$X'O'P'$ 为施工坐标系,(x_0,y_0) 为施工坐标系的原点在测量坐标系中的坐标,α 为 $O'X'$ 的坐标方位角。(x'_P,y'_P) 为 P 点的施工坐标,则 P 点的测量坐标 (x_P,y_P) 换算为:

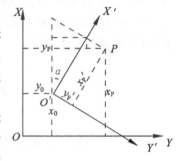

图 10-13   坐标换算

$$\left.\begin{array}{l}x_P=x_0+x'_P\cos\alpha-y'_P\sin\alpha\\ y_P=y_0+x'_P\sin\alpha+y'_P\cos\alpha\end{array}\right\} \tag{10-7}$$

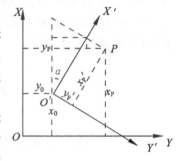

(a)   (b)

图 10-14   主轴线的测设

(3)建筑方格网的测设:首先根据测量控制点来测设方格网的主轴线。见图 10-14(a),Ⅰ、Ⅱ为已有的测量控制点,A,B,C 为主轴线点。先将三主点的施工坐标换算成测量坐标,然后根据它们的坐标计算出测设数据 d_1、d_2、d_3 和 β_1、β_2、β_3。

测设时,用极坐标法测设出三个主点的概略位置 A'、B'、C',并埋设半永久性标桩。由于测量误差的存在,测设的三主点往往不在同一条直线上,见图 10-14(b),因此需进行调整。将经纬仪安置在 B' 点,精确测设 $\angle A'B'C'$,若此角值与 $180°$ 之差超过 $10''$,应对点位进行调整。由于测设精度相同,故调整时将各主点沿与主轴线垂直的方向移动相同的改正值 δ,其值计算如下:

$$\delta=\frac{ab}{a+b}\left(90°-\frac{\angle A'B'C'}{2}\right)\frac{1}{\rho''} \tag{10-8}$$

式中:δ 为各点的改正值;a、b 分别为 AB、BC 的长度。

在调整角度后,应再调整 A、B、C 三点之间的距离。测设的距离与设计长度的相对误差应不大于 1/20000。以上两项调整应反复进行,直到误差在容许范围之内为止。

确定 A、B、C 三点之后,将经纬仪安置在 B 点,测设与 ABC 轴垂直的另一主轴线 DBE。见图 10-15,瞄准 A 点,并分别向左、右各转 90°,根据主点间的距离,在地面上定出 D′ 和 E′ 的改正值 L_1、L_2。

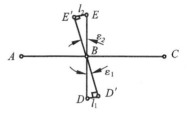

$$l_i = L_i \frac{\varepsilon_i}{\rho''} \qquad (10\text{-}9)$$

图 10-15　垂直轴线的测设

式中:L_i 为 BD′ 或 BE′ 的水平距离,i = 1、2。

将 D′ 沿垂直 D′B 方向移动 f_1 得 D 点,同法得到 E 点。然后检测 ∠DBE 和主轴点间的距离,直到误差在容许范围之内。

(4)方格网点的测设:见图 10-16,沿主轴线方向按规定边长测设,定出 1、2、3、4 点,然后将经纬仪分别安置在这些点上,对其余方格网点进行交会定点,分别用木桩固定点位。网点位置的检测方法与主轴线检测相同。

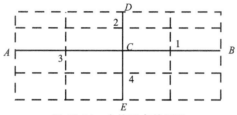

图 10-16　方格网点的测设

2.建筑基线　当建筑场地较小,平面布置简单时,常在场地中央测设一条或几条基准线。布设形式一般有"一"字形、"L"形、"T"形和"＋"字形。见图 10-17,应根据建筑分析、场地地形等因素进行布设。其测设方法与主轴线测设方法一样。

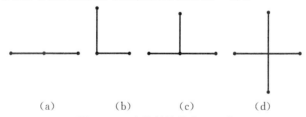

(a)　　　　(b)　　　　(c)　　　　(d)

图 10-17　建筑基线的布设形式

(二)高程控制网

建筑场内的高程控制点密度,应尽可能满足安置一次仪器即可测设所需高程点的要求。因此,当场地面积较大时,水准网一般布设成两级,首级网一般为四等水准点,作为整个场地的基本网,并埋设永久标志。在某些部位精度要求较高时,应采用三等水准以上方法测设高程。加密网可根据具体情况,采用不同等级要求进行测设,但要注意便于引测。建筑方格网点可兼作高程控制点。

二、民用建筑施工测量

现代建筑物类型较多,其放样方法和精度要求也有所差别,但放样过程基本相同,建筑施工放样包括建筑物定位、放线、基础工程、墙体和柱体工程施工放样。在施工放样之前都应作必要的准备工作。即对所使用的仪器工具检校；了解设计意图并熟悉和核对设计图纸；检核定位控制点与高程点是否正确；制定放样方案；准备放样数据；绘制放样略图等。

(一)民用建筑物的定位测量

1. **建筑物定位** 建筑物定位就是把建筑物外墙轴线交点测设在地面上，作为基础放样和细部放样的依据。把交点用木桩标定并钉上铁钉，这些桩就称角桩。测设这些点位的方法可根据测量控制点、建筑方格网,建筑基线或建筑红线进行定位,也可根据已有建筑物定位。见图 10-18,A、B、C、D 四点为拟建房屋外墙轴线的交点,经检验角桩之间的距离,其值与设计距离的相对误差不应大于 1/2000,如果房屋规模较大,则不应大于 1/5000,角点直角误差不应大于 40″,经检验合格后,再依角桩详细测设出其他各轴线的交点桩(又称中心桩),然后用白灰撒出基槽开挖边界线。

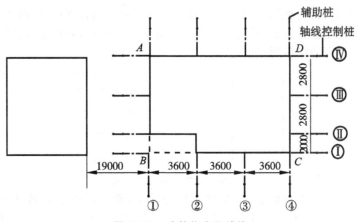

图 10-18 建筑物定位放线

2. **轴线控制桩(引桩)的测设** 当基槽开挖后,所设的交点桩都被挖掉,所以轴线测定后,应及时引测到基槽外的轴线控制点上,作为确定轴线位置和施工的依据。见图 10-19,将经纬仪安置在角桩上,瞄准同轴线的另一角桩,沿视线方向用钢尺向基槽外侧量取更远,打入木桩,用混凝土保护,桩顶钉上小钉作为轴线位置。在施工期间,为了检查轴线控制桩有无变动,在每一轴线方向上还应增设一个辅助桩。参见图 10-18,若附近有建筑物,也可将轴线桩引测到建筑物的墙上,以代替轴线控制桩。中、小型建筑物的轴线控制桩是根据角桩引测的;在大型建筑物放线时,为了保证轴线控制桩的精度,通常是在基础开挖线以外 4m 左右,测设一个与房屋外墙轴线平行的矩形控制网,即先测定轴线控制桩,再根据它测设角桩。在一般的民用建筑,特别是低层建筑中,常设置龙门架代替轴线控制桩。

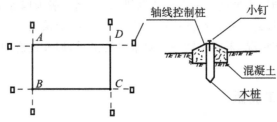

图 10-19 轴线控制桩的测设

(二)房屋基础施工测量

基础开挖前,应根据建筑物轴线位置和基础详图的尺寸及标高要求,并顾及基础挖深应放坡的尺寸,在地面上用白灰撒出开挖边线,即可进行基础施工。

1.基槽开挖的深度控制

为了控制基槽开挖深度,当快挖到槽底设计标高时,用水准仪在槽壁上打设一些水平小木桩(图 10-20),使木桩上表面距槽底的设计标高为一固定值(如 0.500m)。为了施工方便,一般在槽壁上每隔 3~4m 深度变化处和拐角处均测设一水平桩,必要时沿桩顶面拉直线绳,作为修平槽底和基础垫层施工的高程依据。水平桩高程测设的允许误差为±10mm。这一工作又称为基础抄平。

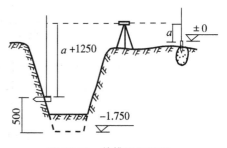

图 10-20 基槽深度控制

2.垫层中线测设

基础垫层浇灌之后,根据控制桩或龙门架上的轴线钉,用经纬仪或用拉绳吊锤球的方法把轴线投测到垫层上,并用墨线弹出墙中心线和基础边线,以便砌筑基础。这是确定建筑物位置的关键环节,应严格校核后方可进行砌筑施工。

(三)高层建筑施工测量

1.轴线投测 将高层建筑的各层轴线向上引测称为轴线投测,它所产生的偏差称为竖向偏差。有关规范规定,层高竖向偏差不得超过±5mm,总高竖向偏差不得超过±20mm。因此精确投测轴线是高层建筑施工测量的重要内容。

轴线投测一般分为经纬仪投测法和激光铅垂仪投测法。

(1)经纬仪投测法:当基础工程完工后,将各纵向和横向轴线中的中心轴线控制桩,采用经纬仪正倒镜法引测到基础的侧壁上,并作标记,还要引测到距建筑物较远(常大于该建筑物高度的 1.5 倍)的安全处或附近已建的大楼顶面上,以减少不断投测的仰角。向上投测时,将经纬仪安置在引桩上,严格对中整平后,用正、倒镜分别瞄准基础测壁上的轴线标记向上投测,并作标记,取其中点即为投测轴线的一个端点。同法可得另一端点。两端点的连线就是楼层上的中心轴线。

(2)激光铅垂仪投测法:激光铅垂仪是将激光束置于铅垂方向以传递点位的专用仪器。适用于高层建筑、烟囱、高塔及电梯等施工中的垂直定位。具有快速、简便和精确等优点。

当基础施工完后,考虑到激光束需从底层直射到顶层,应在底层适当位置设置与主轴线平行的辅助轴线,见图 10-21(a),并在辅助轴线端点处预埋标志,各层楼面相应位置均需预留孔洞,见图 10-21(b)。由于建筑物的电梯井、通风道、垃圾道等没有楼板阻隔,故也可作投测点位置。

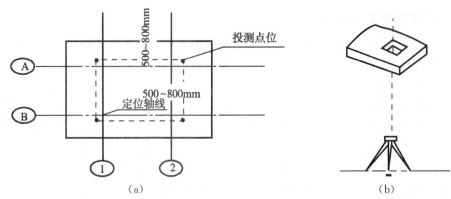

图 10-21 激光投测仪投测轴线

2.高层建筑物的高程传递　由底层向上传递高程,在每层测出标高线是该层进行楼板、门窗安装,地面施工和室内装修的标高依据。传递高程的方法有以下三种:

(1)皮数杆法:它适用于墙体施工中。框架结构的民用建筑,常在柱面上划线代替皮数杆,在墙身皮数杆上根据设计尺寸,从±0起,已标明门、窗、楼板等标高位置。因此,当第一层砌好之后,在第二层以上墙体施工中,为了使皮数杆立在同一水平面上,需用水准仪测出楼板面四角的标高,取其平均值作为地坪标高,并以此作为立杆标志。如此一层一层向上传。

(2)钢尺丈量法:当精度要求较高时,可用钢尺沿结构外墙、边柱、楼梯间等自±0起向上直接丈量至楼板外侧,确定立皮数杆的标志。再根据皮数杆上的有关高程进行施工。

(3)吊钢尺法:在楼梯间悬吊钢尺,使钢尺处于铅垂状态,用水准仪分别在下层和上层读数,按水准测量原理传梯高程。在上层测设标高线。

第四节　线路工程测量

线路工程一般包括道路、渠道、管线等工程。线路工程测量的主要工作包括踏勘选线、中线测量、曲线测设、纵横断面测量、施工放样和土石方计算等。

一、踏勘选线

踏勘选线的目的是在实地确定道路、渠道或管线等的起点、转点和终点的位置。当线路较长,并且拟建地区有大比例尺地形图时,先在图上选线,可多选出几条路线,经比较进行优化后,在图上拟定中心线的位置后,再在实地踏勘,并用木桩在地面上标定出起点、转点和终点的位置。

二、路线中线测量

选出一段路线后,接着就可进行路线的中线测量。中线测量的任务是沿路线中线钉桩,并在转点处(交点桩处)测角和测设圆曲线。中线测量可分为测角组和中桩组作业,也可两组配合进行中线测量。

(一)路线转向角的测定

在路线的转折处,后一测线的延长线与前一测线的夹角称为转向角,又称偏角,用 I 表示。转向角在延长线左侧的称左偏角,在右侧的称右偏角,见图 10-22。路线转向角的测定,是先测量路线右角 β,然后再计算出转向角。即

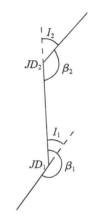

$$I = 180° - \beta \qquad (10\text{-}10)$$

若 I 为正值,转向角为右偏角;若 I 为负值,则转向角为左偏角。

图 10-22　用经纬仪测定转向角

(二)里程桩的设置

1.里程桩的设置　道路中心线的位置需按规定间距用里程桩标于地面,并进行编号。里程桩的编号以该桩至起点的距离表示,用千米加米的形式标记,如某中桩距起点的距离为 5738.56m,则该桩的桩号为 5+738.56。这种桩称为里程桩。为了便于日后寻找,在实际工作中,里程桩的正面写里程,背面循环写上 1、2、3、…、10。

2.里程桩分为整桩和加桩两种　一般在直线上每隔 20m、50m 或 100m 打一桩,曲线上依半径不同每隔 5m、10m 或 20m 打一桩,这些桩称为整桩。当整桩不能恰当反映地物、地貌等方面的变化时,常需另外加打一些木桩,这些加打的桩称为加桩。里程桩的桩号应朝向路线的起点。

加桩又分为地貌加桩和地物加桩。地貌加桩打在纵坡地势起伏突变以及横坡变化等处,距离凑整量至整米。地物加桩打在中线与其他重要地物(如已有的道路、河流、输电线路等)的相交处,距离准确到分米。由于局部地段的改线或量距、计算中的差错,可能会出现实际里程与原桩号不一致的现象,这种现象称为断链。断链分长链和短链。实际长度比桩号长时称长链;实际长度比桩号短时称短链。出现断链时,为了不牵动全线桩号的更改,在局部改线和差错地段改成新桩号,其他未变动的地段仍采用老桩号,并在新老桩号变更处打断链桩,其写法是:改桩号=原桩号。例如:"改 1+960=原 1+968",短链 8m。

丈量到交点桩后,然后计算圆曲线三主点(详见下节)。当打出曲线终点桩后,再继续丈量下去。量距的同时成绘草图并作记录,见图 10-23。草图中将路线画成直线,标上各中桩的编号,并描绘主要地物、地貌等内容,线路的转折方向用箭头表示。

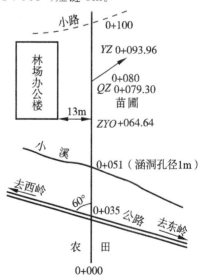

图 10-23　线路草图

三、线路纵横断面测量

线路纵断面测量的任务是测定中线各里程桩的地面高程,以确定路线在竖直面上的位置。路线横断面测量是测定里程桩两侧垂直于中线的地面点的高程。

(一)线路纵断面测量

线路纵断面测量又称路线水准测量。工作内容主要有:沿线路每隔一定距离设置临时水准点和测定路线各中桩高程。若公路等级较高或路线较长,最好将临时水

准点与国家水准点相连结。

纵断面测量,当要求精度高时,应分两步施测。第一步是基平测量,即沿路线每隔 1km 左右设置一水准基点,用往返水准测量或两台水准仪施测,求得各水准基点的高程;第二步是根据基点的高程,用水准仪测出各中桩的地面高程。当路线不长或为等级较低的林区公路,上述两步也可合为一步,下面介绍该种方法。

纵断面水准测量应从国家水准点引测,如附近没有国家水准点,可在路线附近 30～50m 处设置临时水准点。临时水准点可利用房屋的基础、坚固的岩面或利用已伐倒的大树干靠近地面处砍一台口钉上大钉子作为临时水准点。临时水准点用红漆圈点表示,并标出编号、测量单位名称和日期。所设的水准点应作详细记录,以便使用时寻找。现结合图 10-24 所示的实例说明其施测方法。

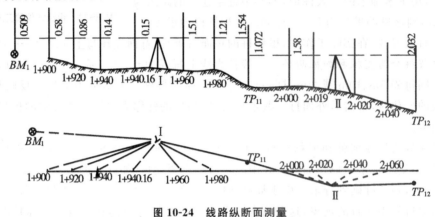

图 10-24 线路纵断面测量

(1)置仪器于Ⅰ站,水准尺分别立于后视水准点 BM_1 和前视转点 TP_{11} 上,读后视和前视读数,记入表 10-1 相应栏内。要求前、后视读数估读至 1mm。

(2)观测 BM_1 至 TP_{11} 间的各中桩(中间点),即将 BM_1 的后视尺依次立于 1＋900、1＋920、…、1＋980 等点,将读数分别记入中视栏内。中视读数读至 1mm。

(3)仪器搬至Ⅱ站,在适当位置选好转点 TP_{12} 立尺,作为前视点,原前视尺仍立于 TP_{11} 点作为后视点,同法观测后视尺和前视尺。

(4)观测 TP_{11} 至 TP_{12} 间的中桩,即将 TP_{11} 的后视尺依次立于 2＋000、2＋015 等点,读数记入中视栏内。

(5)按上述方法继续向前观测,直至附合到下个水准点 BM_2 上,完成一个测段的观测。

每一测站的各项计算按下列公式进行:

视线高程＝后视点高程＋后视尺读数

转点高程＝视线高程－前视读数

中桩高程＝视线高程－中视读数

(6)按上述方法完成全路线的施测。

表 10-1　线路纵断面测量手簿

测点	水准尺读数(m)			视线高程(m)	高程(m)	备注
	后视	中间点	前视			
BM_1	0.509			70.012	69.503	
TP_{11}			1.554		68.458	
1+900		0.58			69.43	
+920		0.86			69.15	
+940		1.14			68.87	
+940.16		1.15			68.86	
+960		1.51			68.50	
+980		1.21			68.80	
TP_{11}	1.072			69.530	68.458	
TP_{12}			2.032		67.498	
2+000		1.58			67.95	
…						

注:视线高程、水准点高程和转点高程均应取至 1mm。

(二)线路横断面测量

进行横断面测量时,先在线路各中桩上用目估法或用简单的十字板,定出与道路中线垂直的横断面方向。在此方向的左、右两侧测量出距离各自中桩一定宽度的地形变化点的高程。横断面的测法有很多种。常用的方法是使用水准仪配合皮尺来进行。如图 10-25,将仪器安置在断面附近,后视里程桩 0+000 或 0+050 读数,再在每个横断面的左、右两侧地形变化点上立水准尺,依次读数并记录于表中,如表 10-2 所示。

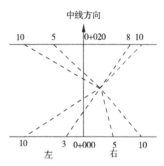

图 10-25　线路横断面测量

表 10-2　线路横断面测量手簿

左侧 前视读数(高差)		后视读数	前视读数(高差) 右侧	
距离		里程桩号(高程)	距离	
2.86(−1.74)	2.33(−1.21)	1.12	1.01(+0.11)	0.87(+0.25)
10	3	0+000(35.68)	5	10
2.24(−1.27)	1.88(−0.91)	0.97	0.82(+0.15)	0.51(+0.46)
10	5	0+020(35.70)	8	10

四、线路纵断面图的绘制及纵坡设计

线路纵断面图是表示路线中线方向地面高低起伏形状和纵坡变化的剖视图,它是根据纵断面测量成果绘制而成。路线设计是确定设计线在空间高程上的位置。

(一)线路纵断面图的绘制及有关说明

以一定的比例尺将路线中心的地面起伏变化情况绘在纸上的图,称为路线纵断面图。它是绘在毫米方格纸上,其形式见图 10-26。路线纵断面图是采用直角坐标绘制的,横坐标表示路线长度,纵坐标表示路线各点的地面高程。为了明显地表示地形起伏状态,通常高程比例尺比水平距离比例尺大 5～10 倍,常用的横坐标比例尺 1/2000,纵坐标比例尺为 1/200。图的上部是根据各中桩地面高程点绘出的纵断面图,下部则填写各种必要的资料。

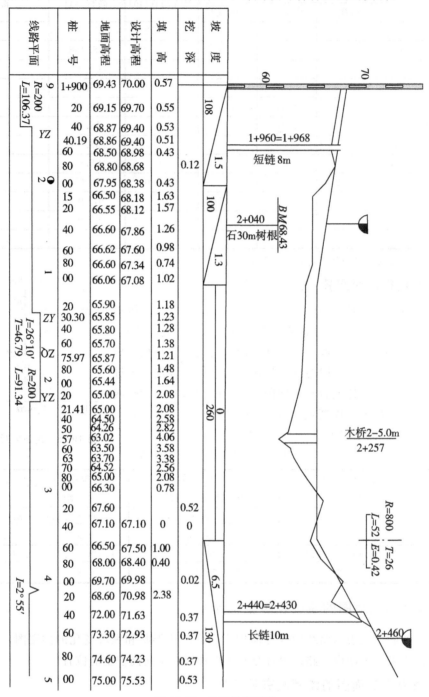

图 10-26 线路纵断面图

1.线路平面栏　用一水平直线表示路线的直线段,曲子线部分画成折线形式,如 ⌐‾⌐ 表示路线向右转弯; ⌐‾⌐ 表示路线向左转弯,并且注明交点桩号、曲线元素等。

对于未设曲线的小转向角(小于5°),交点桩处分别用三角形尖向上或向下表示右偏或左偏。另外,在里程线上要以数字标出百米数(百米标),在每千米处要绘出黑白各半的圆圈符号并注明千米数。

2.桩号栏 以各桩的里程按横向比例尺确定各桩位置并注明桩号。对地形加桩要填到小数点后一位;对曲线起点、终点、中间点要填到小数点后二位。如图中的2+130.30、2+175.97、2+221.64分别为曲线的起点 ZY、中间点 QZ、终点 YZ。

3.地面高程栏 按中桩的地面高程填写(取小数后二位),并依此在图纸的上半部绘出纵断面图。

4.坡度栏 完成上述各项工作后,就可以在纵断面图上进行拉坡,拉出的坡度线在坡度栏中注明。线条倾斜时表示上坡或下坡,水平时则表示平坡,并在线条上面注明坡度的百分数(取小数点后一位),下面注明坡段的长度,以米数表示。

5.设计高程栏 纵断面图拉坡后,就可以根据拉出设计线的坡度,计算设计线上各点的高程(设计高程),并取小数后二位。

6.填高栏 设计高程减去地面高程等于填高(设计高程大于地面高程)。

7.挖深栏 地面高程减去设计高程等于挖深(地面高程大于设计高程)。

8.其他内容主要有

(1)水准基标:在纵断面图上,从设水准点桩号位置向上绘一条垂直线和一条横线,并注明桩号、高程和位置。如桩号为2+040处设有水准点。

(2)地面线(俗称细线):将各地面点用黑色细实线连接,则成地面线,它表示地面的高低起伏状况。

(3)设计线(又称粗线或红线):将经设计后的转坡点用粗(或红色)线连接起来,即得设计线。

(4)桥涵:在纵断面图上的桥涵位置,是通过桥涵中心线向上绘一垂直线,并注明桥涵结构类型、孔径大小和中心里程。如2+257处设计木桥。

(5)错车道:是按错车道长度的中心位置向上绘一垂直线,并用符号表示。同样要注明错车道编号和错车道长度的中心里程。如2+040和2+460桩均设置了错车道。

(二)设计坡度线(拉坡)

设计坡度线应考虑的因素主要有:控制点高程、纵坡度、转坡点的位置等。

设计坡度线一般由选线人员进行,并有地质、桥涵人员提供设计资料和意见,它的方法和步骤如下:

1.在纵断面图上标出控制点 所谓控制点,就是直接影响纵坡设计高程的点。如公路的起迄点、垭口、桥涵、最小填土高度、沿河线的洪水位、隧道进出口、路线交叉点、居民区内的通过点以及最大填高和最小挖深的限度等。根据选线记录和其他有关资料,将上述控制点的位置及其所需的高程标定在纵断面图上。

2.试拉坡度线 将各控制点路基高程连接起来,使穿行于控制点之间的线型截弯取直,便得到纵坡设计线。相邻两纵坡设计线之交点即为变坡点。变坡点的位置一般放在以10m为尾数的整桩号上(地面无此桩也可以)。为了行车安全,不应把变坡点设在桥和小半径的平曲线上。但凸形变坡点可设在拱桥上,同时两端应保证通视。两变坡点间的坡度可以用三角板推平行线的方法算出。

3.调整坡度线　试拉的坡度线一般总是要经过几次调整比较后才可能确定,并应注意以下几点:(1)要注意检查试拉的坡度线是否符合技术标准中关于坡度、坡长等方面的要求。(2)要注意整个路线各坡段间的相互组合,如坡度与平曲线、平曲线与竖曲线的组合,以及桥头接线、路线交叉处的纵坡是否适宜。(3)应注意坡段不要太零碎(一般不应小于100m,受地形限制时亦不应小于80m)。(4)注意土方量的填挖大致平衡,避免大填大挖。

调整纵坡线的办法有:抬高、降低、延长、缩短坡线和加大、缩小纵坡度等,调整时以少离控制点和少变动填挖为原则,使调整后的纵坡与试拉的纵坡基本相符。

4.确定纵坡度　确定纵坡度简称定坡。对坡度值可直接读毫米方格的办法来推算,取至百分数的小数点后一位。变坡点的位置可直接从图上的桩号求得,它的设计高程是根据坡度、坡长依次推算而来。

5.计算设计高程　在纵断面的变坡点和纵坡度确定后,就可由路线起点的设计高程逐段推算各中桩及变坡点的设计高程,即某点的设计高程。计算时上坡取"＋"号,下坡取"－"号。

五、线路横断面图的绘制及路基设计

(一)横断面图的绘制

根据横断面测量手簿的记录,用1∶200的比例尺绘出横断面的地面线。距离和高差均用同一比例尺。其步骤如下:

(1)绘制一条纵向粗线为中线,以纵横粗线相交点为中桩位置,自左向右并由下而上按桩号逐个绘出地面线,并注记桩号,桩顶上填高为 T 值,挖深为 W 值。

(2)按设计的路基宽度、边沟尺寸和不同的边坡绘出路基,这项工作又俗称"戴帽子"。

(3)分别计算出每一横断面的填方面积 A_T、挖方面积 A_W,并记录于图上,见图10-27。

绘制横断面图应注意以下几点:

(1)在横断面图中,对路堤和路堑的首尾断面,应详细标注路基边坡的坡度。

(2)要绘出曲线加宽、超高、错车道宽度,并加以注明;在曲线路段挖方处的内侧应能保证视距(能通视的距离),需要设置视距台的应在图上绘出。

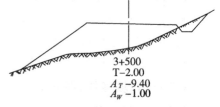

3+500
T-2.00
A_T-9.40
A_W-1.00

图 10-27　路基横断面图

(3)桥涵所在的横断面上应注明挡土墙、边坡防护设施、路基边沟等。

(二)路基设计

1.路基形式

(1)路堤:高出地面的路基称为路堤,见图10-28所示。

(2)路堑:低于地面的路基称为路堑,见图10-29所示。

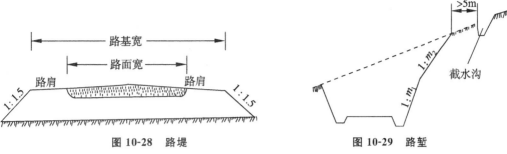

图 10-28　路堤　　　　　　　　　图 10-29　路堑

(3)半路堤:即半挖半填的断面形式的路基,见图 10-30 所示。

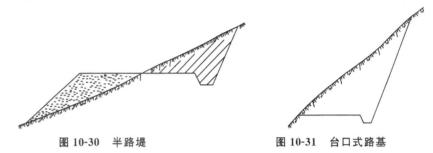

图 10-30　半路堤　　　　　　　　图 10-31　台口式路基

(4)台口式路基:当山坡较陡,如用半挖半填的形式,可能在填方部分很难保证路基的稳定,此时可做成台口式的路基,见图 10-31 所示。

2.路基边坡　路基边坡习惯上用边坡高度 h 和边坡宽度 b 的比值来表示,并取 $h=1$。边坡一般写为 $1:m$ 记在边坡上,见图 10-28 所示。边坡的大小,主要取决于土质和岩石的强度及稳定性。

(1)路堤边坡:土质路堤可采用 1:1.5。填石路堤边坡按石料规格填筑方法和高度等因素决定。

(2)路堑边坡:路堑边坡是开挖自然山坡而成,影响边坡稳定因素较为复杂,根据土石种类不同,一般可采用 1:1.5～1:0.1。

(3)半路堤边坡:半路堤一般修筑在山坡上,由于原地面较陡,填方坡脚往往伸出较远,造成施工困难,所以路基稳定亦较差,对这种情况,可以采取边坡砌石、修筑护肩和挡土墙等措施。

3.路基宽度　见图 10-28 所示,路基宽度等于路面宽度加上路肩宽度。路肩主要是保证路面稳定,汽车偶尔驶出路面以及行人、畜力车等通过提供方便而设置的。路基宽度等于或小于 5m 的单车道,应当在适当距离(300m)内设置错车道。错车道应

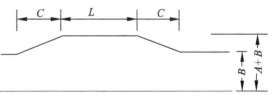

图 10-32　错车道

设在有利地点,要使驾驶员能看到相邻两错车道间驶来的车辆,错车道的尺寸见图 10-32 所示。

图中 B 为单车道路路基宽度;$B+A$ 的大小,甲类地区为 7.5m,乙类地区为 6.5m;当错车道设在曲线上时,曲线部分按单车道加宽值加宽;L 为错车道有效长度(运原条为 30m,运

原木为 15m）；C 为渐宽段长度（运原条为 15m，运原木为 10m）。

4. 曲线超高   在公路的圆曲线段，为了抵消汽车行驶时产生的离心力，保证汽车行驶的稳定性，将路基修筑成内侧低、外侧高的单向横坡，称为超高。超高横坡的大小与曲线半径有关，一般为 2%～6%。从直线段的双坡横断面变为曲线段的具有超高的单坡横断面，要有一个渐变过程，这一横坡变化的地段称为超高缓和段，其长度一般双车道为 10～20m，单车道为 5～10m，见图 10-33 所示。

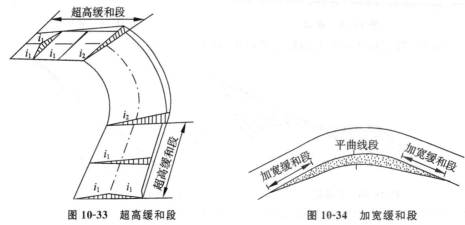

图 10-33   超高缓和段   图 10-34   加宽缓和段

5. 曲线加宽   汽车在曲线上行驶时，各个车轮行驶的轨迹半径是不同的，靠曲线内侧后轮行驶轨迹的半径最小，而靠外侧前轮行驶轨迹的半径最大。这样汽车行驶在曲线上所占的路基宽度较直线部分要宽。所以在曲线内侧就需要进行加宽，使车轮外侧和内侧在路基上能具有与直线部分相同的富裕宽度，以保证行车安全。对单、双车道曲线路基加宽值是以平曲线半径的大小和地区的不同而规定的。

从不加宽的直线段到加宽的曲线段，是采用按比例逐渐加宽。此段称为加宽缓和段，见图 10-34 所示。

加宽缓和段长度，当曲线设计超高时，加宽缓和段长度与超高缓和段长度相等。不设超高时，加宽缓和段的长度一般情况为 10m，困难情况时可减至 5m。

六、土方量计算

土方量的计算，在实际工作中是采用近似的公式，以简化计算。计算分两步进行，第一步是计算路基横断面积；第二步是土石方量的计算。计算方法是用平均断面法，即相邻两桩的平均断面积乘以两个桩的间距。见图 10-35 所示，A'_w、A''_w 为相邻两挖方横断面面积；A'_T、A''_T 为相邻两填方横断面面积，两断面的间距为 l，则土方量可按下式计算：

$$V_{挖}=\frac{1}{2}(A'_w+A''_w)l$$

$$V_{填}=\frac{1}{2}(A'_T、A''_T)l \tag{10-11}$$

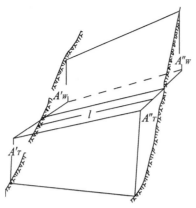

图 10-35　土方量计算

路基土方计算步骤见表 10-3 所示。

表 10-3　路基土石方计算

桩号	断面积 (m²) 填	断面积 (m²) 挖	平均断面积(m²) 填	平均断面积(m²) 挖	距离 (m)	填方 (m³)	挖方 (m³)	本断面利用方(m³) 土	本断面利用方(m³) 石	挖方成分 松土 %	挖方成分 松土 方数	普土 %	普土 方数	硬土 %	硬土 方数	软石 %	软石 方数	次坚石 %	次坚石 方数	坚石 %	坚石 方数	余方(+) 缺方(−)
0+000	5.1	8.9	3.0	7.5	26.8	80	201	80				100	201									+121
+026.8	0.9	6.0	0.5	5.1	13.2	7	67	7				100	67									+60
+040	0	4.2	1.0	5.5	20	20	110	20				100	100									+90
+060	2.0	6.8	1.8	6.1	10.9	20	66	20						40	26	60	40					+46
+070.9	1.6	5.4	2.3	5.7	9.14	21	52	21						40	21	60	31					+31
+080	3.0	6.0	5.2	3.1	20	104	62	62						40	25	60	37					+52
+100	2.3	4.5	9.6	1.5	20	192	30	30						20	6	80	24					−42
+120	8.0	1.7	10.7	2.4	20	214	48	48						20	10	80	38					−162
+140	11.1	1.2	9.8	5.2	20	196	104	83	21					20	21	60	62	20	21			−166
+160	10.3	3.5																				−92
+180	9.2	6.8																				
																						+400
合计						908	846	425	21				529		296		21					−462

(1)填写中桩编号。

(2)填写各中桩路基的横断面积(准确至 0.1m²)。

(3)平均断面积:即相邻两桩分别将挖方断面积和填方断面积取平均。

(4)距离:由相邻中桩的里程相减而得。

(5)分别按上式计算挖方及填方量(准确至 1m³)。

(6)计算挖方成分,各段的挖方量分别乘以各段挖方中土石方成分所占的百分比,便得各类土或石的方量。

(7)计算相邻桩间的利用方及填挖不平衡产生的余方或缺方。

相邻桩间的利用方,即指该段内有多少挖方可作填方之用。例如 0+000 至 0+026.8 之间,可从 201m³ 的挖方中移 80m³ 作为填方之用,此 80m³ 称为利用方,本段还余 121m³,称为余方。如果挖方不够填方,就叫缺方。缺方可以从相邻段的余方调运,也可在路基附近取土点借土,称为借方。到底采用哪一种方法好,要根据实际情况,比较借土工效及运土工效而定。

第五节 圆曲线测设

一条路线是由直线和各种曲线组合而成的,见图 10-36 中,两直线间用一定半径的圆曲线连接起来,见图中的 ab、cd、ef 等即为圆曲线。圆曲线又称单曲线,是路线弯道中常采用的曲线。为了以后施工方便,应定出曲线上起控制作用的点,称为曲线的主点测设。如果曲线较长,除定出主点外,还要定出曲线上的其他各点,以便完整地定出曲线的位置,这项工作称为曲线的细部测设。

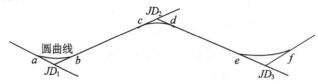

图 10-36 直线与曲线

一、圆曲线主点测设

1.圆曲线元素计算　见图 10-37,JD 为路线交点桩,I 为转向角,ZY 为圆曲线起点,YZ 为圆曲线终点,QZ 为圆曲线中间点;T 为切线长,L 为曲线长,JD 到 QZ 的长度为外矢距(E)以及切线长与曲线长之差 D(切曲差),从图中可以得出下列公式:

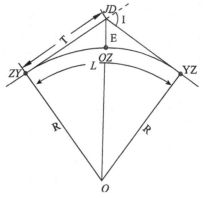

$$T = R \cdot \tan \frac{I}{2} \qquad (10\text{-}12)$$

$$L = \frac{RI \cdot \pi}{180°} \qquad (10\text{-}13)$$

$$D = 2T - L \qquad (10\text{-}14)$$

$$E = R\sec \frac{I}{2} - R \qquad (10\text{-}15)$$

在实际工作中,T、L、E、D 可以从曲线表中查得。当 I 为定值时,它们均与 R 成正比。圆曲线的半径 R 是选线时根据地形条件和技术要求确定的。T、L、E、D 也可编程用计算器计算,它们统称为圆曲线元素。ZY、YZ、QZ 点称为圆曲线主点。

图 10-37 圆曲线

2.主点桩号计算　由于线路中线不经过交点 JD,所以圆曲线主点的桩号通常应根据交点 JD 的里程和曲线元素来计算,如下式:

ZY 里程＝JD 里程－T

YZ 里程＝ZY 里程＋L

QZ 里程＝YZ 里程－$L/2$

JD 里程＝QZ 里程＋$D/2$

如果计算出交点 JD 里程与实际值相等,说明计算正确。

3.圆曲线主点测设　测设步骤如下:

(1)安置经纬仪于 JD 点,瞄准后视点(即中线方向),自交点 JD 沿视线方向量出切线长 T,即得曲线起点 ZY。将里程桩编号并写于木桩上,将木桩打入地面 ZY 处,即得曲线起点在实地的位置。

(2)经纬仪瞄准前视点,然后自交点 JD 沿视线方向量出切线长 T,即得曲线终点 YZ。

编号打桩得 YZ 的实地位置。

（3）以 $0°00'00''$ 水平读盘读数瞄准终点 YZ，测设角度 $(108-1)/2$，可确定出两切线的内夹角的二等分线方向，由 JD 桩沿此方向量外矢距 E，即得曲线中点 QZ。编号打桩得曲线中间点在实地的位置。

二、圆曲线细部测设

在地形变化不大，并且曲线长 L 小于 40m 时，测设曲线的三个主点已能满足施工的要求。如果地形变化大或曲线长超过 40m，为了使曲线段的施工不走样，还必须在曲线上增测若干点，点的密度（桩距）视圆曲线半径的大小而定，一般有如下规定：

$R \geqslant 100m$ 时，桩距 $l_0 = 20m$

$25m < R < 100m$ 时，桩距 $l_0 = 10m$

$R \leqslant 25m$ 时，桩距 $l_0 = 5m$

圆曲线细部测设的方法很多，下面介绍两种常用的方法：

（一）直角坐标法（亦称切线支距法）

直角坐标法是以曲线的起点或终点作为坐标原点，以切线为 x 轴，过原点的半径为 y 轴，根据坐标 x、y 来测设曲线上各点。见图 10-38 所示，a、b、c 为曲线上欲测设的点位，为相邻两点的弧长，设 $l_1 + l_2 + l_3 = l$，φ 为弧长所对的圆心角。由图可知：

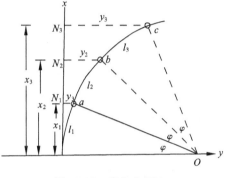

$$\left.\begin{array}{l} x_1 = R\sin\varphi \\ x_2 = R\sin2\varphi \\ \cdots\cdots \\ x_n = R\sin n\varphi \end{array}\right\} \quad (10\text{-}16)$$

图 10-38　直角坐标法

$$\left.\begin{array}{l} y_1 = R - R\cos\varphi = 2R\sin^2\dfrac{\varphi}{2} \\ y_2 = R - R\cos2\varphi = 2R\sin^2\dfrac{2\varphi}{2} \\ \cdots\cdots \\ y_n = R - R\cos n\varphi = 2R\sin^2\dfrac{n\varphi}{2} \end{array}\right\} \quad (10\text{-}17)$$

式中：$\varphi = \dfrac{l}{R}\rho$。

在实际工作中，以 R 和 l 为引数，从曲线测设表中查得 x、y 值，也可以将上列公式编程序用计算器计算。用直角坐标法测设曲线，为了避免 x、y 值过大，一般都从曲线起点和终点向中点施测，具体方法如下：

（1）根据曲线上各点坐标，从曲线起点或终点沿切线方向量取 x_1、x_2、$\cdots$、x_n，得垂足 N_1、N_2、$\cdots$、N_n，并用测针标记于实地。

（2）在垂足 N_1、N_2、$\cdots$、N_n 等点安置经纬仪，定出垂直于 x 轴的方向线，沿垂线方向分别量出 y_1、y_2、$\cdots$、y_n 等点，即得曲线上各点。

（3）在全部曲线设置完后，丈量曲线上相邻点间的距离，此长度应等于弦长，并量出最后一点到曲线中点 QZ 的距离，此长度应等于该两点的里程差。

这种方法是以 QZ 点为界，将曲线分成两半，分别由曲线起点和终点进行测设。它适用于平坦开阔地区,具有测点误差不积累的优点。但当 x、y 值较大时,不仅量距困难,精度也受到一定影响。

(二)偏角法(亦称极坐标法)

见图 10-39,S 为弧长,C 为弦长,δ 为圆曲线切线与弦线之间的夹角,称为弦切角,简称偏角。根据几何定理,弦切角值等于该弦所对圆心角的一半。圆心角 φ 及弦切角 δ 可用下式计算:

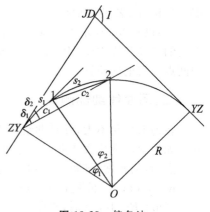

$$\varphi = \frac{S}{R} \cdot \frac{180°}{\pi} \tag{10-18}$$

$$\delta = \frac{\varphi}{2} = \frac{S}{R} \cdot \frac{90°}{\pi} \tag{10-19}$$

图 10-39 偏角法

公式中 φ 及 δ 可用计算器直接计算。

测设曲线上的点,除需知道弦切角外,还需知道弧长所对应的弦长 C,由图可知:

$$C = 2R\sin\frac{\varphi}{2} = 2R\sin\delta \tag{10-20}$$

具体测设方法是:当欲测设的点靠近 ZY 点时,则将经纬仪安置在 ZY 点;当欲测设的点靠近 YZ 点时,则将经纬仪安置在 YZ 点。用经纬仪测设 δ_1 角,在望远镜视线方向自 YZ 点用皮尺量 C_1 长,使得细部点 l。测设 2 点时,经纬仪应测设 δ_2 角,丈量距离应从 1 点开始,拉皮尺使 C_2 的长度与望远镜方向线相交得 2 点。计算偏角时,也需要计算到圆直点 YZ 的偏角,它应该与 $I/2$ 相等,来进行校核。

 复习思考题

1.点的平面位置测设有哪几种方法?各适用于什么情况?如何计算放样数据?

2.工业厂房与民用建筑施工测量,在内容、要求和方法上有什么异同?

3.设水准点 A 的高程为 35.452m。现欲测设 B 点,使其高程为 36.000m,仪器安置在 A、B 两点之间,读得 A 尺上后视读数为 2.468m,则 B 尺上的前视读数应为多少?

4.已知 $a_{AB}=80°20'$,见图 10-9,$x_B=24.58$,$y_B=86.28$m,从 B 点按极坐标法测设 P 点,P 点的设计坐标为 $x_P=52.50$m,$y_P=42.66$m,试计算测设数据。

5.见图 10-14,已测设主轴线 $A'B'C'$,经检测 $\angle A'B'C'=179°59'06''$,已知距离 $a=150$m,$b=200$m,试求各点的移动量及移动方向。

6.见图 10-15,测设直角 $\angle ABE'$,再精确检测其角值为 $89°59'30''$,已知 $BE'=200.00$m,点应怎样移动?移动多少距离才能得到 $90°$?

7.路线的纵断面水准测量是如何进行的?为什么转点测量的精度要高于中间测量的精度?

8.线路纵断面图是如何绘制的?

9.线路工程测量包括哪些主要测量工作?

10.如何用平均断面法计算土方?

11.试述偏角法测设圆曲线的计算和施测工作。

12.何为圆曲线主点?圆曲线元素如何计算?

13.已知圆曲线的转向角 I 为 $35°11'$,$R=20$m,求圆曲线的各主要元素。如果已知交点桩的桩号为 $0+236.76$,求曲线起点 ZY、中间点 QZ、终点 YZ 的桩号。

第 11 章　不动产测量

重点提示

本章重点掌握初始地籍调查与测量的程序、步骤及方法。包括地籍调查、地籍图测绘、宗地图绘制及土地面积量算等。除此之外,还应掌握房产调查与测绘的内容、方法与步骤。包括房屋调查、房屋用地调查、房产分幅图测绘、房产分丘图测绘、房产分层分户图测绘等。

第一节　概　述

不动产(immovable property)是指依自然性质或法律规定不可移动的财产,如土地、房屋、探矿权、采矿权等土地定着物,与土地尚未脱离的土地生成物,因自然或者人力添附于土地并且不能分离的其他物,本章所说的不动产主要指土地和房屋,相应的测量工作包括地籍测量和房产测量。

一、地籍的概念

《辞海》(1979 年版)中,地籍被称为"中国历代政府登记土地作为征收田赋根据的册簿",即地籍是为征收土地税而建立的土地登记簿册。随着社会和经济的发展,地籍的用途更加广泛,地籍的内涵和外延也更加丰富,我们把这种地籍称为多用途地籍或现代地籍。现代地籍就是记载每宗土地及其附着物的权属、位置、数量、质量及利用现状等土地基本信息的文件,用数据、表册和图等形式表示。地籍就是土地的户口。

二、地籍的分类

1. 按地籍的发展阶段划分　地籍分为税收地籍、产权地籍和多用途地籍。税收地籍是各国早期建立的为课税服务的登记簿册。产权地籍是国家为维护土地权利人合法权利、鼓励土地交易、防止土地投机和保护土地买卖双方的权益而建立的土地产权登记的簿册。多用途地籍是税收地籍和产权地籍的进一步发展,其目的不仅是为课税或产权登记服务,更重要的是为土地的有效利用和保护,为全面、科学地管理土地提供信息和基础资料。

2. 按地籍的特点和任务划分　地籍可分为初始地籍和经常地籍。初始地籍是指在某一时期内,对其辖区内全部土地进行全面调查后,建立的地籍图簿册,而不是指历史上的第一本簿册。经常地籍也称变更地籍,是针对土地数量、质量、权属及使用情况的变化,以初始地籍为基础进行修正、补充和更新的地籍。

3. 按城乡土地的特点不同划分　地籍分为城镇地籍和农村地籍。城镇地籍的对象是城市和建制镇的城区土地,以及独立于城镇以外的工矿企业、交通等用地。农村地籍的对象是城镇郊区及农村集体所有的土地,国营农场使用的国有土地和农村居民点用地等。

三、地籍测量的特点

地籍测量包括地籍调查和地籍图测绘两项工作,它是调查和测定土地及其附着物的位置、界线、面积及几何形状,并标注其地类、权属、等级及利用现状等基本地籍信息的测绘工作。

地籍测量与其他测量工作相比较有着以下方面的特点:

(1)地籍测量工作是政府行政行为,测量成果具有法律效率。

(2)地籍测量成果资料包括图、表、册或地籍信息管理系统等成套成果。

(3)地籍测量工作有着非常强的现势性,更新没有固定的周期,当地籍要素发生变化后要及时同步地进行变更测量。

(4)地籍测量是在地籍调查的基础上进行的。

(5)从事地籍测量的技术人员,不但要具备丰富的测绘知识,还应具有不动产法律知识和地籍管理方面的知识。

四、房产测量

房产测量是测定和调查房屋及其用地情况,为房产产权、产籍管理、房地产开发利用、征收税费以及城镇规划建设提供测量数据和资料。其具体任务包括:①提供核发房屋所有权证和土地使用权证,建立产权、产籍资料档案等房地产管理工作的基础资料;②为城镇房地产管理部门的产业管理测绘房产分幅平面图、房产分丘平面图、房屋分层分户平面图;③为城镇住宅建设和旧城改造提供规划设计所需要的图纸。

第二节 初始地籍调查

一、地籍调查的概念

地籍调查是指依照国家的法律规定,采取行政、法律手段,运用科学方法,对土地及其附着物的位置、权属、界址点线、数量、质量和利用状况等基本情况进行调查,形成数据、图件、表册等调查资料。

地籍调查按时间和任务通常分为初始地籍调查和变更地籍调查。初始地籍调查是初始土地登记前的区域性普遍调查,而不是指历史上的第一次地籍调查。变更地籍调查是指为了保持地籍的现势性而进行的经常性的地籍调查。

地籍调查还可按区域范围分为城镇地籍调查和农村地籍调查。城镇地籍调查是指城镇及村庄内部的权属、位置、数量和质量等的调查;农村地籍调查是指对农村土地利用现状、质量、权属等的调查。

二、地籍调查的单元及划编方法

地籍调查的单元主要是宗地,宗地是被权属界线封闭的一个地块。权属界线的拐点称为界址点。通常情况下,一个宗地只有一个土地使用者使用,这样的宗地称为独立宗;如果一个宗地有几个权属单位共同使用的情况,且又很难划清权属界限,这样的宗地称为共用宗。

宗地划编按如下方法进行:

(1)由权属界线包围的具有独立法人的封闭地块,单独编为一个宗地。

(2)同一个土地使用者使用若干不相连接的地块,每一地块编为一宗。

(3)同一地块有多种用途或使用年限,且能划清其界线,可按用途或使用年限种类分别编宗。

(4)同一地块,有两种所有权,应按国有土地和集体所有土地分别编宗。

(5)一院多户,各自有使用范围,应分别编宗。共用部分按各自建筑面积分摊。

(6)由几个土地使用者共同使用某一地块,其间难于划分各自的使用范围者,可编为一宗。

(7)认为有必要分割成多宗地的其他情况;但市政道路、公用道路用地不编入宗地内,也不单独编宗。

三、地籍调查的内业准备

1.制定调查计划和调查方案　地籍调查前,必须先制定调查计划和调查方案。主要内容包括:调查任务、范围、时间、人员组织、经费预算等。方案制定的合理与否,直接关系着整个初始地籍调查的质量。

2.资料收集　收集本地区的各种地籍资料及相关资料。其中包括:

(1)收集与地籍调查有关的政府文件、技术规程和规定。

(2)收集能用于地籍调查工作的图件,如土地利用现状图、地形图、房屋普查图、航测图等。

(3)收集调查区域内的控制网点资料,如控制点的坐标、坐标系统等。

(4)收集调查区内的各种用地资料和建筑物、构筑物的产权资料等。

(5)收集调查区的申报材料、原有地籍资料及其他有关资料等。

3.选取调查底图　调查底图尽量选择本地区最新的大比例尺地形图或已有地籍图的复印件。

4.划分调查区　根据实际情况,把调查范围按行政界线或自然界线划分为若干个调查区。

5.编制地籍号　地籍号编制一般以县级行政区为单位,在城镇一般按街道、街坊、宗地三级编码,较小城镇也可采用街道、宗地两级编码;在农村一般按镇(乡)、行政村、宗地三级编码。其中街道(乡、镇)、街坊(行政村)采用两位编码,宗地采用三位编码。编号方式一般以上一级行政区为单位,自西向东、从北到南顺序编码。

县级行政区以上的地籍编码可直接采用身份证的前6位编码方案。故一块宗地的编号一般采用13位数来表示,如表11-1所示。在一个县级行政区内,地籍号可不用本级以上的编码,需要时再加注有关编码。

表 11-1　宗地编号

各级代码顺序	省级代码	地区代码	县、县级市、区级代码	街道、镇、乡代码	街坊、行政村代码	宗地代码
代码位数	2 位数	2 位数	2 位数	2 位数	2 位数	3 位数

6. **仪器及表册的准备** 印制统一的调查表格和簿册,配齐地籍调查所需使用的仪器和工具,如卷尺和比例尺等。

7. **人员培训** 由于地籍调查涉及许多方面的法规政策,各地区情况不同,同时地籍调查工作涉及不同专业,为使调查工作在行政管理、技术标准上统一,开展初始地籍调查工作前,应进行试点工作和技术培训,为顺利开展初始地籍调查工作提供技术准备。

四、地籍调查的外业工作

1. **指界通知** 按调查计划,通知土地所有者或使用者及其四至的合法指界人按时到现场指界。通知的方式可采用电话通知、邮寄通知单、公告通知及亲自登门通知等形式。

2. **宗地情况调查** 如表 11-2 所示,根据地籍调查表的内容调查宗地各要素。包括以下内容:

(1)土地使用者名称、性质:土地使用者为单位时,单位名称应采用全称,不能缩写。土地使用者为个人时,"名称"应填写户主姓名。土地使用者性质分为全民、集体和个体三种。

(2)上级主管部门:与单位有资产、行政等关系的上级领导部门;个人用地时此栏可以不填。

(3)土地座落及宗地四至:"土地座落"填写本宗地所在的路、街、巷、村的名称及门牌号码。"宗地四至"填写四周相邻宗地的单位名称或个人姓名。

(4)法人代表或户主姓名、身份证号码及电话号码。

(5)代理人姓名、身份证号码和电话号码:如由代理人现场指界的,还需填写代理人相关信息。

(6)土地权属性质:土地权属性质即土地所有制性质,分为全民所有土地和集体所有土地。

(7)地籍号及所在图幅号:"预编地籍号"可根据工作进展的先后次序编号,也可根据调查情况自左到右、自上而下预先编号。地籍号即本宗地的最后编号,由地籍调查内业人员根据地籍图的最后成果统一编号。图幅号为本宗地所在图幅的图号,宗地位于多幅图内时,填写所有包含本宗地的图幅号。

(8)批准用途、实际用途、使用期限:批准用途指权属证明材料中批准的此宗地用途。实际用途指现场调查核实的此宗地主要用途。使用期限指权属证明材料中批准此地块使用的期限,没有规定期限的,可以空此栏。

(9)共有使用权情况指共用宗地时,使用者共同使用此宗地的情况。

(10)权属调查记事及地籍调查员意见:诸如申请书中有关栏目填写是否正确,有纠纷界址的纠纷原因,界标设置、边长丈量等技术方法、手段,评定能否进入地籍勘丈阶段等。

(11)地籍勘丈记事:各界址点标志完好情况,使用仪器或方法。如使用经纬仪、钢尺,采用极坐标法测点界址点。

(12)地籍调查结果审核意见:宗地权属证件是否齐全合法,界址、四至是否清楚,有无纠纷,调查及勘丈结果是否正确。

3.界址调查

1)现场指界

(1)指界必须由本宗地及相邻宗地指界人到现场共同指界,确定界址点及界址线的位置。单位使用的土地要求由法人代表出席指界,并出具法人代表身份证明书及本人身份证明。个人使用的土地,须由户主出席指界,并出具户口簿或其身份证明。法人代表或户主不能亲自出席指界的,可由委托代理人指界,委托代理人指界时应出具法人代表身份证明书、指界委托书及本人身份证明。

(2)对于现场指界无争议的界址点,应要求指界双方在地籍调查表上签字。如果户主不识字,可由调查人员代签,户主按手印或户主盖章并按手印。

(3)对于有争议的界址,可先进行调解,调解无效时,按《中华人民共和国土地管理法》相关规定处理。

(4)违约缺席指界的,按下面规定处理:

①如一方缺席,其宗地界线以另一方所指界线确定。

②如双方缺席,其宗地界线由调查人员根据现场情况及地方习惯确定。

③确定界址线后的结果以书面形式送达违约缺席者。违约缺席者如有异议,须在收到结果之日起 15 日内重新提出划界申请,并负担重新划界的全部费用。逾期不申请者,则确定的界线自动生效。

(5)指界人认界后,无任何正当理由,不在地籍调查表上签字盖章的,可参照缺席指界的有关规定处理。

2)设置界标:界址认定后,在双方指界人均在场的情况下,调查人员应对所认定的界址点在现场按要求设置界标。《城镇地籍调查规程》设计了 5 种人工制作的界标,包括混凝土界址标桩、石灰界址标桩、带铝帽的钢钉界址标桩、带塑料套的钢棍界址标桩及喷漆界址标志,如图 11-1 所示,图中标桩单位为 mm。使用时可根据实地情况选用。

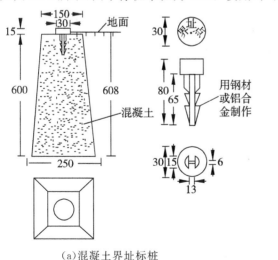

(a)混凝土界址标桩

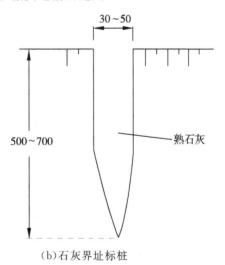

(b)石灰界址标桩

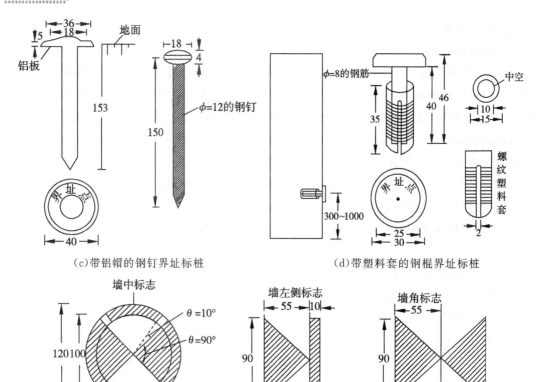

(c)带铝帽的钢钉界址标桩　　　　　(d)带塑料套的钢棍界址标桩

(e)喷漆界址标志

图 11-1　界址点标志

4.绘制宗地草图　宗地草图是地籍资料中的重要原始资料,可作为处理权属问题的重要依据,故需现场实地绘制。

(1)宗地草图绘制内容

①本宗地的完整图形。

②本宗地及相邻宗地的宗地号、门牌号、权属主名称。

③本宗地界址点、界址点编号及界址线。

④宗地内及宗地外紧靠界址点(线)的主要建筑物和构筑物。

⑤界址边边长、界址点与相邻地物的相关距离及条件距离。

⑥邻宗地与邻宗地之间的界址分界线。

⑦界址点的几何条件。

⑧指北针线、概略比例尺、丈量日期、丈量者签名等。

(2)宗地草图的绘制要求:宗地草图应选用质量好、能长期保存的图纸绘制,为便于存档装订,一般选用规格为 32 开、16 开或 8 开三种。宗地过大可分幅绘制,宗地过小可放大比例尺。草图按概略比例尺,用 2H～4H 铅笔绘制,线划应清晰,字迹应端正,字体应规范,数字注记字头应向北或向西书写,注记过密处可以移位放大表示。一切勘丈数据应是实地丈量、当场记录,不得涂改或事后复制。对于实在无法直接丈量的界址边距离,可用坐标反算代替。宗地草图样式如图 11-2 所示。

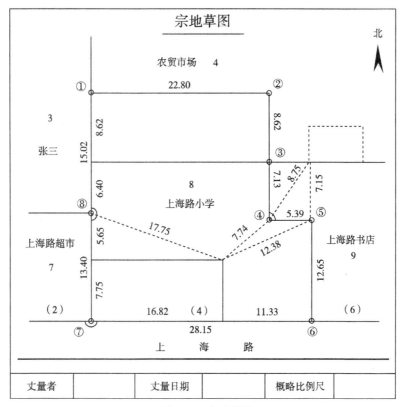

图 11-2　宗地草图

5.地籍调查表填写注意事项　地籍调查表是每一宗地实地调查的原始记录,是地籍档案的法律依据,必须如实记录,认真填写。填表时应注意以下事项:

(1)地籍调查表以宗地为单位填写,每宗地填写一份。所有宗地的地籍调查都应填写此表。

(2)表中各栏目应填写齐全,不得空项。确属不填的栏目,使用"/"符号填充。

(3)表中填写的项目不得涂改,每一处只允许划改一次,划改符号用"\"表示,并在划改处由划改人员签字或盖章;全表划改不超过 2 处。

(4)文字内容一律使用蓝黑钢笔或黑色签字笔填写,字迹清晰整洁,不得使用谐音字、国家未批准的简化字或缩写名称。

(5)项目栏的内容填写不下的可另加附页。宗地草图可以附贴。凡附页和附贴的,应加盖国土资源主管部门印章。

表 11-2　地籍调查表封面

编号：

地 籍 调 查 表

区____街道____街坊____号

年　月　日

表 11-3　地籍调查表样表

初始、变更

<table>
<tr><td rowspan="2">土 地
使用者</td><td>名　　称</td><td colspan="7"></td></tr>
<tr><td>性　　质</td><td colspan="7"></td></tr>
<tr><td colspan="2">上级主管部门</td><td colspan="7"></td></tr>
<tr><td colspan="2">土　地　座　落</td><td colspan="7"></td></tr>
<tr><td colspan="5">法人代表或户主</td><td colspan="4">代　理　人</td></tr>
<tr><td>姓　名</td><td colspan="2">身份证号码</td><td colspan="2">电话号码</td><td>姓　名</td><td>身份证号码</td><td colspan="2">电话号码</td></tr>
<tr><td></td><td colspan="2"></td><td colspan="2"></td><td></td><td></td><td colspan="2"></td></tr>
<tr><td colspan="2">土地权属性质</td><td colspan="7"></td></tr>
<tr><td colspan="4">预 编 地 籍 号</td><td colspan="5">地　　籍　　号</td></tr>
<tr><td colspan="4"></td><td colspan="5"></td></tr>
<tr><td colspan="2">所在图幅号</td><td colspan="7"></td></tr>
<tr><td colspan="2" rowspan="4">宗地四至</td><td colspan="7">东：</td></tr>
<tr><td colspan="7">西：</td></tr>
<tr><td colspan="7">南：</td></tr>
<tr><td colspan="7">北：</td></tr>
<tr><td colspan="2">批准用途</td><td colspan="4">实际用途</td><td colspan="3">使用期限</td></tr>
<tr><td colspan="2"></td><td colspan="4"></td><td colspan="3"></td></tr>
<tr><td colspan="2">共　　有
使用权情况</td><td colspan="7"></td></tr>
<tr><td colspan="2">说　　明</td><td colspan="7"></td></tr>
<tr><td colspan="9">权属调查记事及地籍调查员意见： 调查员签名：　　日期： </td></tr>
<tr><td colspan="9">地籍勘丈记事： 勘丈员签名：　　日期： </td></tr>
<tr><td colspan="9">地籍调查结果审核意见： 审核人签章：　　日期： </td></tr>
</table>

界址点号	界标类型					界标间距（m）	界址线类别						界址线位置			备注
	钢钉	混凝土	石灰柱	喷涂			围墙	栅栏	红线	界线	篱笆	铁丝网	内	中	外	
界 址 标 示																

界址线		邻宗地			本宗地		日期
起点号	终点号	地籍号	指界人姓名	签章	指界人姓名	签章	
界址调查员姓名							

续表

丈量者		丈量日期		概略比例尺	

第三节　初始地籍测量

地籍测量是指在地籍调查的基础上,按测绘的基本原理和方法,测定土地及其附着物的位置、权属界线、现状及地类等,计算面积,绘制地籍图。

一、地籍测量准备工作

1. 比例尺确定　地籍测量成果需提供给很多部门使用,所以地籍图通常应选用大比例尺进行成图。但考虑到我国现状,要在近期内完成全国性的大比例尺地籍图测绘比较困难。故地籍图比例尺可根据经费、测区繁华程度、土地价值和建筑物密度等进行选择。城镇地籍图的比例尺一般可选用 1∶500、1∶1000 和 1∶2000;在农村地区地籍图的比例尺可选用 1∶5000、1∶1万、1∶2.5万和1∶5万。为满足权属管理需要,农村居民地地籍图测图比例尺也可选用1∶500、1∶1000 和1∶2000。

2. 地籍图分幅

地籍图的分幅与编号与地形图的分幅与编号方法相同。1∶5000、1∶1万、1∶2.5万和1∶5万比例尺地籍图按国际分幅法分幅并按相关规定编号。1∶500、1∶1000 和 1∶2000比例尺地籍图采用矩形或正方形分幅,图幅规格为 40cm×50cm 或 50cm×50cm。图幅编号按图廓西南角坐标千米数编号,x 坐标在前,y 坐标在后,中间用短线连接。当勘丈区已有相应比例尺地形图时,地籍图的分幅与编号方法也可沿用原有图的分幅与编号。根据国家测绘局 1995 年 2 月颁布实施的《地籍测量规范》规定,大比例尺地籍图的幅面尺寸为 50cm×50cm,取消了幅面尺寸为 40cm×50cm 的规定。

二、地籍控制测量

为了限制误差的累积和传播,保证测图精度及工程进度,测量工作必须遵循"由高级到低级,从整体到局部,先控制后碎部"的原则。即先进行整个测区的控制测量,再进行碎部测量。

地籍控制测量分为平面控制和高程控制,平坦地区一般不需要高程,故不作高程控制,在地形起伏较大的丘陵和山区应建立高程控制网。

地籍平面控制测量坐标系统尽量采用国家统一坐标系统,与国家等级控制网联测;条件不具备的地区,可采用地方坐标系或任意坐标系。

地籍平面控制测量包括地籍基本控制测量和地籍图根控制测量。基本控制测量常采用 GPS 测量;地籍图根控制测量常采用导线网或 RTK 测量。

三、界址点测量

界址点是地籍细部测量最主要的内容,是确定权属范围划定宗地的基本依据。界址点的测量精度取决于权属调查和测区平面控制网的精度。根据《地籍调查规程》,界址点的精度分为三个等级。各等级界址点相对于临近控制点的点位误差和相邻界址点间的间距误差不超过表 11-4 的规定。

表 11-4　解析界址点的精度

等级	界址点相对于邻近控制点的点位误差和相邻界址点间距离误差(cm)		适用范围
	中误差	限差	
一	±5.0	±10.0	城镇街坊外围界址点及街坊内明显的界址点
二	±7.5	±15.0	城镇街坊内部隐蔽的界址点及村庄内部界址点
三	±10.0	±20.0	农田地、水域用地界址点

上述界址点精度要求是指解析法勘丈界址点应满足的精度要求,其中中误差的要求是考核和保证界址点群体质量,限差则是为了检核和保证每一个界址点的点位精度及周围相关界址点的相对精度。

界址点测量的方法包括解析法、部分解析法和图解法。

1.解析法测量　界址点坐标由野外测量的数据按公式计算求得的方法称为解析法。目前,初始地籍测量基本采用此方法。解析法测量又包括:极坐标法、交会法、内外分点法及直角坐标法等。

(1)极坐标法:极坐标法是测定界址点最常用的方法,它是通过测量已知方向与界址点方向的水平角度和测站点到界址点的水平距离来计算界址点的坐标。

如图 11-3 所示,已知 A、B 的坐标为已知值,在 A 点设站,测量水平角 β 和水平距离 D_{AP}。则界址点 P 的坐标(x_P,y_P)可通过下式计算求得。

式中,直线 AB 的坐标方位角 α_{AB} 可通过坐标反算求的。

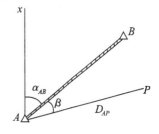

图 11-3　极坐标法

这种方法比较灵活,量距测角的工作量不大,在一个测站点上可同时测量多个界址点,但当量距或测角出现错误时,没有检核条件,错误不易被发现。因此,测量时除认真仔细外,还必须用宗地草图上相应的界址边长校核,或用相关地物与相邻界址点间的距离校核。

(2)角度交会法:当不方便丈量距离时,通常可采用角度交会的方法测定界址点位置。它是分别在两个测站上对同一界址点测量两个水平角进行交会以确定界址点位置。如图 11-4 所示,A、B两点为已知点,P 点为待测界址点,A、B 的坐标为 $A(x_A,y_A)$、$B(x_B,y_B)$,观测得两水平角 α 和 β。则界址点 P 的坐标(x_P,y_P)可通过下式计算求得。

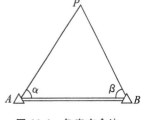

图 11-4　角度交会法

$$\left.\begin{array}{l} x_P=\dfrac{x_A\cot\beta+x_B\cot\alpha+y_B-y_A}{\cot\alpha+\cot\beta} \\ y_P=\dfrac{y_A\cot\beta+y_B\cot\alpha-x_B+x_A}{\cot\alpha+\cot\beta} \end{array}\right\} \tag{11-1}$$

为了保证界址点 P 的测量精度,交会角应保持在 $30°\sim150°$,并尽量使 P 点在 AB 上的投影位置落在 A、B 两点之间。在有条件的地方还应采用三点交会进行检核或采用其他方法进行检核。

（3）距离交会法：当不方便测量角度时，可采用距离交会法测定界址点位置。它是通过量取界址点至两个已知点的距离确定界址点位置的方法。如图 11-5 所示，已知点的坐标为 $A(x_A, y_A)$、$B(x_B, y_B)$，观测得两条水平边长为 S_a 和 S_b，则界址点 P 的坐标 (x_P, y_P) 可通过下式（陆国胜，1993）计算。

$$\left.\begin{array}{l} x_P = x_A + L(x_B - x_A) + H(y_B - y_A) \\ y_P = y_A + L(y_B - y_A) + H(x_B - x_A) \end{array}\right\} \tag{11-2}$$

式中：

$$\left.\begin{array}{l} L = \dfrac{l}{s_{AB}} = \dfrac{s_b^2 + s_{AB}^2 - s_a^2}{2s_{AB}^2} \\[2mm] G = \dfrac{g}{s_{AB}} = \dfrac{s_a^2 + s_{AB}^2 - s_b^2}{2s_{AB}^2} \\[2mm] H = \dfrac{h}{s_{AB}} = \sqrt{\dfrac{s_b^2}{s_{AB}^2} - L^2} = \sqrt{\dfrac{s_a^2}{s_{AB}^2} - G^2} \end{array}\right\} \tag{11-3}$$

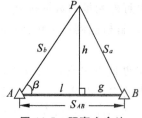

图 11-5　距离交会法

为了保证界址点 P 的测量精度，交会角也应保持在 $30° \sim 150°$，并尽量使 P 点在 AB 上的投影位置落在 A、B 两点之间。在有条件的地方也应采用三点交会或采用其他方法进行检核。

（4）内外分点法：当待测界址点在两个已知点的连线上时，则可分别量出界址点至两已知点距离，从而确定待测界址点位置。如图 11-6 所示，已知 $A(x_A, y_A)$、$B(x_B, y_B)$，观测距离 $s_a = BP$、$s_b = AP$。由距离交会图可知，内外分点法是距离交会法中 $\beta = 0°$ 或 $\beta = 180°$ 的一种特殊情况，其坐标的计算可通过距离交会法公式计算。除此之外，P 点坐标也可以直接利用内外分点公式计算，内外分点公式如下：

$$\left.\begin{array}{l} x_P = \dfrac{x_A + \lambda x_B}{1 + \lambda} \\[2mm] y_P = \dfrac{y_A + \lambda y_B}{1 + \lambda} \end{array}\right\} \tag{11-4}$$

式中，内分时 $\lambda = s_b/s_a$，外分时 $\lambda = -s_b/s_a$。

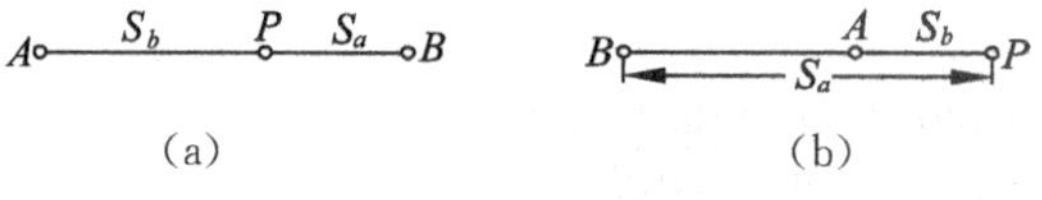

$$A \circ \xrightarrow{\quad S_b \quad} P \xrightarrow{\ S_a\ } \circ B \qquad\qquad B \circ \xleftarrow{\qquad S_a \qquad} \xrightarrow{A\ \ S_b} P$$

（a）　　　　　　　　　　　　（b）

图 11-6　内外分点法

值得注意的是，AB 的距离可通过 A、B 的坐标计算求得，且距离之间满足关系 $s_{AB} = s_a + s_b$ 或 $s_{AB} = s_a - s_b$，故距离丈量中有一段为多余观测，我们可以通过多余观测对距离丈量进行检核，并对距离观测值进行改正，以提高观测值精度。

解析法测定界址点还有许多其他方法，但其都是根据几何、三角原理测定角度和距离，按已知点坐标用解析公式计算待定点坐标。

2.图解法测量　图解法是用量取界址点与邻近地物点或其他界址点之间的关系距离来确定界址点的位置,实质上与距离交会法、截距法等属于同一类方法。它们都是量取点与点之间的距离,然后根据已知点的位置按几何关系来确定待定点的坐标。只是图解法的已知点不全是图根控制点和用解析法测定的具有精确坐标(解析坐标)的点,还包含只能从图上量取坐标(图解坐标)的点。例如,用部分解析法时,街坊内部大部分的界址点和地物点没有解析坐标;用图解勘丈法时,所有已知点都从图上量取坐标,此时所确定的点位也只有图解精度,界址点位置的精度不如解析法精度高。

图解法测绘地籍图一般用于特别困难地区或测区具有现势性较好的大比例尺地形图,它成图快、成本低,但精度低。利用图解法制作地籍图之前,必须利用宗地草图上的勘丈值全面校核地形图的正确性,如果有与现状不符之处,可用勘丈数据进行修改。根据地籍调查的结果和宗地的勘丈结果进行编辑,参照界标物,标明界址点和界址线,删除部分不需要的内容(如通信线、路灯等),加注街道号、街坊号、宗地号、地类号、宗地面积、门牌号及各种境界线等地籍要素,经整饰加工后制成地籍图。

3.部分解析法　部分解析法是指街坊外围界址点和街坊内部易测界址点的坐标用解析法测定,其他地籍要素用图解勘丈值确定。街坊外围界址点及内部易测界址点的解析法测量也需先布设控制网,然后根据控制点测量界址点坐标;而图解勘丈是通过图上量取和实地勘丈数据测绘地籍图。

四、地籍图测绘

1.地籍图概念　地籍图是按照特定的投影方法、比例关系和专用符号把地籍要素及其相关的地形要素测绘在平面图纸上的图形。通过标识符使地籍图、地籍数据和地籍簿册建立有序的对应关系。

2.地籍图的内容　地籍图的基本内容主要包括地籍要素、相关地物要素及数学要素:

(1)地籍要素

①各级行政境界:不同等级的行政境界重合时只表示高级行政境界,境界线在拐角处不得间断,应在转角处绘制点或线。

②地籍区(街道)与地籍子区(街坊)界:地籍区(街道)是以市行政建制的街道办事处或镇的行政辖区为基础划分,地籍子区(街坊)是根据实际情况由道路或河流等固定地物围成的包括一个或几个自然街坊或村所组成的地籍管理单元。

③宗地界址点与界址线:界址点用2.0mm直径的小圆圈表示,界址线用0.3mm粗的线段表示。

④地籍号注记:包括地籍区(街道)号、地籍子区(街坊)号、宗地号及房屋幢号。分别注记在所属范围内的适中位置。

⑤宗地坐落:由行政区名、道路名(或地名)及门牌号组成。门牌号除在街道首尾及拐弯处注记外,其余可跳号注记。

⑥土地利用分类代码:根据《城镇地籍调查规程》按二级分类注记,见表11-5。

⑦土地使用单位:选择较大宗地注记土地权属主名称。

⑧土地等级:对已完成土地定级估价的城镇,应绘制土地分级界线并相应注记。

⑨土地面积:在地籍原图(一底图)上应注记宗地面积,以 m^2 为单位,二底图上可不注。

表 11-5　城镇用地用途分类

一级分类		二级分类		一级分类		二级分类		一级分类		二级分类	
编号	名称	编号	名称	编号	名称	编号	名称	编号	名称	编号	名称
10	商业金融业用地	11	商业服务业	40	公共建筑用地	41	文、体、娱	70	特殊用地	71	军事设施
		12	旅游业			42	机关、宣传			72	涉外
		13	金融保险业			43	科研、设计			73	宗教
						44	教育			74	监狱
20	工业、仓储用地	21	工业			45	医卫	80	水域用地		
		22	仓储	50	住宅用地			90	农用地	91	水田
30	市政用地	31	市政公用设施	60	交通用地	61	铁路			92	菜地
						62	民用机场			93	旱地
		32	绿化			63	港口码头			94	园地
						64	其他交通	00	其他用地		

(2)地物要素:地籍图一般只测绘地物的平面位置。地物的综合取舍,除根据规定的测图比例尺和规范的要求外,还必须根据地籍要素及权属管理方面的需要来确定必须测绘的地物。与地籍要素和权属管理无关的地物在地籍图上可不表示。

①作为标界物的地物如围墙、道路、房屋边线等。

②房屋及其附属设施。

③工矿企业、露天构筑物、固定粮仓、公共设施、广场、空地等绘出其用地范围界线,内置相应符号。

④铁路、公路及其主要附属设施,如站台、桥梁、大的涵洞和隧道的出入口应表示,铁路路轨密集时可适当取舍。

⑤建成区内街道两旁以宗地界址线为边线,路牙线可取舍;城镇街巷均应表示。

⑥塔、亭、碑、像、楼等独立地物应择要表示,图上占地面积大于符号尺寸时应绘出用地范围线,内置相应符号或注记。公园内一般的碑、亭、塔等可不表示。

⑦电力线、通信线及一般架空管线不表示,但占地塔位的高压线及其塔位应表示。

⑧地下管线、地下室一般不表示,但大面积的地下商场、地下停车场及与他项权利有关的地下建筑应表示。

⑨大面积绿化地、街心公园、园地等应表示。零星植被、街旁行树、街心小绿地及单位内小绿地等可不表示。

⑩河流水库及其主要附属如堤、坝应表示,地理名称需注记。

(3)数学要素

①图廓线、坐标格网线及坐标注记。

②埋石的控制点及其注记。

③图框外的坐标系说明、比例尺注记等。

3.分幅地籍图测绘

(1)传统野外实测成图:传统野外实测成图是指采用经纬仪、测距仪、卷尺或平板仪等传统测绘仪器进行野外实测并绘制地籍图。其测绘的步骤和方法与大比例尺地形图测量方法类似。

碎步点测定方法一般采用极坐标法和交会法。在测绘地籍图时,通常先利用实测的界址点展绘出宗地位置,再将宗地内外的地籍、地形要素位置测绘于图上,这样做可以减少地物测绘错误的发生。

在实际测绘中,因通视条件等原因限制,往往很难直接测量所有点的坐标,所以在测量界址点及地物特征点时,我们应根据需要选择解析法、部分解析法或图解法进行测绘。

(2)数字地籍图测绘:数字地籍图测绘主要通过电子全站仪、RTK 等先进的测量设备,在野外直接采集界址点及地物点的坐标并存储,在内业通过计算机成图软件绘制地籍图的方法。它不但测绘效率高,而且精度也有明显提高,是目前测绘地籍图的主要方法。

数字地籍图的测绘过程与数字地形图测绘类似,包括野外数据采集和室内成图。室内成图中,地形要素的绘制和数字地形图相同,地籍要素的绘制根据采用的成图软件不同,绘制方法会有差别。如南方 CASS9.1 软件中就有地籍要素绘制菜单,通过菜单可以绘制各种地籍要素,绘制宗地图,计算面积及面积汇总。最后能输出各种地籍图表。

(3)编绘法成图:为满足对地籍资料的急需,可利用测区内已有地形图、影像平面图,按地籍的要求编绘地籍图。

编绘法成图的步骤如下:

①编绘底图的选用:选择符合地籍测量精度要求的地形图、影像平面图作为编绘底图。编绘底图的比例尺尽可能选用与编绘地籍图所需的比例尺相同。并将原图复制多张二底图便于编绘。

②外业调绘:调绘工作可在二底图上进行,调绘时应对测区的地物变化情况加以标注,以便制定补测计划。

③外业补测:补测工作在二底图上进行,补测时应充分利用测区内原有控制点设站施测,如控制点密度不够时还应先增设测站点。

④底图整饰:外业调绘与补测后,需对底图进行整饰、着墨,加注地籍要素的编号和注记。

⑤地籍原图制作:在工作底图上,采用薄膜透绘方法,将地籍图所必需的地籍和地形要素透绘出来,舍去地籍图上不需要的部分。蒙透绘所获得的薄膜图经清绘整饰后,即可制作成正式地籍图。

五、宗地图绘制

宗地图是描述宗地位置、界址点线和相邻宗地关系的实地记录,一般用 32 开、16 开或 8 开纸绘制。宗地图是在相应的基础地籍图或调查草图的基础上编制。宗地图的比例尺一般采用 1∶200、1∶500、1∶1000 和 1∶2000 等。宗地过大或过小时可调整比例尺,最好保持图幅大小一致。

宗地图包括的主要内容有:

(1)图幅号:本宗地所在的分幅地籍图图幅编号。

（2）宗地编号：一般由地籍区（街道）号、地籍子区（街坊）号、宗地号编码组成。

（3）界址点及界址点号。

（4）地类号、宗地面积及界址边长。

（5）邻宗地的宗地号及相邻宗地间的界址分隔示意线。

（6）本宗地及邻宗地的地理名称。

（7）本宗地内的地物及本宗地外紧靠界址点线的地物。

（8）权利人名称、界址点坐标表。

（9）指北针、比例尺、绘图日期、审核日期、绘图员、审核员等。

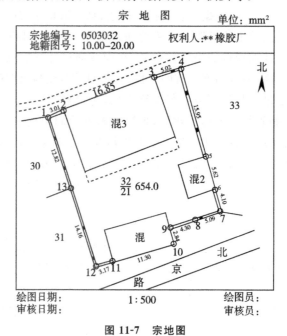

图 11-7　宗地图

如图 11-7 所示：10.00－20.00 为图幅号（图幅西南角 x、y 坐标值的千米数）。00503032 为地籍号，表示第 5 街道，第 3 街坊、第 32 宗地。分式 $\frac{32}{21}$ 中，分子 32 为宗地号，分母 21 为地类号。

六、土地面积量算

土地面积的测算是指水平面积测算。面积量算是地籍测量成果的重要组成部分，它为征地、出租、税收、转让使用权、土地利用状况、调整土地利用结构等提供数据依据。

面积量算的方法很多（详见第 8 章），一般可分为解析法和图解法两种。解析法计算面积时，计算数据必须野外采集，而图解法计算面积时，计算数据一般直接从图上量取。计算土地面积时可根据实际条件选择计算方法。因解析法精度较高，故有条件的时候尽量采用解析法量算土地面积。

上述介绍的土地面积量算方法只是针对单一图形，对某一地区所有地块进行面积量算时，因量算误差原因，往往量算出来的各地块面积之和与总面积的理论值不相等。为了使量算误差得到合理的配赋，提高量算精度，在土地面积量算时，往往也要建立控制的程序和相应的平差方法。

土地面积量算通常采用两级控制。

第一级：以图幅理论面积为首级控制,当各区块(街坊或村)面积之和与图幅理论面积之差小于限差±0.025p(p为图幅理论面积)时,将闭合差按面积比例配赋给各区块,得出平差后各分区的面积。

第二级：以平差后的区块(街坊或村)面积为二级控制,用街坊面积控制本街坊内各宗地面积,当街坊内各宗地面积、空地面积之和与平差后的街坊面积之差小于1/100限差时,将闭合差按面积比例分配给空地面积、图解宗地面积,得出平差后的宗地面积。因解析法测算的面积精度较高,故只参加闭合差的计算,而不需参加闭合差的配赋。

第四节　变更地籍测量

在建立初始地籍后,为了保持地籍资料的现势性,及时掌握土地信息和权属状况的动态变化,对部分发生变化的地籍需作变更地籍测量。

一、变更地籍调查

1.变更地籍调查前的准备　变更地籍调查前应做好以下准备:(1)变更土地登记申请书。(2)原有地籍图的复制件。(3)本宗地及邻宗地的原有地籍调查表的复制件。(4)有关界址点坐标。(5)必要的变更数据的准备。(6)变更地籍调查表。(7)本宗地附近测量控制点成果。(8)变更地籍调查通知书。(9)调查用的工具、仪器等。

2.变更地籍调查　变更地籍调查的方法、步骤与初始地籍调查基本相同,主要包括:向本宗地及相邻宗地权属主发送指界通知、现场调查核实地籍要素、界址调查、填写变更地籍调查表、绘制宗地草图等过程。

二、变更地籍测量

变更地籍测量一般不进行控制测量,而利用原界址点或原控制点作为控制,利用原地籍图作为基础图件。变更地籍测量中细部测量可采用初始地籍测量相同方法,变更界址测量方法一般应采用解析法,测量精度应不低于初始地籍测量的精度。

1.界址点检查　利用原地籍调查表中界址标志和宗地草图检查界标是否完好,复量各勘丈数据,看是否与原勘丈值相符。特殊情况可作如下处理:

(1)界址点丢失:若界址点有解析坐标,可利用界址点坐标放样出它的位置;若原界址点没有坐标,可利用原栓距及相邻界址点间距,在实地恢复界址点位。在取得有关指界人同意后埋设新界标,并用宗地草图上的勘丈值检查。

(2)检查勘丈值与原勘丈值不符:若原勘丈值明显有错,则可修改原勘丈值。若因原勘丈值精度低而引起的不符值超限,可用红线划去原数据,写上新数据;若不超限则可保留原数据。若标石有所移动,则应使其复位。

2.变更界址测量　宗地分割及边界调整时,可按预先准备好的放样数据,测设新界址点的位置,设立界标。宗地合并及边界调整时,要销毁不再需要的界标,并在地籍资料上作相应的修改。然后用解析法测量本宗地所有界址点的坐标。

三、地籍资料的变更

变更地籍测量后,必须对有关地籍资料作相应的变更。地籍资料的变更应遵循用精度高的资料取代精度低的资料,用现势性好的资料取代陈旧的资料。地籍资料的变更一般按以下次序进行:(1)宗地号、界址点号的变更。(2)宗地草图的变更。(3)地籍调查表的变更。(4)地籍图的变更。(5)宗地图的变更。(6)宗地面积的变更。(7)其他相关地籍资料的变更。(8)土地证书的换发。

第五节　房产调查

房产调查分为房屋用地调查和房屋调查,包括对每个权属单元的位置、权界、权属、数量和利用状况等基本情况,以及地理名称和行政境界的调查。

房产调查应利用已有的地形图、地籍图、航摄相片以及有关产籍等资料,以幢和丘为单位,按"房屋调查表"和"房屋用地调查表"的内容逐项实地进行调查。

一、房产单元的划分与编号

1.**丘和丘号**　丘是指地表上一块有界空间的地块,相当于地籍调查中的宗地。一个地块只属于一个产权单元时称独立丘,一个地块属于几个产权单元时称组合丘。一般以一个单位、一个门牌号或一处院落划分为独立丘;当用地单位混杂或用地单元面积过小时,划分为组合丘。

丘的编号按市、市辖区(县)、房产区、房产分区、丘五级编码。房产区是以市行政建制区的街道办事处或镇(乡)的行政辖区,或房地产管理划分的区域为基础划定,根据实际情况和需要,可以将房产区再划分为若干个房产分区。丘以房产分区为单元划分。编码方式如表11-6所示。

表11-6　丘的编号

编码顺序	市代码	市辖区(县)代码	房产区代码	房产分区代码	丘号
编码位数	2位	2位	2位	2位	4位

市、市辖区(县)的代码采用 GB/T 2260 规定的代码。房产区和房产分区均以两位自然数字从 01～99 依序编列。丘的编号以房产分区为基础,从北至南,从西至东,用四位自然数字 0001～9999 按反 S 形顺序编码,以后新增丘接原编号顺序连续编立。

2.**幢与幢号**　幢是指一座独立的,包括不同结构和不同层次的房屋。房屋是指有维护物和顶盖,结构牢固,层高超过 2.2m 供人们生产和生活的永久性建筑物。

幢号以丘为单位,自进大门起,从左到右,从前到后,用数字 1、2……顺序按 S 形编号。幢号注在房屋轮廓线内的左下角,并加括号表示。

3.**房产权号**　在他人用地范围内所建的房屋,应在幢号后面加编房产权号,房产权号用标识符 A 表示。

4.**房屋共有权号**　多户共有的房屋,在幢号后面加编共有权号,共有权号用标识符 B 表示。

二、房屋用地调查

房屋用地调查以丘为单元进行。调查内容包括用地坐落、产权性质、产权主、土地等级、税费、使用人、用地单位所有制性质、使用权来源、用地用途分类、四至、界标、用地面积、用地纠纷和绘制用地范围略图。调查表见表 11-7 所示。

表 11-7　房屋用地调查表

市区名称或代码＿＿＿＿＿　房产区号＿＿＿＿＿　房产分区号＿＿＿＿＿　丘号＿＿＿＿＿　序号＿＿＿＿＿

坐　落		区（县）　　街道（镇）　　胡同（街巷）　　号					电话				邮政编码
产权性质		产权主		土地等级			税　费				附加说明
使用人		住　址					所有制性质				
用地来源							用地用途分类				
用地状况	四至	东	南	西	北	界　标	东	南	西	北	
	面积（m²）	合计用地面积	房屋占地面积	院地面积	分摊面积						
	用地略图										

调查者：　　年　月　日

房屋用地调查表填写说明：

(1)房屋用地座落是指房屋用地所在街道的名称和门牌号。房屋用地座落在小的里弄、胡同和小巷时,应加注附近主要街道名称;缺门牌号时,应借用毗连房屋门牌号并加注东、南、西、北方位;房屋用地座落在两个以上街道或有两个以上门牌号时,应全部注明。

(2)房屋用地的产权性质按国有、集体两类填写。集体所有的还应注明土地所有单位的全称。

(3)房屋用地的等级按照当地政府制定的土地等级标准执行。

(4)房屋用地的税费是指房屋用地的使用人每年向相关部门缴纳的费用,以年度缴纳金额为准。

(5)房屋用地的使用权主是指房屋用地的产权主的姓名或单位名称。

(6)房屋用地的使用人是指房屋用地的使用人的姓名或单位名称。

(7)用地来源是指取得土地使用权的时间和方式,如转让、征用、划拨等。

(8)用地四至是指用地范围与四邻接壤的情况,一般按东、南、西、北方向注明邻接丘号或街道名称。

(9)用地范围的界标是指用地界线上的各种标志,包括道路、河流等自然界线;房屋墙体、围墙、栅栏等围护物体,以及界碑、界桩等埋石标志。

(10)用地用途分类按《城镇地籍调查规程》中对城镇土地的分类方法执行。

(11)用地略图是以用地单元为单位绘制的略图,表示房屋用地位置、四至关系、用地界线、共用院落的界线,以及界标类别和归属,并注记房屋用地界线边长。

房屋用地范围的界线包括共用院落的界线,由产权人(用地人)指界与邻户认证来确定。有争议部位,按未定界处理。

三、房屋调查

房屋调查以幢为单元分户进行。调查内容包括房屋座落、产权主、用途、产别、层数、所在层次、建筑结构、建成年份、墙体归属、权源、产权纠纷和他项权利等基本情况,以及绘制房屋权界线示意图。调查表见表11-8所示。

表11-8 房屋调查表

市区名称或代码_____ 房产区号_____ 房产分区号_____ 丘号_____
序号_____

坐落	区(县)		街道(镇)				胡同(街巷)		号		邮政编码		
产权主						住址							
用途							产别			电话			
房屋状况	幢号	权号	户号	总层数	所在层数	建筑年份	建成年份	占地面积(m²)	使用面积(m²)	建筑面积(m²)	墙体归属 东 南 西 北		产权来源
房屋权界线示意图											附加说明 调查意见		

调查者: 年 月 日

房屋调查表填写说明:

(1)房屋的坐落与房屋用地坐落相同。

(2)房屋产权主:私人所有的房屋,一般按照产权证件上的姓名;产权人已死亡的,应注明代理人的姓名;产权是共有的,应注明全体共有人姓名。单位所有的房屋,应注明单位的全称,两个以上单位共有的,应注明全体共有单位名称。

(3)房屋产别是指根据产权占有不同而划分的类别。按两级分类调查和记录,具体分类标准见表11-9。

(4)房屋产权来源是指产权人取得房屋产权的时间和方式,如继承、分享、买受、受赠、交换、自建、翻建、征用、收购、调拨、价拨、拨用等。

(5)房屋总层数与所在层次

房屋层数是指房屋的自然层数,一般按室内地坪±0以上计算;采光窗在室外地坪以上的半地下室,其室内层高在2.20m以上的,计算自然层数。假层、夹层、插层、阁楼、装饰性塔楼,以及突出屋面的楼梯间、水箱间不计层数。房屋所在层次是指本权属单元的房屋在该幢楼房中的第几层。地下层次以负数表示。

(6)房屋建筑结构是指根据房屋的梁、柱、墙等主要承重构件的建筑材料划分类别,具体分类标准见表 11-10。

(7)房屋建成年份是指房屋实际竣工年份。拆除翻建的,应以翻建竣工年份为准。

(8)房屋用途是指房屋的实际用途。具体分类标准参见表 11-11。

(9)房屋墙体归属是房屋四面墙体所有权的归属,分别注明自有墙、共有墙和借墙等三类。

(10)房屋产权的附加说明:在调查中对产权不清或有争议的,以及设有典当权、抵押权等他项权利的,应记录。

(11)房屋权界线示意图是以权属单元为单位绘制的略图,表示房屋及其相关位置、权界线、共有共用房屋权界线以及与邻户相连墙体的归属,并注记房屋边长。对有争议的权界线应标注部位。

表 11-9　房屋产别分类

一级分类		二级分类		一级分类		二级分类		一级分类		二级分类	
编号	名称	编号	名称	编号	名称	编号	名称	编号	名　称	编号	名称
10	国有房产	11	直管产	20	集体所有房产			50	股份制企业房产		
		12	自管产	30	私有房产	31	部分产权	60	港、澳、台投资房产		
								70	涉外房产		
		13	军产	40	联营企业房产			80	其他房产		

表 11-10　房屋建筑结构分类

分类		内　容
编号	名称	
1	钢结构	承重的主要构件是用钢材料建造的,包括悬索结构。
2	钢、钢筋混凝土结构	承重的主要构件是用钢、钢筋混凝土建造的。如一幢房屋一部分梁柱采用钢、钢筋混凝土构架建造。
3	钢筋混凝土结构	承重的主要构件是用钢筋混凝土建造的。包括薄壳结构、大模板现浇结构及使用滑模、升板等建造的钢筋混凝土结构的建筑物。
4	混合结构	承重的主要构件是用钢筋混凝土和砖木建造的。如一幢房屋的梁是用钢筋混凝土制成,以砖墙为承重墙,或者梁是用木材建造,柱是用钢筋混凝土建造。
5	砖木结构	承重的主要构件是用砖、木材建造的。如一幢房屋是木制房架、砖墙、木柱建造的。
6	其他结构	凡不属于上述结构的房屋都归此类。如竹结构、砖拱结构、窑洞等。

表 11-11 房屋用途分类

一级分类		二级分类		一级分类		二级分类		一级分类		二级分类	
编号	名称	编号	名称	编号	名称	编号	名称	编号	名称	编号	名称
10	住宅	11	成套住宅	30	商业 金融 信息	31	商业服务	50	文化 娱乐 体育	51	文化
		12	非成套住宅			32	经营			52	新闻
		13	集体宿舍			33	旅游			53	娱乐
20	工业 交通 仓储	21	工业			34	金融保险			54	园林绿化
		22	公共设施			35	电讯信息			55	体育
		23	铁路	40	教育 医疗 卫生 科研	41	教育	60	办公	61	办公
		24	民航					70	军事	71	军事
		25	航运			42	医疗卫生	80	其他	81	涉外
		26	公交运输							82	宗教
		27	仓储			43	科研			83	监狱

四、行政境界与地理名称调查

行政境界调查应依照各级人民政府规定的行政境界位置,调查区、县和镇以上的行政区划范围,并标绘在图上。街道或乡的行政区划,可根据需要调绘。地理名称调查包括居民点、道路、河流、广场等自然名称。自然名称应根据各地人民政府地名管理机构公布的标准名或公安机关编定的地名进行。凡在测区范围内的所有地名及重要的名胜古迹,均应调查。

行政机构名称只对镇以上行政机构进行调查。企事业单位名称应调查实际使用该房屋及其用地的企事业单位的全称。行政名称与自然名称相同时,也应分别注记,自然名称在前,行政名称在后,并加括号表示。地名的总名与分名一般应全部调查,用不同的字级分别注记。同一地名被线状地物或图廓线分割,或者不能概括的大面积和延伸较长的地域、地物,应分几处注记。

第六节 房产图测绘

房产图是房屋产权、产籍管理的基本资料。包括房产分幅平面图(分幅图)、房产分丘平面图(分丘图)和房屋分层分户平面图(分层分户图)。分幅图是全面反映房屋及其用地的位置、面积和权属等状况的基本图。一般先测绘分幅图,然后据此测绘或绘制分丘图和分户图。

房产图测绘也需先布设控制网,遵循"由高级到低级,从整体到局部"的测量原则。控制网布设与地形测量和地籍测量控制网布设类似,有关技术规定按《房产测量规范》。鉴于大部分城镇已建立了相应等级的城市控制网或地籍控制网,并保存了成果资料,为求得测绘资料的共享,应尽量利用已有的测绘成果。

一、房产要素测量

房产测量的内容主要为房产要素,其中包括房屋用地界址、境界线、房屋及其附属设施、陆地交通设施、水域和其他相关地物等。房产要素测量可采用地形或地籍测量中的能满足房产测量精度要求的各种测量方法,包括野外解析测量、航空摄影测量及全野外数据采集。野外解析法测量又包括极坐标法、直角坐标法及交会法。测量时可根据实际情况选用测量方法。

二、房产分幅图绘制

房产分幅图是全面反映房屋、土地的位置、形状、面积和权属状况的基本图,是测绘或绘制房产分丘平面图和分层分户平面图的基础图。测绘范围包括城市、县城、建制镇的建成区和建成区以外的工矿企事业单位及其相毗连的居民点,并应与城镇房屋所有权登记的范围相一致。

分幅图应表示的基本内容包括:

(1)行政境界一般只表示区、县和镇的境界线,街道办事处或乡的境界根据需要表示;境界线重合时,用高一级境界线表示,境界线与丘界线重合时,用丘界线表示;境界线跨越图幅时,应在内外图廓间的界端注出行政区划名称。

(2)明确无争议的丘界线用丘界线表示,有争议或无明显界线又提不出凭证的丘界线用未定丘界线表示。丘界线与房屋轮廓线或单线地物线重合时用丘界线表示。

(3)房屋包括一般房屋、架空房屋和窑洞等。房屋应逐幢测绘,不同产别、不同建筑结构、不同层数的房屋应分别测量。独立成幢房屋,以房屋四面墙体外侧为界测量;毗连房屋四面墙体,在房屋所有人指界下,区分自有、共有或借墙,以墙体所有权范围为界测量。房屋以外墙勒脚以上部分的外围轮廓水平投影为准,装饰性的柱和加固墙等一般不表示;临时性的过渡房屋及活动房屋不表示;同幢房屋层数不同的应绘出分层线。窑洞只绘住人的,符号绘在洞口处。架空房屋以房屋外围轮廓投影为准,用虚线表示,虚线内四角加绘小圈表示支柱。

(4)房屋附属设施包括枝廊、檐廊、架空通廊、底层阳台、门廊、门楼、门、门墩、室外楼梯以及和房屋相连的台阶等。柱廊以柱外围为准;檐廊、架空通廊以外轮廓水平投影为准;门廊以柱或围护物外围为准,独立柱的门廊以顶盖投影为准;挑廊以外轮廓投影为准。阳台以底板投影为准;门墩以墩外围为准;门顶以顶盖投影为准;室外楼梯和台阶以外围水平投影为准。

(5)围墙、栅栏、栏杆、篱笆和铁丝网等界标围护物均应表示,其他围护物根据需要表示。临时性或残缺不全的围护物及单位内部的围护物不表示。

(6)房地产要素和房产编号,包括丘号、房产区号、房产分区号、丘支号、幢号、房产权号、门牌号、房屋产别、结构、层数、房屋用途和用地分类等,根据调查资料以相应的数字、文字和符号表示。当注记过密容纳不下时,除丘号、丘支号、幢号和房产权号必须注记;门牌号可首末两端注记,中间跳号注记外;其他注记按上述顺序从后往前省略。

(7)地形要素包括铁路、道路、桥梁、水系和城墙等地物均应表示;铁路以轨距外缘为准;

道路以路缘为准;桥梁以桥头和桥身外围为准测量。河流、湖泊、水库等水域以岸边线为准;沟渠、池塘以坡顶为准;城墙以基部为准。亭、塔、烟囱以及水井、停车场、球场、花圃、草地等可根据需要表示。

(8)地名的总名与分名应用不同的字级分别注记。单位名称只注记区、县级以上和使用面积大于图上 $100cm^2$ 的单位。

三、房产分丘图绘制

房产分丘图是房产分幅图的局部明细图,是绘制房屋产权证附图的基本图。分丘图的坐标系统应与分幅图相一致,比例尺可根据每丘面积的大小,在 1∶100 至 1∶1000 之间选用,一般尽可能采用与分幅图相同的比例尺。分丘图的幅面可在 32K、16K、8K、4K 之间选用。

分丘图上应表示的内容除分幅图的内容外,还应表示房屋权界线、界址点点号、窑洞使用范围、挑廊、阳台、建成年份、用地面积、建筑面积、墙体归属和四至关系等各项房地产要素。

绘制分丘图时注意事项:

(1)分丘图上应分别注明所有周邻产权单位(或人)的名称,分丘图上各种注记的字头应朝北或朝西。

(2)测量本丘与邻丘毗连墙体时,自有墙量至墙体外侧,借墙量至墙体内侧,共有墙以墙体中间为界,量至墙体厚度的一半处并用相应符号表示。

(3)房屋权界线与丘界线重合时,表示丘界线;房屋轮廓线与房屋权界线重合时,表示房屋权界线。

(4)窑洞使用范围量至洞壁内侧。挑廊、挑阳台、架空通道丈量时以外围投影为准,并在图上用虚线表示。

四、房产分户图绘制

房产分户图是在分丘图基础上绘制的细部图,以一户产权人为单位,表示房屋权属范围的细部,是核发房屋所有权证的附图。分户图的比例尺一般为 1∶200,当房屋面积过大或过小时,比例尺可适当放大或缩小。幅面尺寸可选用 32K 或 16K 等。

分户图表示的主要内容包括房屋权界线、四面墙体的归属、楼梯、走道等共有部位,以及门牌号、所在层次、户号、室号、房屋建筑面积和房屋边长等。

绘制分户图时注意事项:

(1)分户图的方位应使房屋的主要边线与图框边线平行,并在适当位置加绘指北方向符号。

(2)分户图上房屋的丘号、幢号应与分丘图上的编号一致。房屋边长应实际丈量,注记取至 0.01m,注在图上相应位置。

(3)规则房屋(矩形)前后、左右两相对边长之差也应符合 $\Delta D \leqslant \pm 0.004D$ 的规定,式中 ΔD 为两相对边长之差,D 为边长,单位均为米。不规则图形的房屋除丈量边长以外,还应加量构成三角形的对角线,对角线的条数等于不规则多边形的边数减3。

（4）房屋产权面积包括套内建筑面积和共有分摊面积，标注在分户图框内。

（5）本户所在的丘号、户号、幢号、结构、层数、层次标注在分户图框内。

（6）楼梯、走道等共有部位，需在范围内加简注。

（7）房屋的墙体归属分为自有墙、借墙和共有墙三种。

（8）房屋边长的描绘误差不应超过图上 0.2mm。房屋权界线图上表示为 0.2mm 粗的实线。

五、房产面积测算

1. **房产面积测算的内容**　面积测算系指水平面积测算，分为房屋面积和用地面积测算两类。其中房屋面积测算包括房屋建筑面积、共有建筑面积、产权面积、使用面积等测算。

（1）房屋建筑面积是指房屋外墙（柱）勒脚以上各层的外围水平投影面积，包括阳台、挑廊、地下室、室外楼梯等，且具备有上盖，结构牢固，层高 2.20m 以上（含 2.20m）的永久性建筑。

（2）房屋使用面积是指房屋户内全部可供使用的空间面积，按房屋的内墙面水平投影计算。

（3）房屋产权面积是指产权主依法拥有房屋所有权的房屋建筑面积。房屋产权面积由直辖市、市、县房地产行政主管部门登记确权认定。

（4）房屋共有建筑面积是指各产权主共同占有或共同使用的建筑面积。

2. **房屋建筑面积测算**

（1）计算全部建筑面积的范围：①单层房屋按一层计算建筑面积；多层房屋按各层建筑面积的总和计算。②高度在 2.20m 以上的夹层、插层、技术层等。③层高在 2.20m 以上的门厅、大厅内的回廊部分。④房屋天面上，层高在 2.20m 以上的楼梯间、水箱间、电梯机房及斜面结构屋顶高度在 2.20m 以上的部分。⑤楼梯间、电梯井、提物井、垃圾道、管道井、挑楼、全封闭阳台、有上盖的室外楼梯。⑥与房屋相连的有柱走廊，房屋间永久性的封闭的架空通廊。⑦层高在 2.20m 以上的地下室、半地下室及其相应出入口。⑧有柱或有围护结构的门廊、门斗，作为房屋外墙的玻璃幕墙等。⑨与房屋室内相通的房屋间伸缩缝，属永久性建筑有柱的车棚、货棚等。⑩依坡地建筑的房屋，利用吊脚做架空层，有围护结构的，高度在 2.20m 以上部分。

（2）计算一半建筑面积的范围：与房屋相连有上盖无柱的走廊、檐廊；未封闭的阳台、挑廊；无顶盖的室外楼梯；有顶盖不封闭的架空通廊；属永久性建筑的独立柱、单排柱的门廊、车棚、货棚等均按投影面积的一半计算建筑面积。

（3）不计算建筑面积的范围：①层高小于 2.20m 的夹层、插层、技术层、地下室和半地下室。②突出房屋墙面的构件、配件、装饰柱、装饰性的玻璃幕墙、垛、勒脚、台阶、无柱雨篷等。③房屋之间无上盖的架空通廊，房屋的天面、挑台、天面上的花园、泳池。④建筑物内的操作平台、上料平台及利用建筑物的空间安置箱、罐的平台。⑤骑楼、过街楼的底层用作道路街巷通行的部分，与房屋室内不相通的房屋间伸缩缝。⑥利用引桥、高架路、高架桥、路面作为顶盖建造的房屋。⑦活动房屋、临时房屋、简易房屋、独立烟囱、亭、塔、罐、池、地下人防干、支线。

(4)房屋建筑面积测算方法:房屋建筑平面图一般为简单的几何图形(如矩形、梯形、扇形等)或能分解为简单几何图形的图形,因此计算其面积通常采用以下两种方法:

①坐标解析法:根据野外实测的房角点坐标,按坐标解析法面积公式计算房屋建筑面积。

②实地量距法:根据丈量的边长用简单几何图形面积公式计算。

面积测算必须独立测算两次,其较差应在规定的限差以内,取中数作为最后结果。量距应使用经检定合格的卷尺或其他能达到相应精度的仪器和工具。面积以平方米为单位,取至 $0.01m^2$。

(5)共有共用面积的分摊:共有共用面积包括共有的房屋建筑面积和共用的房屋用地面积。若产权各方有合法权属分割文件或协议的,按文件或协议规定执行;无产权分割文件或协议的,可根据相关房屋的建筑面积按比例进行分摊。分摊面积计算步骤如下:

计算分摊系数:
$$K=\frac{\sum \Delta S_i}{\sum S_i} \tag{11-5}$$

计算分摊面积:
$$\Delta S_i = K \cdot S_i \tag{11-6}$$

上两式中:K 为面积的分摊系数;$\sum \Delta S_i$ 为需要分摊的分摊面积总和;$\sum S_i$ 为参加分摊的各单元建筑面积总和;S_i 为各单元参加分摊的建筑面积;ΔS_i 为各单元参加分摊所得的分摊面积。

在实际的面积分摊中,有时候可能存在多级分摊,如一幢多功能综合楼(含商业、办公、住宅等)内,就有属于全楼分摊的建筑面积和只属于某一个或两个功能区分摊的建筑面积。此时分摊面积应先分清在哪些功能区分摊,后按各功能区面积比例分摊,最后对某一功能区再分摊。

3.房屋用地面积测算 用地面积以丘为单位进行测算,包括房屋占地面积、其他用途的土地面积及各项地类面积的测算。一丘地的总面积可按界址点坐标用坐标解析法计算;其他地块面积可按实量距离用简单几何图形量算或用图解法计算。

六、房产变更测量

房产变更测量是指房屋发生买卖、交换、继承、新建、拆除等涉及权属调整和面积变化而进行的更新测量。房产变更包括现状变更和权属变更。

变更测量应根据现状变更或权属变更资料,先进行房产调查,再进行变更后的权界测定和面积量算,并及时调整丘号、界址点号、幢号和户号等。

房产变更测量程序如下:

1.资料收集 收集房产变更的相关资料,如变更申请表、原房产图、控制点成果图等。

2.房产变更调查 根据调查的内容不同分为现状调查、权属调查和界址调查。

(1)现状调查:调查房屋的坐落、用途、层数等。

(2)权属调查:调查房屋及其用地的产权人和使用人,及产权性质的变更情况。

(3)界址调查:当房屋用地的界址发生变更后,需通知当事人到现场指界,埋设界标,并要求权利人签字认可。

3.房产变更测量 变更测量应根据现有变更资料,确定变更范围,按平面控制点的分布情况,选择测量方法。变更测量应在房产分幅图原图或二底图上进行,根据原有的邻近平面控制点或埋石界址点设站进行。现状变更范围较小的,可根据图根点、界址点、固定地物点等用卷尺丈量关系距离进行修测;现状变更范围较大的,应先补测图根控制点,然后进行房产图的修测。

4.**房产编号的调整**

(1)丘号:用地的合并与分割都应重新编丘号,新增丘号,按编号区内的最大丘号续编。组合丘内,新增丘支号按丘内的最大丘支号续编。

(2)界址点、房角点点号:新增的界址点或房角点的点号,分别按编号区内界址点或房角点的最大点号续编。

(3)幢号:房产合并或分割应重新编幢号,新幢号按丘内最大幢号续编。

5.**房产相关信息的变更**　房产变更测量后需对与房产相关的图、表、卡、册等内容进行更新。

复习思考题

1.什么叫地籍?什么叫地籍测量?

2.地籍调查有哪些准备工作?

3.宗地号和地籍号如何编制?

4.宗地草图需绘制哪些内容?

5.界址点测定有哪几种方法?

6.房屋调查包括哪些内容?

7.如何计算房屋的建筑面积和共有共用面积分摊?

8.简述房产分幅图、房产分丘图、房产分层分户图的测绘方法?

第12章　土地平整测量

重点提示

本章重点介绍了方格网法平整土地中的工作和地块合并及梯田修造的测量工作,要求熟练掌握方格法中的土方量计算方法。

在建筑、水利及农田基本建设中,平整土地时所进行的测量工作,称为土地平整测量。主要是把零星分散和高低不平的土地按设计要求进行平整。土地经过平整,不仅可以加深土层、改良土壤、便利耕作和灌溉,而且还能扩大耕地面积,为实现机耕创造条件。现将常用的土地平整方法分述如下:

第一节　缓坡地的土地平整测量

在地形起伏不大的缓坡地,常用方格法来解决土地的平整。方格法平整土地的步骤如下:

一、建立方格网

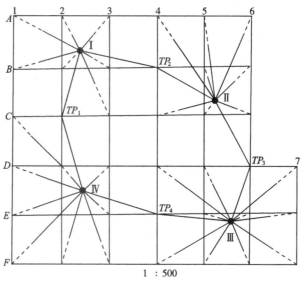

1 ∶ 500

图 12-1　建立方格网的面水准测量

在欲平整的地块上,沿平直边界或渠道、道路用标杆定出一条基准线。根据地形变化、地块面积的大小及土方量估算的精度要求和施工方法等,在基准线上每隔一定距离打一木桩,见图 12-1 中的 A、B、C、D、E、F;然后在各木桩上用经纬仪测设或用卷尺根据勾股弦定律,按距离交会的方法,作垂直于基准线的垂线;在各垂线上按基准线同样的间距打入木桩(亦称交点桩),这样就在地面上建立了方格网。每一方格的边长一般选用 5m 的倍数。如5m×5m、10m×10m、20m×20m、50m×50m 或 100m×100m,方格网越小土方量计算越准确。

二、绘出方格网草图

为方便计算,应对照实地绘出方格网草图,其比例尺可采用 1∶500～1∶2000。图中应标明比例尺、方向标和方格边长、点号等。地块内的重要地物,如道路、电杆、渠道、涵洞等,按所在位置标绘于相应方格内,以供设计参考。

三、测定各交点桩的地面高程

在方格网内,按普通水准测量的要求,施测一条闭合水准路线,见图 12-1,Ⅰ、Ⅱ、Ⅲ、Ⅳ为测站点。TP_1、TP_2、TP_3、TP_4 为转点,用以传递高程,并构成闭合水准路线。水准仪依次安置于各测站点,每站除读取后、前视读数外,还要读取中视(木桩地面点)读数。根据前后视读数,按普通水准测量规范要求,求算各转点的高程。然后每站根据转点(或已知点)的高程,用视线高法按(2-5)式计算各交点桩地面的高程,并将其标注在相应方格交点的右上方,见图 12-2。以上测量又称为面水准测量。

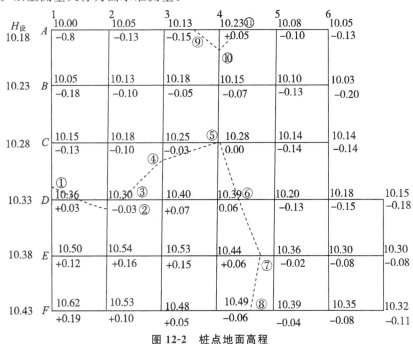

图 12-2 桩点地面高程

四、计算平均高程

设方格的编号为 i,第 i 个方格四个顶点的地面高程分别为 H_{i1}、H_{i2}、H_{i3}、H_{i4},其平均高程为 H_i。

$$H_i = \frac{1}{4}(H_{i1} + H_{i2} + H_{i3} + H_{i4})$$

(12-1)

地块的平均高程为 H_0。

$$H_0 = \frac{1}{n}(H_1 + H_2 + \cdots + H_n) \tag{12-2}$$

分析以上平均高程 H_0 的计算过程，不难发现，角点 A_1、A_6、D_7、F_7、F_1 的高程用到了一次；边点 B_1、C_1、D_1、E_1 ⋯⋯的高程用到了二次；拐点 D_6 的高程用到了三次；中点 B_2、C_2、D_2 ⋯⋯的高程用到了四次，因此，平均高程 H_0 的计算公式(12-2可以写成)

$$H_0 = \frac{1}{4n}(\sum H_角 + 2\sum H_边 + 3\sum H_拐 + 4\sum H_中) \tag{12-3}$$

式中：$\sum H_角$、$\sum H_边$、$\sum H_拐$、$\sum H_中$ 分别为角点、边点、拐点、中点的地面高程之和；n 为方格总数。

图 12-2 地块的平均高程为 10.28m。

使用(12-3)式计算地块平均高程时各方格面积必须相等。

五、计算设计高程和填挖高度

一般按以下两种不同情况计算设计高程和填挖高度(亦称施工高度)。

(一)要求将地块整成水平面

1.计算设计高程 $H_设$　如果只要求将地块平整成水平地面，则其设计高程可采用 H_0，即

$$H_设 = H_0 \tag{12-4}$$

见图 12-2，将它平整成水平面地块，其设计高程 $H_设$ 为

$$H_设 = H_0 = 10.28m$$

2.计算各方格桩点的填挖高度

$$填挖高度 = H_{ij} - H_设 \tag{12-5}$$

式中：$i = 1,2,\cdots,n$；$j = 1,2,3,4$。

按(12-5)式计算的结果得"+"号为挖深、"−"号为填高。

如前例 A_1 点应填高 0.28m，A_2 点应填高 0.23m，E_5 点应挖深 0.08m。

(二)要求将地块平整为有一定坡度的斜面

1.计算斜面上各交点桩间的设计高差　设图 12-2 中方格边长为 20m，现要求把该地块平整成南高北低、坡度为 1/400 的倾斜面，则南北方向相邻两方格桩点间的设计高差 h 为

$$h = 20 \times 1/400 = 0.05(m)$$

2.推算各交点桩的设计高程　例如前例要求设计南北方向有倾斜，东西方向无倾斜，故面积重心应在桩号 C 这一行上，即 C_1、C_2、C_3、C_4、C_5、C_6 的设计高程应为 10.28m。桩号 B 这一行的设计高程应减去 0.05m，即 10.23m。同理：桩号 A 这一行的设计高程应为 10.18m，而桩号 D 这一行的设计高程为 10.33m，桩号 E 这一行的设计高程应为 10.38m，桩号 F 这一行的设计高程应为 10.43m(图 12-2)。

3.计算各交点桩的填挖高

$$填挖高 = 地面高程 - 设计高程$$

见图 12-2，A_1 点的填高 $= 10.00 - 10.18 = -0.18(m)$；$E_1$ 点的挖深 $= 10.50 - 10.38 = +0.12(m)$。

六、绘施工零线

在方格点的填方点和挖方点之间必定有一个不挖不填的点,此点就是填挖分界点(亦称零点),把相邻的零点连接起来即为施工零线。以图 12-2 中将地块平整成 1/400 坡度斜面为例:图 12-3 为 C_1、D_1 之间的断面情况,零点位置可根据相似三角形的比例关系计算出来。

$$因为 \frac{x}{h_1} = \frac{l-x}{h_2}$$

$$所以\ x = \frac{lh_1}{h_1+h_2} \tag{12-6}$$

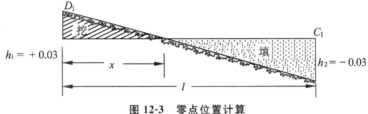

图 12-3　零点位置计算

式中:l 为方格边长;h_1、h_2 为方格两端填挖高度的绝对值;x 为零点距填挖数 h_1 的方格点的距离。

将图 12-2 中的数值代入上式得零点①的位置

$$x_1 = \frac{20 \times 0.03}{0.03 + 0.13} = 3.75 (\text{m})$$

在实地自 D_1 沿 C_1 方向用卷尺量 3.75m,于是便得到零点①在实地的位置。

按同样方法再求出零点②、③、…、⑪的位置,并用折线连接,见图 12-2 中的虚线所示。为便于施工,在实地常以石灰线标明。

七、计算填挖土方量

施工零线确定后,按下式计算各方格的填挖土方量。

设某方格的填方(或挖方)数为 V,该方格填(挖)方的底面积为 A,该方格各顶点填高或挖深的平均高度为 h_0,则

$$V = A \cdot h_0 \tag{12-7}$$

计算上方量时应特别注意:当方格中既有填高的顶点又有挖深的顶点时[图 12-4(c)],应先按零线将方格分成填方块和挖方块,然后再按填方块和挖方块各自的实际底面积来计算填方量和挖方量。

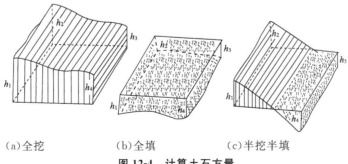

（a）全挖　　　　（b）全填　　　　（c）半挖半填

图 12-4　计算土石方量

将各方格的填挖土方量分别相加,就得到总填方量和总挖方量。由于计算的近似性以及零点的选择不一定恰当,致使总填方量与总挖方量不一定严格相等。如果填挖方量相差较大,经复算又无差错时,则需要修正设计高程。

设修正后的设计高程为 $H'_{设}$,原设计高程为 $H_{设}$,挖方总量为 $V_{挖}$,填方总量为 $V_{填}$,平整地块的总面积为 $A_{总}$,原设计高程为 $H_{设}$,挖方总量为 $V_{挖}$,填方总量为 $V_{填}$,平整地块的总面积为 $A_{总}$,则

$$H'_{设}=H_{设}+\frac{V_{设}-V_{填}}{2A_{总}} \tag{12-8}$$

用调整后的设计高程,重新定施工零线,再计算填挖土方量,直至达到填挖土方量基本相等为止。

八、调配土方量

土方量算出后,为便于施工和节省用工,应作出土方调配方案。图 12-5 是一种简略的土方调运路线图,箭头为运土方向,方框内的数字表示调运的土方数。在制定调运方案时应避免交叉对流。

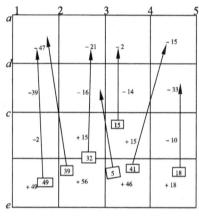

图 12-5 土方调运路线

第二节 水田土地平整测量

丘陵地区的水田多为正冲水田和山垄梯田,由于其形状不一、大小悬殊、高低不等,难以满足保土、保水、保肥、机耕和节约灌溉用水的要求,为此,必须结合农田基本建设将不规则的田块平整成形、规格划一的条田。水田土地平整测量通常按以下步骤进行。

一、测定单丘田块的面积

测定单丘田块面积的方法和仪器应根据测区(平整)范围大小与精度要求确定。

1.在大区域平整工程中,应进行数字化测图,方法详见第 8 章。

2.在小面积的土地平整中,可采用按地形直接丈量田块面积或设置临时测站,利用现有的仪器设备施测地形图。

总之,单丘田块的面积可以通过先测图再从图上测出面积或者实地直接丈量田块面积。

二、测定田块高程

田块高程是设计水田平整的重要数据,必须用水准仪测出各块田的田面高程。由于水田田面基本上是平坦的,因此只需测出田块内某一点的高程即可。

三、确定设计高程

见图 12-6,有六丘大小不等、高低不一的台阶地,现为了适应机耕,要求合并成水平的一丘田块。

经测定,六丘地的高程分别为 H_1、H_2、$\cdots$、H_6,它们的面积分别为 A_1、A_2、$\cdots$、A_6。设平整后的田面高程为 H_0,则每丘田块的填挖高度分别为:

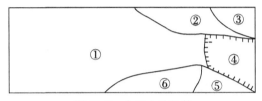

图 12-6　水田土地平整

$$h_1 = H_1 - H_0$$
$$h_2 = H_2 - H_0$$
$$\cdots\cdots$$
$$h_6 = H_6 - H_0$$

一般地为

$$h_i = H_i - H_0 (i=1,2,\cdots\cdots,n) \qquad (12\text{-}9)$$

每丘田的填挖土方量

$$V_i = h_i \cdot A_i \qquad (12\text{-}10)$$

为使填挖土方平衡必须满足

$$\sum_{i=1}^{n} V_i = 0 \qquad (12\text{-}11)$$

即

$$\sum_{i=1}^{n} h_i A_i = \sum_{i=1}^{n} (H_i - H_0) A_i = 0$$

整理后得

$$H_0 = \frac{\sum\limits_{i=1}^{n} H_i \cdot A_i}{\sum\limits_{i=1}^{n} A_i} \qquad (12\text{-}12)$$

(12-12)式就是水田平整工程中确定设计高程的加权平均法的表达式。由(12-12)式可知,设计高程等于分丘田块的田面高程与相应面积乘积的总和除以总面积。

四、设计填挖土方案

设计高程求得后,按(12-9)式计算各田块的填挖高度。按(12-10)式计算各田块的填挖土方量。

算例:见图 12-6,经测定六丘田的田面高程 H_i 和面积已列于表 12-1 中。现要求将它们平整成一大丘田,试计算各小丘田的填挖高度和总的填挖土方量。

计算结果列于表 12-1 中。

表 12-1 土方量计算

编号	H_i 高程(m)	A_i 面积(m^2)	H_iA_i 高程×面积	H_0 设计高程(m)	h_i 施工高度(m)		土方量(m^3)	
					填	挖	填	挖
1	45.84	952	799.68			0.05		47.60
2	45.82	140	114.80			0.03		4.20
3	45.74	35	25.90	45.79	0.05		1.75	
4	45.39	155	60.45		0.40		62.00	
5	45.79	44	34.76		0	0	0	0
6	45.88	126	110.88			0.09		11.34
合计		1452	1146.47				63.75	63.14

从表 12-1 中可以看出,填挖土方量基本达到平衡,说明计算正确无误。

第三节 梯田土地平整测量

梯田土地平整就是根据不同地形,按原来的地面坡度培筑田坎,修成水平梯田以促进农作物的高产稳产。

一、梯田规划

坡土改梯田必须结合具体的社会经济和自然条件进行规划,必须因地制宜对山、水、林、田、路实行综合治理。结合实际地形、自然坡度、土壤类型、劳力多少和其他有利条件,对梯田进行合理布置,是搞好梯田规划的关键。梯田规划的基本要求如下:

(1)梯田应以等高为主,兼顾等距。集中连条连片,宽窄适宜,以利管理和机耕。

(2)横向内倾,保水、保土、保肥;纵坡适当,以便能灌能排。

(3)地面坡度在 3°以上应按照原有地形的等高线布置,采用大弯就势、小弯取直的方法;坡度在 3°以下或坡度虽较陡但在 5°以下的均匀坡面和开阔的地段,可以规划成长方形田块,以便于机耕和排灌。

(4)梯田一般应修筑在 25°以下的坡耕地上,反对毁林开荒、削平山头的做法。

二、梯田设计

梯田设计就是要确定梯田的规格,包括田面宽度、田坎高度和田坎侧坡及斜坡长度等数据。

在一定坡度的地面上修筑梯田,田面愈宽耕作愈方便。但田面愈宽田坎也要高,这样不但梯田修筑困难、费时费工,而且梯田容易崩塌,侧坡的占地面积也随之增大。因此,要确定田面宽应分析主次矛盾综合考虑。一般说来,地面坡度较陡时,田面应窄些;坡度较缓时田面宽些。土层浅薄田面窄些;土层较厚田面宽些;砂粒多或机械修筑时田面宽些。如果梯田栽植果树,那么田面宽以不小于种植一行果树为宜。

一般用泥土修筑的田坎高度在 0.9～1.8m 为宜。土质黏着力愈小或田坎愈高,田坎外侧坡度应缓。田坎高度在 3m 以下的外侧坡坡度可选用 45°～80°,田坎内侧坡坡度可采用 45°～60°。

见图 12-7,田面宽为 B,田坎高为 H,田坎外侧坡度为 β 和地面坡度为 α,它们是互相关联的。

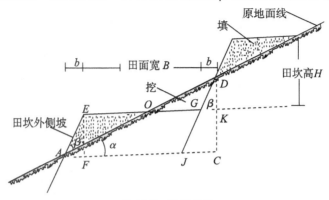

图 12-7　梯田规格

A、D 为原地面上不挖不填的点,也是两个田坎边坡线上的中点,设 $AD=L$,L 为每级梯田的斜坡长度。

因为

$$CD=H$$

所以

$$L=\frac{H}{\sin\alpha} \tag{12-13}$$

在直角 $\triangle ACD$ 中

$$\cot\alpha=\frac{AJ+CJ}{H} \tag{12-14}$$

在直角 $\triangle DCJ$ 中

$$CJ=CD\cdot\cot\beta \tag{12-15}$$

又

$$AJ=EG=B \tag{12-16}$$

将(12-15)式、(12-16)式代入(12-14)式,得:

$$\cot\alpha=\frac{B+H\cdot\cot\beta}{H}$$

所以

$$H=\frac{B}{\cot\alpha-\cot\beta} \tag{12-17}$$

为了算出梯田的有效面积,常需计算田坎占地的面积分数,可用下式计算:

$$田坎占地(\%)=\frac{2b}{B+2b}\times100\% \tag{12-18}$$

式中 b 为田坎外侧宽的一半,即:

$$b=\frac{1}{2}H\cdot\cot\beta \tag{12-19}$$

为了简化计算,设计时可借助图 12-8 的梯田规格关系图作为工具,一般称为图算。绘制梯田规格关系图的方法:

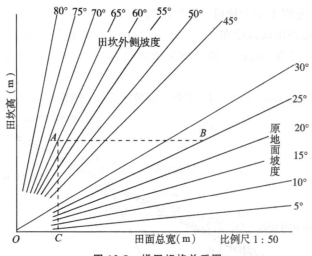

图 12-8　梯田规格关系图

（1）按实际角度在右下部分绘出地面坡度线，在左上部分绘田坎外侧坡度线。

（2）以各坡度线的交点 O 为直角坐标系的原点，然后绘出纵横坐标轴。

（3）以纵坐标轴表示田坎高度，横坐标轴表示田面总宽（即田面宽 B 与外侧坡宽度 b 之和）；比例尺的大小可根据图纸的大小选取，只是纵横比例要相同即可。

图算实例：经测定地面坡度 $\alpha=25°$，田坎外侧坡设计为 $\beta=65°$，梯田面宽 $B=2m$，求每一级梯田的田坎高 H，梯田斜坡长 L，田坎外侧坡宽 $2b$。

解：按一定比例在三角板直尺上定出田面宽 2m 的图上长度，例如用 1∶50 比例尺，在直尺上的长度为 4cm；把直尺上的这一长度在图 12-8 中的田坎外侧坡度线和原地面坡度线之间作上下平行移动，使这一长度的起点在田坎外侧坡度 65° 的直线上，终点在原地面坡度 25° 的直线上，并且使直尺边水平，此一相应梯田田面宽的水平线段即为 AB 直线。

按 1∶50 比例尺量取 A 点或 B 点的纵坐标值，得 1.2m（即为田坎高）；量取 OB 的距离，得 2.85m（即为斜坡长度）；量取 OC 的距离得 0.56m（即为田坎外侧坡宽度）。

此图也可以根据田坎高、原地面坡度和田坎外侧坡坡度，反求出田面宽。

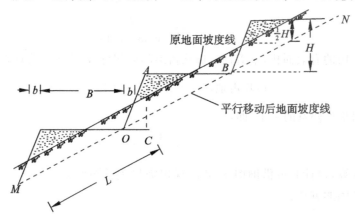

图 12-9　梯田规格关系图原理

梯田规格关系图的原理见图 12-9，把原来的地面坡度线向下平行移动，平移的距离是在铅垂方向上移动田坎高的一半（即 $\dfrac{H}{2}$），使移动后的地面坡度线 MN 通过水平梯田田坎脚 O，利用三角形 AOB 以同样的比例尺量 AB、AC、OB、OC 就可分别求出 B、H、L、b 来。

三、梯田测量

梯田设计后就可测定基线、基点和等高线，其步骤如下：

（一）测量基线和基点

测量基线是为了测定基点，基点高程是梯田田面高程的依据，从基点出发可向左右两侧施测等高线，形成一级等高梯田。

应在地面坡度比较一致的地段选定好基线的位置；如果地形复杂坡度不一致时，基线应选在较陡的地方，以保证田面宽度在最窄处也不至于过窄；在坡度上下不均匀的坡面上，应根据实地情况选设折基线，见图 12-10，分别选择 AB、CD、EF 三条基线。

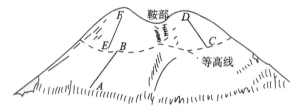

图 12-10　选设基线

基线确定后可按设计要求定出地埂等高线的基点来。见图 12-11，基线的上端与环山大道相衔接，下端与山脚相连。在基线的上下端插上标杆，以便丈量基线。

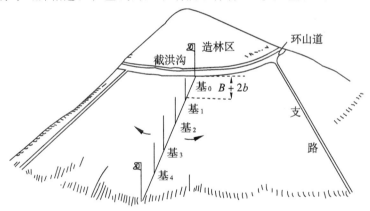

图 12-11　测定基线和基点

根据设计的每级梯田总宽，从基线上端开始向下端用皮尺以水平丈量的方法，定出每级梯田的总宽（总宽 $= B + 2b$），田面总宽的两端点就是基点，在基点处打桩并编号。

（二）测定等高线

测定等高线是为了定出梯田的开挖线，也就是分别按一基点的地面高程测出每一耕作区坡地上等高的地面点，将相邻等高点依次连接就成为一条等高线。

测定等高线一般利用水准仪来进行，见图 12-12。其步骤如下：

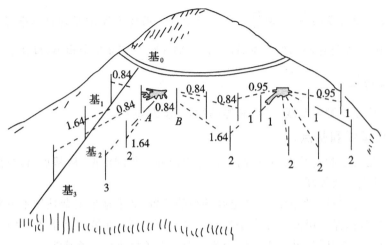

图 12-12　测定等高线

（1）在适当的地方安置水准仪，观测基点上的标尺读数，如基$_1$上的标尺读数为 0.84m。

（2）移动标尺到距离基点 10～15m 的 A 点，如水准仪对 A 点标尺的读数仍为 0.84m，则说明 A 点与基$_1$点的高程是相同的，此时在立尺点上打木桩并编号。如果读数不为 0.84m，则观测员指挥持尺员把标尺向山坡上方（或下方）移动，直至标尺读数等于 0.84m 为止。

（3）再次移动标尺距 A 点 10～15m 的 B 处，同样测出等高点 B，……依次测出其他等高点直到转点为止。

（4）当标尺离仪器较远读数有困难时，可将仪器搬到适当位置，安置仪器并立尺于等高线的转点处，读取标尺上的读数，例如基$_1$等高线上转点的读数为 0.95m，则用 0.95m 来测验设其他的等高线点，直到另一转点为止。

用上述方法，从上到下测定整个耕作区所有基点的等高点。

若用 5m 长的塔尺测量，一个测站可以观测 2～3 个基点的等高线。

（三）标定梯田开挖线

按照上述方法测定出来的等高线就是梯田的开挖线。为施工方便，常以小绳沿开挖线拉成圆滑的曲线，然后沿绳子撒上石灰或锄成小沟。开垦时把石灰线或小沟用为田坎外侧坡的中点连线（即图 12-7 中的 AD 线），也就是上填下挖的分界线。

（四）计算土方量

开垦梯田一般是半挖半填的，而且填挖基本平衡，从图 12-13 可知，每级梯田的土方量就是这一级梯田的挖方（实方）量 V，也就是挖方断面三角形 DOG 的面积乘以这一级梯田的长度 L，即

$$V = \frac{1}{2}\left(\frac{1}{2}B \times \frac{1}{2}H\right) \times L$$

$$= \frac{1}{8}B \times H \times L \tag{12-20}$$

因为　　　　　　　　1 亩 $= 666.7\text{m}^2$

所以　　　　1 亩梯田挖方量 $V_1 = \frac{1}{8}B \times H \times \frac{666.7}{B} = 83.3H(\text{m}^3)$ 　　　　(12-21)

（12-21）式计算的土方量为梯田田面的土方量，此外梯田内侧水沟以及梯田田埂还有一定的填挖方数量，它们也应计算出来。

图 12-13（a）为田埂断面规格，图 12-13（b）为水沟断面规格。

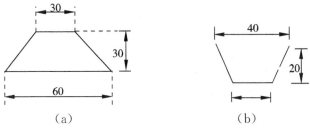

（a）　　　　　　　　　　（b）

图 12-13　田埂、水沟断面

每亩田埂填方量 $V_{埂}$：

$$V_{埂}=0.135\times\frac{666.7}{B}=\frac{90}{B}(\text{m}^3) \tag{12-22}$$

每亩水沟挖方量 $V_{沟}$：

$$V_{沟}=0.06\times\frac{666.7}{B}=\frac{40}{B}(\text{m}^3) \tag{12-23}$$

四、水平梯田施工

（一）水平梯田施工的要求

（1）梯级等高水平，防止水土流失，梯壁牢靠稳固，防止梯田崩塌。

（2）尽量利用全部表土，把表土层全部放置到耕作层以创造良好的土壤条件。

（二）梯田施工的一般步骤

修筑田坎要就地取材，用泥土或石料修筑，注意清理基础，保留表土。修筑田坎的一般方法见图 12-14。

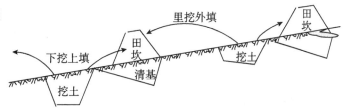

图 12-14　修筑田坎

平整田面，铺平表土，实际施工中常用下述两种方法。

1.中间堆放表土法　把每级梯田田面从上到下分为三段，将上下两段的表土全部堆放在中间一段处，见图 12-15（a），然后下挖上填，里挖外填，培筑田坎见图 12-15（b），最后平整田面，铺平表土，见图 12-15（c），这种方法适用于坡度平缓、梯田坎不高的坡地。

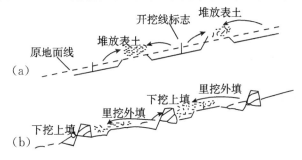

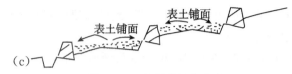

图 12-15　中间堆放表土法

2.**表土逐级下翻法**　在耕作区内自下而上逐级修筑梯田,最下面一级可用中间堆土法修筑成水平梯田,见图 12-16(a),把第二级表土全部翻到下一级已修平的梯田田面上,用下切上填结合里切外填修筑第二级田坎,见图 12-16(b),平整第二级梯田田面,见图 12-16(c)。把第二级表土翻下铺在第二级已修成梯田的田面上,见图 12-16(d)。依此法逐次修筑至最高一层。

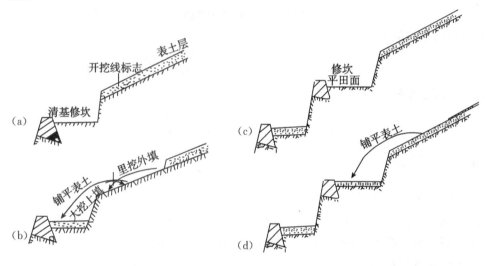

图 12-16　表土逐级下翻法

 复习思考题

1.简述方格法水准测量的记录和计算。

2.若把图 12-17 所示的地块,平整成四高东低坡度为 1/400 的倾斜平面,试求出各桩点的填(挖)高度和总土方。

3.在坡度 12°的坡地上设计梯田田面宽 10m,田坎外侧坡 70°,求每级梯田田坎高和开垦前山坡的斜距,田坎外侧坡宽和田坎占地面分率。

4.在坡度 18°地坡地上开垦梯田,设计田坎高 2m,田坎外侧坡 65°,求开垦后梯田田面宽、田坎外侧坡宽和田坎占地百分率。

5.用水准仪测量梯田等高线,下一测站的后视读数应与前一侧站的前视读数相等吗?

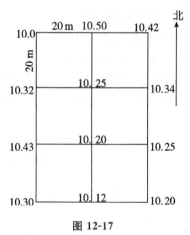

图 12-17

第13章　工程测量实验与实习

重点提示

实验与实习是工程测量教学的组成部分,是巩固和深化理论知识的重要环节。本章内容是对工程测量实验与实习的具体指导,读者应注意在实践中培养自己的动手能力。

第一节　测量实验与实习须知

一、测量实验(实习)的一般规定

1.在测量实验(实习)之前,应复习教材中的有关内容,认真仔细地预习实验(实习)指导书,明确目的与要求,熟悉实验(实习)步骤及有关注意事项,并准备好所需工具用品,以保证按时完成实验(实习)任务。

2.实验(实习)分小组进行,组长负责组织协调工作,凭本人(或组员)的相关证件,办理所用仪器工具的借领和归还手续。

3.实验(实习)应在规定的时间进行,不得无故缺席或迟到早退;应在指定的场地进行,不得擅自改变地点或离开现场。

4.测量工作实施过程中,应分工明确,团结协作,各司其职,紧张有序,作业现场必须保持安静,充分利用学时,不得说笑聊天。

5.服从教师的指导,每人都必须认真、仔细地操作,培养独立的工作能力和严谨的科学态度。观测和记录,应客观诚实,养成忠实于实验(实习)数据的良好职业道德,绝对禁止为完成任务而凑数、改数及伪造数据。每项实验(实习)都应取得合格的成果,并提交书写工整规范的实验(实习)报告,经指导教师审阅签字后,方可交还测量仪器和工具,结束实验(实习)。

6.必须严格遵守"测量仪器工具的借领与使用规则"和"测量记录与计算规则"。

7.实验(实习)过程中,应遵守纪律,爱护现场的花草、树木和农作物,爱护周围的各种公共设施,任意砍折、踩踏或损坏者应予赔偿。

二、测量仪器工具的借领与使用规则

对测量仪器工具的正确使用,精心爱护和科学保养,是测量人员必须具备的素质和应该掌握的技能,也是保证测量成果质量,提高测量工作效率和延长仪器使用寿命的必要条件。在仪器工具的借领与使用中必须严格遵守以下规定:

1.测量仪器工具的借领

(1)在指定的地点以小组为单位办理借领手续,领取仪器工具。

(2)借领时应该当场清点检查。实物与清单是否相符,仪器工具及其附件是否齐全,背带及提手是否牢固,脚架是否完好等。如有缺损,可以补领或更换。

(3)搬运前,必须检查仪器箱是否锁好;搬运时,必须轻取轻放,避免剧烈震动。

(4)借到的仪器工具,不得与其他小组擅自调换或转借。

(5)实验结束,应及时收装仪器,送还借领处检查验收,消除借领手续。如有遗失或损坏,应由责任人和组长分别写出书面报告说明情况,并按有关规定给予赔偿。

2.测量仪器使用注意事项

(1)携带仪器时,应注意检查仪器箱盖是否关紧锁好,拉手、背带是否牢固。

(2)打开仪器箱之后,要看清并记住仪器在箱中的安放位置,避免以后装箱困难。

(3)提取仪器之前,应注意先松开制动螺旋,再用双手握住支架或基座轻轻取出仪器,放在三脚架上,保持一手握住仪器,一手去拧连接螺旋,最后旋紧连接螺旋使仪器与脚架连接牢固。

(4)装好仪器之后,注意随即关闭仪器箱盖,防止灰尘和湿气进入箱内。仪器箱上严禁坐人。

(5)人不离仪器,必须有人看护,切勿将仪器靠在墙边或树上,以防跌损。

(6)在野外使用仪器时,应该撑伞,严防日晒雨淋。

(7)若发现透镜表面有灰尘或其他污物,应先用软毛刷轻轻拂去,再用镜头纸擦拭,严禁用手帕、粗布或其他纸张擦拭,以免损坏镜头。观测结束后应及时套好物镜盖。

(8)各制动螺旋勿扭过紧,微动螺旋和脚螺旋不要旋到顶端。使用各种螺旋都应均匀用力,以免损伤螺纹。

(9)转动仪器时,应先松开制动螺旋,再平衡转动。使用微动螺旋时,应先旋紧制动螺旋。动作要准确、轻捷,用力要均匀。

(10)使用仪器时,对仪器性能尚未了解的部件,未经指导教师许可,不得擅自操作。

(11)仪器装箱时,要放松各制动螺旋,装入箱后先试关一次,在确认安放稳妥后,再拧紧各制动螺旋,以免仪器在箱内晃动。受损,最后关箱上锁。

(12)测距仪、电子经纬仪、电子水准仪、全站仪、GPS等电子测量仪器,在野外更换电池时,应先关闭仪器的电源;装箱之前,也必须先关闭电源,才能装箱。

(13)仪器搬站时,对于长距离或难行地段,应将仪器装箱,再行搬站。在短距离和平坦地段,先检查连接螺旋,再收拢脚架,一手握基座或支架,一手握脚架,竖直地搬移严禁横杠仪器进行搬移。罗盘仪搬站时,应将磁针固定,使用时再将磁针放松。装有自动归零补偿器的经纬仪搬站时,应先旋转补偿器关闭螺旋将补偿器托起才能搬站,观测时应记住及时打开。

3.测量工具使用注意事项

(1)水准尺、标杆禁止横向受力,以防弯曲变形。作业时,水准尺、标杆应由专人认真扶直,不准贴靠树上、墙上或电线杆上,不能磨损尺面分划和漆皮。塔尺的使用,还应注意接口处的正确连接,用后及时收尺。

(2)测图板的使用,应注意保护板面,不得乱写乱扎,不能施以重压。

(3)皮尺要严防潮湿,万一潮湿,应晾干后再收入尺盒内。

(4)钢尺的使用,应防止扭曲、打结和折断,防止行人踩踏或车辆碾压,尽量避免尺身着水。用完钢尺,应擦净、涂油,以防生锈。

(5)小件工具如垂球、测钎、尺垫等的使用,应用完即收,防止遗失。

(6)测距仪或全站仪使用的反光镜,若发现反光镜表面有灰尘或其他污物,应先用软毛刷轻轻拂去,再镜头纸擦拭。严禁用手帕、粗布或其他纸张擦拭,以免损坏镜面。

三、测量记录与计算规则

测量手簿是外业观测成果的记录和内业数据处理的依据。在测量手簿上记录或计算

时,必须严肃认真、一丝不苟,严格遵守下列规则:

1.所有观测成果均要使用硬性铅(2H 或 3H)笔记录,同时熟悉表上各项内容及填写、计算方法。

2.记录观测数据之前,应将仪器型号、日期、天气、测站、观测者及记录者姓名等无一遗漏地填写齐全。

3.观测者读数后,记录者应立即复诵回报以资检核,并随即在测量手簿上的相应栏内填写,不得另纸记录事后转抄。

4.记录时要求字体端正清晰,数位对齐,数据齐全,不能省略零位。如水准尺读数 1.500,度盘读数 60°00′00″中的"0"均应填写。

5.水平角观测,秒值读记错误应重新观测,度、分读记错误可在现场更正,但同一方向盘左、盘右不得同时更改相关数字。垂直角观测中分的读数,在各测回中不得连环更改。

6.距离测量和水准测量中,厘米及以下数值不得更改,米和分米的读记错误,在同一距离、同一高差的往、返测或两次测量的相关数字不得连环更改。

7.更正错误,均应将错误数字、文字整齐划去,在上方另记正确数字和文字。划改的数字和超限划去的成果,均应注明原因和重测结果的所在页数。

8.按四舍六入,五前单进双舍(或称奇进偶不进)的取数规则进行计算。如数据 2.2235 和 2.2245 进位均为 2.224。

第二节　测量实验指导

一、实验一:DS₃ 水准仪的认识与使用

1.实验目的
(1)了解水准仪的基本构造和性能,认识其主要部件的名称和作用。
(2)练习水准仪的安置、粗平、瞄准、精平、读数和高差计算。

2.实验要求
要求每人安置一至二次水准仪,分别读数、记录并计算。

3.实验设备与学时
(1)设备:每组 DS₃ 水准仪 1 台(附角架)、水准尺 1 对、记录板 1 个、2H 铅笔一支。
(2)学时:课内实验 2 学时。

4.实验方法和步骤
(1)仪器介绍。指导教师现场通过演示讲解水准仪的构造、安置及使用方法;水准尺的刻划、标注规律及读数方法。
(2)安置仪器。选择场地架设仪器。
(3)粗平。先用双手按相对(或相反)方向旋转一对脚螺旋,观察圆水准器气泡移动方向与左手拇指运动方向之间运行规律,再用左手旋转第三个脚螺旋,经过反复调整使圆水准器气泡居中。
(4)瞄准。先将望远镜对准明亮背景,旋转目镜调焦螺旋,使十字丝清晰;再用望远镜瞄准器照准竖立于测点的水准尺,旋转对光螺旋进行对光;最后旋转微动螺旋,使十字丝的竖

丝位于水准尺中线位置上或尺边线上,完成对光,并消除视差。

(5)精平。旋转微倾螺旋,从符合式气泡观测窗观察气泡的移动,使两端气泡吻合。

(6)读数。用十字丝中丝读取米、分米、厘米、毫米(或估读毫米)位数字,记作后视读数。

(7)计算。读取立于另一测点上的水准尺读数作为前视读数,按照 $h_{AB} =$ 后视读数－前视读数,计算两点间的高差。

5. 实验注意事项

(1)从仪器箱中取水准仪时,注意仪器装箱位置,以便用后装箱。

(2)三脚架应支在平坦、坚固的地面上,架设高度适中,架头应大致水平,架腿制动螺旋应紧固,整个三脚架应稳定。

(3)安放仪器时应将仪器连接螺旋旋紧,防止仪器脱落。

(4)各螺旋的旋转应稳、轻、慢,禁止用蛮力,最好使用螺旋运行的中间位置。

(5)瞄准目标时必须注意消除误差,应习惯先用瞄准器寻找和瞄准。

(6)立尺时,应站在水准尺后,双手扶尺,以使尺身保持竖直。

(7)读数时不要忘记精平,即读数前必须精平。

(8)做到边观测、边记录、边计算,记录应使用铅笔。

(9)避免水准尺靠在墙上或电杆上,以免摔坏;禁止用水准尺抬物,禁止坐在水准尺及仪器箱上。

(10)发现异常问题应及时向指导教师汇报,不得自行处理。

6. 实验结果

表 13-1 水准仪的使用观测记录

日期:_____年_____月_____日　　天气:_____　　观测:_____
班级:_____　　　　小组:_____　　　　仪器号:_____　　记录:_____

观测次数	观测点	后视读数	前视读数	两点间高差(m)	备　注
			—		
		—			
			—		
		—			
			—		
		—			

注:划"—"处不填数据。

7. 思考题

(1)水准仪的望远镜由哪几部分组成?各有什么作用?

(2)什么叫视准轴?什么叫水准管轴?在水准测量中,为什么在读数之前必须用微倾螺旋使水准管气泡居中?

(3)圆水准器和水准管的作用有何不同?

(4)什么叫视差?产生的原因是什么?如何消除?

二、实验二：等外闭合水准路线测量

1. 实验目的

(1)练习水准测量中测站和转点的选择，水准尺的立尺方法，测站上的仪器操作。

(2)掌握普通水准测量路线的观测、记录、计算检核以及集体配合、协调作业的施测过程。

(3)学会独立完成一条闭合水准测量路线的实际作业过程。

2. 实验要求

(1)每组选定一个已知高程点 BM_A（该点高程由教师给出）和 B、C、D 三个待测高程点，从已知高程点开始依次经过待测高程点组成一条闭合路线。

(2)每个测站用变动仪器高法进行测站检验。

(3)视距应小于 100m，前后视视距差应小于 ±10m。高差闭合差的容许值为：

$$f_{h容} = \pm 12\sqrt{n}\,\text{mm} \quad 或 \quad f_{h容} = \pm 40\sqrt{L}\,\text{mm}$$

3. 实验设备与学时

(1)设备：每组 DS_3 水准仪 1 台（附角架）、水准尺 1 对、尺垫 1 个、记录板 1 个、2H 铅笔 1 支。

(2)学时：课内实验 2 学时。

4. 实验方法和步骤

(1)选取待测高程点、测站点和转点

如图 13-1 所示，每组先选定一已知高程点 BM_A 和 B、C、D 三个待测高程点，当所测两高程点间的间距较远时，还须选取转点。

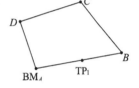

(2)第一站观测（如图 1，假设 BM_A、B 相距较远，选取一转点 TP_1）

1)在已知点 BM_A 与转点 TP_1（可放置尺垫）之间选取测站点，安置仪器并粗平。

图 13-1　闭合水准测量

2)瞄准 BM_A 点上的后视尺，精平后读取后视读数，记入观测手簿。

3)瞄准 TP_1 点上的前视尺，精平后读取前视读数，记入观测手簿。

4)升高或降低仪器 10cm 以上，重新安置仪器并重复(3)和(2)步工作。

5)计算测站高差，若两次测得高差之差小于 ±6mm，取其平均值作为本站高差并记观测入手簿。

(3)后续观测

将仪器搬至 TP_1 点和 B 点之间进行第二站观测，方法同上；同法连续设站观测，经过点 C、D，最后测回到 BM_A 点。

(4)计算检核

∑高差＝∑后视读数－∑前视读数＝2∑平均高差

(5)高差闭合差的计算与调整（参见第 2 章）。

(6)计算待测点高程

根据已知点 BM_A 高程和改正后的高差计算待测点 B、C、D 的高程，BM_A 点的计算高程应与已知高程相等，以资校核。

5. 实验注意事项

(1)每测站前、后视距应大致相等。

（2）变动仪器高法的观测顺序是"后—前—前—后"。

（3）读取读数前，应仔细对光以消除视差；每次读数时，都应精平；扶尺员要认真地将水准尺扶直；观测过程中若圆水准器气泡发生偏离，应整平仪器后，重新观测；做到边测量，边记录，边检核，误差超限应立即重测。

（4）尺垫仅在转点上使用，应踏入土中或置于坚固地面上；在转点前后两站测量未完成时，不得移动尺垫位置。

6.实验结果

外业数据填于表 13-2，内业计算填于表 13-3。

表 13-2　水准测量观测手簿（变动仪器高法）

日期：_____ 年 ____ 月 ____ 日　　　天气：_____　　观测：_____

班级：_____　　　小组：_____　　仪器号：_____　　记录：_____

测站	点号	后视读数	前视读数	高差(m)	平均高差(m)	备注
			—			
		—				
			—			
		—				
			—			
		—				
			—			
		—				
			—			
		—				
			—			
		—				
			—			
		—				
			—			
		—				
计算校核	Σ					

注：（1）划"—"处不填数据；（2）此表中，转点及未知点不需要计算高程。

表 13-3　闭合水准测量成果计算表

测段	点号	测站数	实测高差(m)	改正数(m)	改正后高差(m)	高程(m)	备注
Σ							
辅助计算							

7. 思考题

(1)什么叫测站？什么叫转点？

(2)仪器搬站时,转点上的尺垫为什么不能碰动？碰动了怎么办？

(3)简述水准测量中,测站检核与路线检核的方法以及它们的目的？

三、实习三：水准仪的检验与校正

1. 实验目的

(1)了解水准仪的主要轴线及它们之间应满足的条件。

(2)初步掌握水准仪检验与校正的方法。

2. 实验要求

要求对各项进行检验,但不要求校正。

3. 实验设备与学时

(1)设备：每组 DS₃ 水准仪 1 台(附角架)、水准尺 1 对、尺垫(或木桩)2 个、50 米钢尺 1 把、记录板 1 个、2H 铅笔 1 支。

(2)学时：课内实验 2 学时。

4. 实验方法和步骤

(1)一般性检验

一般性检验是对仪器机械转动机构、光学成像情况、各零部件进行初步检查,判别是否影响仪器的正常使用。

(2)圆水准器轴平行于仪器竖轴的检验与校正

1)检验

整平仪器,使圆水准气泡居中,旋转仪器 180°,若气泡仍居中,说明条件满足,当气泡偏出分划圈外时,需要校正。

2)校正

先稍松圆水准器底部中央的固定螺丝,调整圆水准器上的校正螺丝,使气泡退回到偏离量的一半处,然后调整脚螺旋使气泡居中,如此反复检校几次,直至水准仪转至任何方向气泡都不偏离中央为止,最后选紧固定螺丝。

(3)十字丝横丝垂直于仪器竖轴的检验与校正

1)检验

仪器整平后,用横丝一端瞄准远处一固定点,转动微动螺旋,若该固定点始终在横丝上移动,说明条件满足,否则应校正。

2)校正

旋松目镜护罩(有的仪器没有护罩),用螺丝刀松开十字丝分划板上三个固定螺丝,轻轻转动十字丝板使该固定点与横丝重合,最后拧紧松开的螺丝,盖上护罩即可。

(4)水准管轴平行于视准轴(i角)的检验与校正

1)检验

①在高差不大的地面上用钢尺量出相距约 40m 的 A、B 两点,并分别放置尺垫(或打上木桩,在桩顶钉上小钉作为点位标志)。

②在 AB 直线的中点 C 处安置水准仪,用变动仪器高法测出 A、B 两点间的高差,若两次所测高差之差小于 $\pm 3mm$ 时,取其平均值作为两点间的正确高差,用 $h_{AB正}$ 表示。

③将仪器搬至 B 点附近(距 B 点约 3m 左右),精平后读取两尺读数 a_2 和 b_2,计算 A 尺上的应读读数 $a_2' = b_2 + h_{AB正}$,若 a_2' 与 a_2 之差 Δh 不超过 $\pm 4mm$ 时,可不校正,否则应进行校正。

2)校正

保持上述第 3 步仪器位置不动,转动微倾螺旋,使十字丝横丝对准 A 尺上应读读数 a_2' 处,此时,气泡发生偏离,用校正针拨动水准管一端的上、下两个校正螺丝,使水准管气泡居中。注意在用校正针松紧上、下两个校正螺丝前,应先略微旋松左、右两个校正螺丝。

5.实验注意事项

(1)检校仪器时必须按上述的规定顺序进行,不能颠倒。

(2)测定 i 角时,应尽量保证在检验过程中,i 角不发生变化。但由于温度的变化,i 角可能发生变化,所以最好在阴天测定。另外,水准尺一定要竖直,因此尽量选用带有圆水准器的水准尺。

(3)拨动校正螺丝时,应先松后紧,松紧适当。

6.实验结果

实验结果填入表 13-4。

7.思考题

(1)水准仪各部件之间应满足的几何条件是什么?

(2)为什么检校仪器时必须按规定顺序进行,不能颠倒?

(3)什么是 i 角?它对读数和高差测量有何影响?

四、实习四：DJ6 光学经纬仪的认识和使用

1.实验目的

(1)了解经纬仪的基本构造及主要部件的名称和作用。

表 13-4　水准仪检验与校正记录手簿

日期：_____ 年 _____ 月 _____ 日　　天气：_____　　观测：_____

班级：_____　　小组：_____　　仪器号：_____　　记录：_____

1.一般性检验结果：三脚架 _____ ,制动与微动螺旋 _____ ,微倾螺旋 _____ ,对光螺旋 _____ ,脚螺旋 _____ ,望远镜成像 _____ 。

2.圆水准器轴平行于仪器竖轴的检验与校正

检验(旋转仪器 180°)次数	气泡偏离情况	检验者

3.十字丝横丝垂直于仪器竖轴的检验与校正

检验次数	偏离情况	检验者

4.水准管轴平行于视准轴的检验与校正

仪器在中点测得 A、B 间的正确高差		仪器在 B 点附近检校	
第一次	A 点尺上读数 a_1 B 点尺上读数 b_1 A、B 间高差 $h_1 = a_1 - b_1$		第一次	B 点尺上读数 b_2 A 点尺上读数 a_2 A 点尺上应读读数 $a_2' = b_2 + h_{AB\text{正}}$ 误差 $\Delta h = a_2 - a_2'$	
第二次	A 点尺上读数 a_1' B 点尺上读数 b_1' A、B 间高差 $h_1' = a_1' - b_1'$		第二次	B 点尺上读数 b_2 A 点尺上读数 a_2 A 点尺上应读读数 $a_2' = b_2 + h_{AB\text{正}}$ 误差 $\Delta h = a_2 - a_2'$	
正确高差	$h_{AB\text{正}} = \dfrac{1}{2}(h_1 + h_1')$		第三次	B 点尺上读数 b_2 A 点尺上读数 a_2 A 点尺上应读读数 $a_2' = b_2 + h_{AB\text{正}}$ 误差 $\Delta h = a_2 - a_2'$	

(2)掌握经纬仪的基本操作方法。

2.实验要求

(1)每人安置一次经纬仪并读数 2～3 次。

(2)仪器对中误差小 3mm,整平误差小于一格。

3.实验设备与学时

(1)设备：每组 1 台 DJ6 型经纬仪(附脚架)、测钎 2 个、记录板 1 个、2H 铅笔 1 支。

269

(2)学时:课内学时 2 学时。

4.实验方法和步骤

(1)认识仪器。学生通过本实验中熟悉 DJ6 光学经纬仪的构造,各螺旋的名称、功能及操作方法,仪器的安置及使用方法。

(2)安置仪器。在测站点上撑开三脚架,高度适中,架头大致水平;使三脚架中心与测站点大致对中;然后把经纬仪安放到三脚架的架头上,用连接螺旋旋紧。

(3)对中、整平。

1)通过旋转光学对中器的目镜调焦螺旋,使分划板对中圈清晰;通过推、拉光学对中器的镜管进行对光,使对中圈和地面测站点标志都清晰显示。

2)分别旋转三个脚螺旋使测站点与对中器的刻画圈中心重合。光学对中器的对中误差一般约为 1mm。

3)逐一松开三脚架架腿制动螺旋并利用伸缩架腿(架脚点不得移位)使圆水准器气泡居中,粗平仪器。

4)用脚螺旋使照准部水准管气泡居中,精平仪器。

5)检查对中器中地面测站点是否偏离分划板对中圈。若发生偏离,则松开底座下的连接螺旋,在架头上轻轻平移仪器,使地面测站点回到对中器分划板刻对中圈内。

6)检查照准部水准管气泡是否居中。若气泡发生偏离,需再次整平,即重复前面过程,最后旋紧连接螺旋。

(4)瞄准(盘左位置)。取下望远镜的镜盖,将望远镜对准天空(或远处明亮背景),转动望远镜的目镜调焦螺旋,使十字丝最清晰;然后用望远镜上的照门和准星瞄准远处目标,旋紧望远镜和照准部的制动螺旋,转动对光螺旋(物镜调焦螺旋),使目标影像清晰;再转动望远镜和照准部的微动螺旋,使目标被十字丝的纵向单丝平分,或被纵向双丝夹在中央。

(5)读数。瞄准目标后,调节反光镜的位置,使读数显微镜读数窗亮度适当,旋转显微镜的目镜调焦螺旋,使度盘及分微尺的刻划线清晰,然后分别读取盘左位置水平度盘读数和竖直度盘读数。读数方法:读取落在分微尺上的度盘刻划线所示的度数,然后读出分微尺上 0 刻划线到这条度盘刻划线之间的分数,最后估读至 1′ 的 0.1 位。

纵转望远镜,盘右再瞄准该目标读数,分别读取盘右位置水平度盘读数和竖直度盘读数,其中水平读盘左右两次读数之差约为 180°,以此检核瞄准和读数是否正确。

(6)记录。

(7)设置度盘读数练习。可利用光学经纬仪的水平度盘读数变换手轮,改变水平度盘读数。

5.实验注意事项

(1)测量水平角瞄准目标时,应尽可能瞄准其底部,以减小目标倾斜所引起的误差。

(2)观测过程中,注意避免碰动光学经纬仪的度盘变换手轮,以免发生读数错误。

(3)日光下测量时应避免将物镜直接瞄准太阳。

6.实验结果

表 13-5　水平度盘读数练习表

日期：_____年_____月_____日　　　天气：_____　　　观测：_____
班级：_____　　小组：_____　　　仪器号：_____　　　记录：_____

目标	水平度盘读数		竖直度盘读数		备　注
	盘　　左 (° ′ ″)	盘　　右 (° ′ ″)	盘　　左 (° ′ ″)	盘　　右 (° ′ ″)	

7.思考题

(1)DJ 6 经纬仪主要由哪几部分组成？各部分的作用是什么？

(2)经纬仪上有几对制动螺旋和微动螺旋？各起什么作用？如何正确使用？

(3)用经纬仪瞄准同一竖直面内不同高度的两点,水平度盘上的读数是否相同？测站点与不同高度的两点连线所夹的角度是不是水平角？

五、实习五：测回法水平角观测

1.实验目的

(1)进一步熟悉 DJ6 经纬仪。

(2)掌握用 DJ6 经纬仪进行测回法测水平角观测的操作、记录和计算方法。

2.实验要求

对于同一角度,每组观测两个测回,上下半测回互差不得超过 $\pm 40''$,各测回角度值互差不得大于 $\pm 24''$。

3.实验设备与学时

(1)设备：每组 1 台 DJ6 型经纬仪(附脚架)、测钎 2 个、记录板 1 个、2H 铅笔 1 支。

(2)学时：课内实验 2 学时。

4.实验方法和步骤

如图 13-2 所示,设测站点为 B,左目标为 A,右目标为 C,测定水平角为 β,步骤如下：

(1)在测站点 B 上安置经纬仪,对中整平。

(2)使望远镜位于盘左位置,瞄准左边第一个目标 A,用经纬仪的度盘变换手轮将水平度盘读数拨到略大于 $0°00'30''$ 的位置上,读数 $a_左$ 并做好记录。

(3)按顺时针方向,转动望远镜瞄准右边第二个目标 C,读取水平度盘读数 $c_左$,记录,并在观测记录表格中计算盘左上半测回水平角值($c_左 - a_左$)。

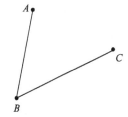

图 13-2　测回法观测水平角

(4)将望远镜盘左位置换为盘右位置,先瞄准右边目标 C,读取水平度盘读数,记录 $c_右$。

(5)按逆时针方向,转动望远镜瞄准左边目标 A,读取水平度盘读数 $a_右$,记录,并在观测记录表格中计算出盘右下半测回角值($c_右-a_右$)。

(6)比较计算的两个上、下半测回角值,若限差$\leq\pm40''$,则满足要求,取平均求出一测回平均水平角值。

(7)按上述步骤对该角进行第二测回观测。其中盘左位置,瞄准左边第一个目标 A 时,用经纬仪的度盘变换手轮将水平度盘读数拨到略大于 $90°00'30''$ 的位置上。两测回角值互差应不超过$\pm24''$。

5.实验注意事项

(1)观测过程中,若发现气泡偏移超过两格时,应重新整平仪器并重新观测该测回。

(2)光学经纬仪在一测回观测过程中,注意避免碰动度盘变换手轮,以免发生读数错误。

(3)误差超限须重新观测该测回。

6.实验结果

表 13-6　水平角测回法记录表

日期:_____年_____月_____日　　　天气:_____　　　观测:_____

班级:_____　　　小组:_____　　　仪器号:_____　　　记录:_____

测站	测回数	竖盘位置	目标	水平度盘读数 (° ′ ″)	半测回角值 (° ′ ″)	一测回角值 (° ′ ″)	各测回平均角值 (° ′ ″)	备注

7.思考题

(1)水平角观测时采用盘左盘右观测水平角的方法可以消除哪些误差的影响?

(2)观测水平角时,为何有时要几个测回?

六、实验六:经纬仪的检验与校正

1.实验目的

(1)了解经纬仪的主要轴线之间应满足的几何条件。

(2)掌握 DJ6 光学经纬仪检验校正的基本方法。

2.实验要求

要求对各项进行检验,但不要求校正。

3.实验设备与学时

(1)设备:DJ6 经纬仪 1 台,小直尺 1 把,钢尺 1 把、记录板 1 块、2H 铅笔 1 支。

(2)学时:课内实验 2 学时。

4.实验方法和步骤

(1)一般性检验

主要检查三脚架是否牢固、架腿伸缩是否灵活;水平制动与微动螺旋是否有效;望远镜制动与微动螺旋是否有效;照准部转动和望远镜转动是否灵活;望远镜成像是否清晰;脚螺旋是否有效;等等。

(2)水准管轴垂直于仪器竖轴的检验与校正

1)检验:初步整平仪器,转动照准部使水准管平行于一对脚螺旋连线,转动这对脚螺旋使气泡严格居中;然后将照准部旋转180°,如果气泡仍居中,则说明条件满足,如果气泡中点偏离水准管零点超过一格,则需要校正。

2)校正:先转动脚螺旋,使气泡返回偏移值的一半,再用校正针拨动水准管校正螺钉,使水准管气泡居中。如此反复检校,直至水准管旋转至任何位置时水准管气泡偏移值都在一格以内。

(3)十字丝竖丝垂直于横轴的检验与校正

1)检验:用十字丝交点瞄准一清晰的点状目标 P,转动望远镜微动螺旋,使竖丝上、下移动,如果 P 点始终不离开竖丝,则说明该条件满足,否则需要校正。

2)校正:旋下十字丝环护罩,用小螺丝旋具松开十字丝外环的 4 个固定螺钉,转动十字丝环,使望远镜上、下微动时,P 点始终在竖丝上移动为止,最后旋紧十字丝外环固定螺钉。

(4)视准轴应垂直于横轴

1)检验:在 O 点上安置经纬仪,从该点向两侧各量取 30～50m 定出等距离的 A、B 两点。在 A 点上设置目标;在 B 点上横放一根有毫米刻度的小直尺,尺身与 AB 方向垂直,与仪器大致同高。盘左瞄准 A 目标,固定照准部,纵转望远镜在 B 点小直尺上的读数 B_1;盘右再瞄准 A 目标,固定照准部,纵转望远镜在 B 点小直尺上读取读数 B_2。若 $B_1 = B_2$,该条件满足。否则,计算出视准轴误差 c($c'' = \dfrac{D_{B_1 B_2}}{4 \times D_{OB}} \times \rho''$),当 $c > 1'$ 时,则需校正。

2)校正:先在 B 点小直尺上定出读数 B_3 的位置,使 $D_{B_2 B_3} = \dfrac{D_{B_1 B_2}}{4}$,旋下分划板护盖,用拨针拨动左、右两个十字丝校正螺丝,一松、一紧,使十字丝交点与 B_3 重合。

重复上述检验与校正工作,直到 c 角小于 $1'$ 为止。然后,旋上护盖。

(5)横轴应垂直于仪器竖轴

1)检验:在距一高目标 P(竖直角不小于 30°,最好选在某一竖直墙面的上方)20～30m 处(用皮尺量出该距离 D)安置仪器。盘左瞄准 P 点,固定照准部,使竖盘指标水准管气泡居中,读竖盘读数并计算出竖直角 α_L,再将望远镜大致放平,将十字丝交点投在墙上定出一个点 P_1;纵转望远镜,盘右瞄准 P 点,固定照准部,使竖盘指标水准管气泡居中,读竖盘读数并计算竖直角 α_L,再将望远镜大致放平,将十字丝交点投在墙上又定出一个点 P_2,若 P_1、P_2 两点重合,该条件满足。否则,计算出横轴误差 i($i = \dfrac{D_{P_1 P_2} \cot\alpha}{2D} \times \rho''$),式中 $\alpha = \dfrac{1}{2}(\alpha_L + \alpha_R)$,$D_{P_1 P_2}$ 为 P_1、P_2 两点间的距离。当 $i > 1'$ 时,则需校正。

2)校正:使十字丝交点瞄准 P_1、P_2 两点的中点 $P_中$,固定照准部,将望远镜向上仰视 P

点,这时,十字丝交点必然偏离点 P。取下望远镜右支架盖板,校正偏心轴环,升、降横轴一端,使十字丝交点精确对准点 P。

重复上述检验与校正工作,直到 i 角小于 $1'$ 为止。最后,装上盖板。

(6)竖盘指标差的检验和校正

1)检验:整平仪器,用盘左、盘右观测同一目标点 P,转动竖盘指标水准管微动螺旋使气泡居中后,读取竖盘读数 L 和 R,计算竖盘指标差 $x = \frac{1}{2}(\alpha_R - \alpha_L)$,当 $x > 1'$ 时,需校正。

2)校正:仪器位置不动,仍以盘右瞄准原目标点 P,转动竖盘指标水准管微动螺旋使竖盘读数为 $(R - x)$,这时,气泡必然偏离。用拨针一松一紧水准管一端的校正螺丝,使气泡居中。重复上述检验与校正工作,直到 x 不超过 $1'$ 为止。

5.实验注意事项

(1)按实验步骤进行各项检验校正,顺序不能颠倒,检验数据正确无误才能进行校正,校正结束时,各校正螺钉应处于稍紧状态。

(2)选择仪器的安置位置时,应顾及视准轴和横轴的两项检验,既能看到远处水平目标,又能看到墙上高处目标。

6.实验结果

表 13-7　经纬仪的检验与校正记录

日期：_____ 年 _____ 月 _____ 日　天气：_____　观测：_____

班级：_____　小组：_____　仪器号：_____　记录：_____

1.一般性检验结果:三脚架_____,水平制动与微动螺旋_____,望远镜制动与微倾螺旋_____, 照准部转动_____,望远镜转动_____,望远镜成像_____,脚螺旋_____。

2.照准部水准管检验与校正

检验(仪器旋转 $180°$)次数	气泡偏离格数	检验者

3.十字丝竖丝的检验与校正

检 验 次 数	偏 离 情 况	检验者

4.视准轴的检验与校正

检验次数	尺上读数		$\frac{B_2 - B_1}{4}$(m)	正确读数(m) $B_3 = B_2 - \frac{1}{4}(B_2 - B_1)$	视准轴误差(″) $c'' = \frac{D_{B_1 B_2}}{4 \times D_{OB}} \times \rho''$	观测者
	盘左:B_1 (m)	盘右:B_2 (m)				

5.横轴的检验与校正

检验次数	P_1P_2 距离 (m)	竖盘读数 (° ′ ″)	竖直角 α (° ′ ″)	仪器至墙面的距离 D (m)	横轴误差(″) $i''=\dfrac{D_{P_1P_2}\cot\alpha}{2D}\times\rho''$	观测者

6.竖盘指标差的检验与校正

检验次数	竖盘位置	竖盘读数 (° ′ ″)	竖直角 (° ′ ″)	指标差 (″)	盘右正确读数 (° ′ ″)	观测者

7.思考题

(1)经纬仪有哪些主要轴线?说明各轴线间应满足的关系?

(2)经纬仪的检验主要有哪几项?怎样安排各项检验校正的次序才是正确的?

七、实验七:全站仪的认识与使用

1.实验目的

(1)了解全站仪的构造。

(2)熟悉全站仪的操作界面及作用。

(3)掌握全站仪的基本使用。

2.实验要求

(1)全站仪各部件的认识。

(2)每人操作并观测一次,观测一个水平角和垂直角,观测一段距离和一个点的坐标。

3.实验设备与学时

(1)设备:全站仪 1 台,棱镜 1 块。

(2)学时:课内实验 2 学时。

4.实验方法和步骤

(1)全站仪的认识。

全站仪由照准部、基座、水平度盘等部分组成,采用编码度盘或光栅度盘,读数方式为电子显示。有功能操作键及电源,还配有数据通信接口。

(2)全站仪的使用(以南方全站仪 NTS-665 为例进行介绍)

1)测量前的准备工作

①电池的安装(注意:测量前电池需充足电)

a.把电池盒底部的导块插入装电池的导孔。b.按电池盒的顶部直至听到"咔嚓"响声。

c.向下按解锁钮,取出电池。

②仪器的安置

a.在实验场地上选择一点,作为测站,另外两点作为观测点。b.将全站仪安置于点,对中、整平。c.在两点分别安置棱镜。

2)角度测量

①首先从显示屏上确定是否处于角度测量模式,如果不是,则按操作转换为角度模式。

②盘左瞄准左目标 A,按[F4](置零)键和[F6](设置)键,使水平度盘读数显示为 $0°00'00''$,顺时针旋转照准部,瞄准右目标 B,读取显示读数。

③同样方法可以进行盘右观测。

④如果测竖直角,可在读取水平度盘的同时读取竖盘的显示读数。

3)距离测量

①首先从显示屏上确定是否处于距离测量模式,如果不是,则按操作键转换为坐标模式。

②南方的棱镜常数为-30,因此棱镜常数应设置为-30。如果使用的是另外厂家的棱镜,则应预先设置相应的棱镜常数,棱镜常数设置在星键(★)模式下进行。

照准棱镜中心,按[F1](斜距)键或[F2](平距)键,并按[F2](模式)键,选择测距模式,这时显示屏上能显示箭头前进的动画,前进结束则完成坐标测量,得出距离,HD 为水平距离,VD 为倾斜距离。

显示在窗口第四行右面的字母表示如下测量模式:

F:精测模式　　　T:跟踪模式　　　R:连续(重复)测量模式

S:单次测量模式　　　N:N 次测量模式

若要改变测量模式,按[F2](模式)键,每按下一次,测量模式就改变一次;当电子测距正在进行时,"*"号就会出现在显示屏上。测量结果显示时伴随着蜂鸣声。若测量结果受到大气折光等因素影响,则自动进行重复观测。返回角度测量模式,可按[F3](角度)键。

4)坐标测量

①在进行坐标测量时,通过输入测站坐标、仪器高和棱镜高,即可直接测定未知点的坐标。首先从显示屏上确定是否处于坐标测量模式,如果不是,则按操作键转换为坐标模式。

②输入本站点 O 点及后视点坐标,按[F3](坐标)键,按[F6](P1↓)键进入第 2 页功能,按[F5](设置)键,显示以前的数据,输入新的坐标值并按[ENT]键。

③设置仪器高和棱镜高,按[F3](坐标)键,在坐标观测模式下,按[F6](P1↓)键进入第

2 页功能,按[F2](高程)键,显示以前的数据,输入仪器高,按[ENT]键。

④瞄准棱镜中心,这时显示屏上能显示箭头前进的动画,前进结束则完成坐标测量,得出点的坐标。

5.实验注意事项

(1)运输仪器时,应采用原装的包装箱运输、搬动。

(2)近距离将仪器和脚架一起搬动时,应保持仪器竖直向上。

(3)拔出插头之前应先关机。在测量过程中,若拔出插头,则可能丢失数据。

(4)换电池前必须关机。

(5)仪器只能存放在干燥的室内。充电时,周围温度应在 10～30℃。

(6)全站仪是精密贵重的测量仪器,要防日晒、防雨淋、防碰撞震动。严禁仪器直接照准太阳。

6.实验结果

实验数据记录于表 13-8 中。

第三节　测量综合实习指导

一、综合实习目的

1.教学综合实习是测量教学的一个重要环节,其目的是使学生在获得基本知识和基本技能的基础上,进行一次较全面、系统的训练,以巩固课堂所学知识及提高操作技能。

2.培养学生独立工作和解决实际问题的能力。

3.培养学生严肃认真、实事求是、一丝不苟的实践科学态度。

4.培养吃苦耐劳、爱护仪器用具、相互协作的职业道德。

二、任务和要求

1.经纬仪法大比例尺地形图的测绘(房地产相关专业为房产分幅图测绘),图幅为 40cm×50cm,比例尺为 1∶500。

2.经纬仪测设点的平面位置。

表 13-8　全站仪测量记录表

日期：_____ 年 ___ 月 ___ 日　　　　小组：_____　　　　　天气：_____　　　　　观测：_____

班级：_____　　　　　　　　　　　　　　　　　　仪器号：_____　　　　　记录：_____

测站	目标	仪器高 (m)	棱镜高 (m)	竖盘位置	水平角观测		竖直角观测		距离高差观测			坐标测量		
					水平度盘读数 (° ′ ″)	方向值或角值 (° ′ ″)	竖直度盘读数 (° ′ ″)	竖直角 (° ′ ″)	斜距 (m)	平距 (m)	高程 (m)	x (m)	y (m)	H (m)

3.线路工程纵、横断面测量(给排水、道路工程专业等的专业测量实习)。

4.水准仪进行高程测设。

5.全站仪测量及点位放样。

三、综合实习组织

综合实习1~2周,期间的组织工作,由指导教师负责。

综合实习工作按小组进行,每组7~8人,选组长一人,负责组内综合实习分工和仪器管理。

四、每组配备的仪器用具

经纬仪1台,水准仪1台,全站仪1台,小平板仪1台,钢尺1把,水准尺二2支,尺垫2个,花杆3根,测钎1组,记录板1块,比例尺1把,量角器1个,三角板1副,锤子1把,木桩若干,伞1把,红漆1瓶,绘图纸1张,有关记录手簿,计算纸,计算器,橡皮及铅笔等。

五、综合实习注意事项

1.组长要切实负责,合理安排,使每人都有练习的机会,不要单纯追求进度;组员之间应团结协作,密切配合,以确保综合实习任务顺利完成。

2.综合实习过程中,应严格遵守《测量实习须知》中的有关规定。

3.综合实习前要做好准备,随着综合实习进度阅读"综合实习指导"及教材的有关章节。

4.每一项测量工作完成后,要及时计算、整理观测成果。原始数据、资料、成果应妥善保存,不得丢失。

六、综合实习内容及技术要求

1.水准仪、经纬仪的检验

(1)水准仪的检校

1)圆水准器轴平行于仪器竖轴的检验与校正:气泡无明显偏离。

2)十字丝中丝垂直于仪器竖轴的检验与校正:标志点无明显偏离十字横丝。

3)水准管轴平行于视准轴的检验与校正:$i<\pm20''$。

(2)经纬仪的检校

1)水准管轴垂直于仪器竖轴的检验与校正:水准管气泡偏移值都在一格以内。

2)十字丝竖丝垂直于横轴的检验与校正:标志点无明显偏离十字竖丝。

3)视准轴垂直于横轴的检验和校正。

4)横轴垂直于仪器竖轴的检验。

5)指标差的检验与校正:当竖盘指标差$x>1'$时,则需校正。

2.大比例尺地形图(房产分幅图)的测绘

(1)平面控制测量

在测区实地踏勘,布设一条闭合导线,经过观测、计算获得控制点平面坐标。

1)踏勘选点:每组在指定测区内进行踏勘,了解测区地形条件,按踏勘选点要求,选定

4～5点,选点时应注意:相邻点间应通视良好,地势平坦,便于测角和量距;点位应选在土质坚实,便于安置仪器和保存标志的地方;导线点应选在视野开阔的地方,便于碎部测量;导线边长应大致相等,其平均边长应符合技术要求;导线点应有足够的密度,分布均匀,便于控制整个测区。

2)建立标志:导线点位置选定后,应建立标志,在点位上打一个木桩,在桩顶钉一小钉,作为点的标志;也可在水泥地面上用红漆划一圆圈,圈内点一小点,作为临时性标志。

3)水平角观测:用测回法观测导线内角一个测回,要求上、下两半测回角值之差不超过 $\pm40''$,闭合导线角度闭合差不超过 $\pm60''\sqrt{n}$。

4)导线边长测量:用钢尺往、返丈量导线各边边长,其相对误差不超过 1/3000,特殊困难地区限差可放宽为 1/1000。

5)测定起始边的方位角:为了使控制点的坐标纳入本校或本地区的统一坐标系统,尽量与测区内外已知高级控制点进行连测。对于独立测区,可用罗盘仪测定起始边的磁方位角,方法如下:

用罗盘仪测定直线的磁方位角时,先将罗盘仪安置在 1 点,对中、整平。松开磁针固定螺丝放下磁针,再松开水平制动螺旋,转动仪器,用望远镜瞄准 2 点所立标志,待磁针静止后,其北端所指的度盘读数,即为 12 边的磁方位角。并假定 1 点的坐标值(如 $x_1=1000.0\mathrm{m}, y_1=1000.0\mathrm{m}$)作为起始数据。

6)平面坐标计算:根据起始数据和观测数据,计算各平面控制点的坐标。

房产平面控制测量之前,要进行房地产调查。

(2)高程控制测量(房产测量可不进行该项工作)

高程控制点可布设在平面控制点上,形成一条闭合水准路线,经过观测、计算求出各控制点的高程。

1)水准测量:图根水准测量,用 DS$_3$ 水准仪,采用两次仪器高度法进行观测,同测站两次高差之差不超过 $\pm5\mathrm{mm}$,水准路线高差容许闭合差为 $\pm40\sqrt{L}\mathrm{mm}$(或 $\pm12\sqrt{n}\mathrm{mm}$)。

2)高程计算:假定 1 点的高程(如 $H_1=100.00\mathrm{m}$),调整高差闭合差,计算出各控制点的高程。

(3)碎部测量

首先进行碎部测量前的准备工作,在各图根控制点上测定碎部点,同时描绘地物和地貌。

1)准备工作:选择较好的图纸,用对角线法绘制坐标格网,格网边长 10cm,并按要求进行检查。展绘控制点,并按要求进行检查。

2)碎部测量:采用"经纬仪测绘法"进行碎部测量。将经纬仪安置在控制点上,测绘板安置于测站旁,用经纬仪测出碎部点方向与已知方向之间的水平夹角;再用视距测量方法测出测站到碎部点的水平距离及碎部点的高程;然后根据测定的水平角和水平距离,用量角器和比例尺将碎部点展绘在图纸上,并在点的右侧注记其高程。然后对照实地情况,按照地形图图式规定的符号绘出地形图。

房产测绘第 3 步需先测定界址点坐标,再测绘房屋等地物的平面位置。

（4）地形图的检查和整饰

1）地形图的检查：在测图中，测量人员应做到随测随检查。为了确保成图的质量，在地形图测完后，必须对完成的成果成图资料进行严格的自检和互检。图的检查可分为室内检查和室外检查两部分。

①室内检查的内容有图面地物、地貌是否清晰易读，各种符号、注记是否正确，等高线与地貌特征点的高程是否相符等。

②野外检查是在室内检查的基础上进行重点抽查。检查方法分巡视检查和仪器检查两种。巡视检查时应携带测图板，根据室内检查的重点，按预定的巡视检查路线，进行实地对照查看。主要查看地物、地貌各要素测绘是否正确、齐全，取舍是否恰当。等高线的勾绘是否逼真，图式符号运用是否正确等；仪器设站检查是在室内检查和野外巡视检查的基础上进行的。除对发现的问题进行补测和修正外，还要对本测站所测地形进行检查，看所测地形图是否符合要求，如果发现点位的误差超限，应按正确的观测结果修正。仪器检查量一般为 10%。

2）地形图的整饰：原图经过检查后，还应按规定的地形图图式符号对地物、地貌进行清绘和整饰，使图面更加合理、清晰、美观。整饰的顺序是先图内后图外，先注记后符号，先地物后地貌。最后写出图名、比例尺、坐标系统及高程系统、施测单位、测绘者及施测日期等。如果是独立坐标系统，还需画出指北方向。

3. 经纬仪测设点的平面位置（极坐标法）

测设水平角和水平距离，以确定点的平面位置。设欲测设的水平角为 β，水平距离为 D。在 A 点安置经纬仪，盘左照准 B 点，置水平度盘为 $0°00'00''$，然后转动照准部，使度盘读数为准确的 β 角；在此视线方向上，以 A 点为起点用钢卷尺量取预定的水平距离 D（在一个尺段以内），定出一点为 P'。盘右，同样测设水平角 β 和水平距离，再定一点为 P''；若 P'、P'' 不重合，取其中点 P，并在点位上打木桩、钉小钉（或用红色油漆，或用粉笔在水泥地面上画十字）标出其位置，即为按规定角度和距离测设的点位。最后以点位 P 为准，检核所测角度和距离，若与规定的 β 和 D 之差在限差内，则符合要求。

4. 线路工程纵、横断面测量

（1）中线测量

在给定区域，选定一条约 300m 长的路线，在两端点钉木桩。用皮尺量距，每 30m 处钉一中桩，并在坡度及方向变化处钉加桩，在木桩侧面标注桩号。起点桩桩号为 0+000，如图 13-3 所示。

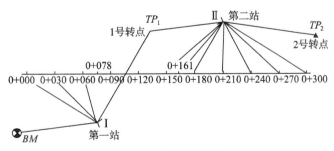

图 13-3　线路桩号图

（2）纵断面测量

1）水准仪安置在起点桩与第一转点间适当位置作为第一站（Ⅰ），瞄准（后视）立在附近水准点 BM 上的水准尺，读取后视读数 a（读至毫米），填入记录表格，计算第一站视线高 H_I（$H_I = H_{BM} + a$）。

2）统筹兼顾整个测量过程，选择前视方向上的第一个转点 TP_1，瞄准（前视）立在转点 TP_1 上的水准尺，读取前视读数 b（读至毫米），填入记录表格，计算转点 TP_1 的高程（$H_{TP_1} = H_I - b$）。

3）再依此瞄准（中视）本站所能测到的立在各中桩及加桩上的水准尺，读取中视读数 S_i（读至厘米），填入记录表格，利用视线高计算中桩及加桩的高程（$H_i = H_I - S_i$）。

4）仪器搬至第二站（Ⅱ），选择第二站前视方向上的 2 号转点 TP_2。仪器安置好后，瞄准（后视）TP_1 上的水准尺，读数，记录，计算第二站视线高 H_{II}；观测前视 TP_2 上的水准尺，读数，记录并计算 2 号转点 TP_2 的高程 H_{TP_2}。同法继续进行观测，直至线路终点。

5）为了进行检核，可由线路终点返测至已知水准点，此时不需观测各中间点。

（3）横断面测量

每人选一里程桩进行横断面水准测量。在里程桩上，用方向架确定线路的垂直方向，在中线左右两侧各测 20m，中桩至左、右侧各坡度变化点距离用皮尺丈量，读至分米；高差用水准仪测定，读至厘米，并将数据填入横断面测量记录表中。

（4）纵横断面图的绘制

外业测量完成后，可在室内进行纵、横断面图的绘制。纵断面图：水平距离比例尺可取为 1∶1000，高程比例尺可取为 1∶100；横断面图：水平距离比例尺可取为 1∶100，高程比例尺可取为 1∶100。纵横断面图绘制在格网纸上（横断面图也可在现场边测、边绘并及时与实地对照检查）。

5.高程测设

（1）在离给定的已知高程点 A 与待测点 P（可在墙面上，也可在给定位置钉大木桩上）距离适中位置架设水准仪，在 A 点上竖立水准尺。

（2）仪器整平后，瞄准 A 尺读取的后视读数 a；根据 A 点高程 H_A 和测设高程计算靠在所测设处的 P 点桩上的水准尺上的前视读数应该为 b：$b = H_A + a - H_P$。

（3）将水准尺紧贴 P 点木桩侧面，水准仪瞄准 P 尺读数，靠桩侧面上下移动调整 P 尺，当观测得到的 P 尺的前视读数等于计算所得 b 时，沿着尺底在木桩上画线，即为测设（放样）的高程 H_P 的位置。

（4）将水准尺底面置于设计高程位置，再次作前后视观测，进行检核。

6.用南方 NTS-665 系列全站仪按坐标进行点位的测设

（1）将全站仪安置在给定方向线的起点上，用小钢卷尺量取仪器高并做好记录。

（2）按 POWER 键开机，仪器自检、竖盘初始化后，从【程序】菜单中选择【放样】；这样就可以根据点号、传、定线数据和横断面数据来放样。

（3）设置测站点。在【程序】菜单中通过箭头键选择【放样】，并按 ENT 键进入放样菜单，选择【设置测站点】进行测站点设置，输入测站点的点号、仪器高，然后按 ENT 键确认；在随后显示屏幕，按 F1【输入】键后，输入测站点的坐标后，然后按 ENT 键确认。

（4）设置后视站点。在放样菜单中选择【设置后视点】进行后视点设置，输入后视点的点号、棱镜高，然后按 ENT 键确认；在随后显示屏幕，按 F1【输入】键后，输入后视点的坐标后，然后按 ENT 键确认。

（5）当设置好测站点和后视点以后，就可以进行放样了。在放样菜单中，选择【点放样】并按 ENT 键确认。输入放样点的点号并按 ENT 键，便进入下一输入项，输入放样点的坐标。

（6）在放样点的估计位置立反射棱镜，按 F4【角度】键，根据在模式屏幕中显示出反射棱镜应调整的角度值（dHR），调整反射棱镜的位置，当且 dHR＝0°00′00″时，表明已确定放样点的方向。

（7）再按 F6【测量】键，进行距离测量，根据反射棱镜位置离放样点的差距 dHD 调整反射棱镜的位置后，再按［距离］键，进行距离测量，逐步趋近。直到 dHD 为 0.000，且按［角度］键，进行角度测量，dHR＝0°00′00″时，表明已确定放样点的位置，在地面做好标志，确定放样点。

（8）按 F6【测量】键，便显示此时放样点的高差偏差（负号表示该点低于设计高程，正号则表示高于设计高程）和棱镜到放样点的距离。

（9）按 F4 角度键切换到偏差屏幕。按测量键仪器将重新进行测量并将数据更新。

（10）根据屏幕所示移动棱镜，直到【距离偏差】表中显示的值接近于零时，按 ENT 键结束该点的放样并继续放样下一点；输入该点的点号和棱镜高及放样坐标，重复上述的操作便可以实现在同一测站上的多点放样（若要退出此程序，则按【ESC】）。

七、编写综合实习报告

综合实习报告要在综合实习期间编写，综合实习结束时上交。编写格式如下：

1. 封面——综合实习名称、地点、起止日期，班级、组别、姓名。

2. 前言——说明综合实习的目的、任务及要求。

3. 内容——综合实习的项目、程序、方法、精度要求及计算成果。

4. 结束语——综合实习的心得体会、意见和建议。

八、应交成果

1. 每组应交成果

（1）水平角观测记录、水平距离观测记录及水准测量观测记录。

（2）碎部测量观测记录。

（3）地形图一张。

（4）线路中桩纵断面测量外业记录。

（5）纵横断面图。

2. 个人应交成果

（1）闭合导线坐标计算表及水准测量成果计算表。

（2）综合实习报告。

九、成果记录表

表 13-9　水平角测回法观测手簿

日期：_____年_____月_____日　　天气：_____　　观测：_____

班级：_____　　　小组：_____　　仪器号：_____　　记录：_____

测站	竖盘位置	目标	水平度盘读数 (° ′ ″)	半测回角值 (° ′ ″)	一测回角值 (° ′ ″)	备注

表 13-10　距离测量记录表

日期：_____年_____月_____日　　天气：_____　　观测：_____

班级：_____　　小组：_____　　仪器号：_____　　记录：_____

测段	距　离　观　测				往返差(m)	距离平均值(m)	相对精度
	往　测		返　测				
	分段观测值(m)	总长(m)	分段观测值(m)	总长(m)			

图 13-11　闭合导线坐标计算表

点号	观测角（右角）（°　′　″）	改正数（″）	改正角（°　′　″）	坐标方位角 α（°　′　″）	距离 D（m）	增量计算值（m） Δx	增量计算值（m） Δy	改正后增量（m） Δx	改正后增量（m） Δy	坐标值（m） x	坐标值（m） y	点号
总和												
辅助计算					附图							

表 13-12　水准测量观测手簿(变动仪器高法)

日期：＿＿＿＿年＿＿＿＿月＿＿＿＿日　　天气：＿＿＿＿＿＿＿　　观测：＿＿＿＿＿＿

班级：＿＿＿＿＿＿　　　　小组：＿＿＿＿＿　　　仪器号：＿＿＿＿＿　　记录：＿＿＿＿＿

测站	点号	后视读数	前视读数	高差(m)	平均高差(m)	高程(m)	备注
			—			$H_A=$	
			—				
			—			—	
			—				
			—				
			—				
			—				
			—				
			—				
			—				
			—			—	
			—				
			—				
			—				
			—				
			—				
			—				
			—				
			—				
			—				
			—				
			—			—	
			—				
			—			$H_A{}'=$	
计算校核	Σ						

注：(1)划"—"处不填数据；(2)此表中，转点及未知点不需要计算高程。

表 13-13　闭合水准测量内业计算表

测段编号	点名	距离(km)	测站数	实测高差(m)	改正数(m)	改正后的高差(m)	高程(m)	备注
Σ								
辅助计算								

表 13-14　经纬仪测绘法碎部测量表格

测站：　　　　后视点：　　　　仪器高 $i=$　　　　视线高 $H_{视}=H_A+i=$　　　　指标差 $x=$

测站高程 $H_A=$

点号	下丝读数 a (m)	上丝读数 b (m)	中丝读数 v (m)	竖盘读数 L (° ′ ″)	竖直角 α (° ′ ″)	水平角 β (° ′ ″)	尺间隔 l (m)	水平距离 D (m)	高差 h (m)	高程 H (m)	备注

参考文献

[1] 郭训思主编.测量学[M].南昌:江西高校出版社,1998.

[2] 卞正富主编.测量学[M].北京:中国农业出版社,2002.

[3] 何宝喜、潘传姣主编.现代工程测量[M].北京:中国电力出版社,2009.

[4] 《测量平差基本知识》编写组.测量平差基本知识[M].北京:测绘出版社,1995.

[5] 南昌大学等.测量学[M].南昌:江西高校出版社,1995.

[6] 韩熙春主编.测量学[M].北京:中国林业出版社,1992.

[7] 张凤举,邢永昌主编.矿区控制测量学[M].北京:煤炭工业出版社,1987.

[8] 顾孝烈等主编.测量学[M].上海:同济大学出版社,2011.